高温合金旋压
塑性成形理论与应用

束学道　李子轩　张　松　徐海洁　著

U0314550

北　京

冶金工业出版社

2024

内 容 提 要

高温合金因具有优良的性能而广泛应用于航空航天领域，本书针对高温合金制造工艺塑性差、成形困难等问题，系统地建立了高温合金本构模型、旋轮轨迹设计方法、旋轮形状设计方法，阐明了旋压成形质量的评价指标及缺陷产生机制，探究了旋压成形的残余应力分布规律等。读者通过对本书的学习，能对高温合金旋压成形形成较为清晰的认识，达到触类旁通的目的。

本书主要供从事金属塑性加工技术研究与生产应用人员使用，也可供从事冶金轧制、机械锻造及相关专业的科研工作者、技术人员、大专院校师生使用与参考。

图书在版编目（CIP）数据

高温合金旋压塑性成形理论与应用/束学道等著 . —北京：冶金工业出版社，2024.1

ISBN 978-7-5024-9713-2

Ⅰ.①高…　Ⅱ.①束…　Ⅲ.①耐热合金—塑性变形—研究　Ⅳ.①TG132.3

中国国家版本馆 CIP 数据核字（2024）第 018067 号

高温合金旋压塑性成形理论与应用

出版发行	冶金工业出版社	电　话	（010）64027926
地　　址	北京市东城区嵩祝院北巷 39 号	邮　编	100009
网　　址	www.mip1953.com	电子信箱	service@ mip1953.com

责任编辑　李培禄　王雨童　美术编辑　彭子赫　版式设计　郑小利
责任校对　葛新霞　责任印制　禹　蕊
三河市双峰印刷装订有限公司印刷
2024 年 1 月第 1 版，2024 年 1 月第 1 次印刷
710mm×1000mm　1/16；17 印张；330 千字；258 页
定价 80.00 元

投稿电话　（010）64027932　投稿信箱　tougao@cnmip.com.cn
营销中心电话　（010）64044283
冶金工业出版社天猫旗舰店　yjgycbs.tmall.com
（本书如有印装质量问题，本社营销中心负责退换）

前　　言

　　航空发动机作为当代的"工业明珠"，其制造技术一贯是各国争雄的核心技术之一，是一个国家综合国力、工业基础和科技水平的集中体现，对国家安全和发展具有全局意义和深远影响。航空发动机中存在大量旋压成形的高温合金回转件，受制于高温合金材料的塑性源特性，其成形质量与旋压成形工艺高度相关，迫切需要相关理论的支撑。开展高温合金旋压塑性成形的基础理论研究，也是《国家中长期科学和技术发展规划纲要》重点方向之一。

　　航空发动机长期服役在高温、高压、高转速、交变负载等条件下，其关键零部件材料制备与加工制造工艺复杂，使用寿命要求非常高。回转类零件作为航空发动机的主要构成零部件，其结构复杂、壁薄，材料通常为高温合金，塑性差难以成形，且成形后内部存在不同程度的残余应力，致使零件服役时产生较大的变形，难以满足高寿命需求。目前存在的主要问题有：（1）成形材料上，只有高温合金材料能够满足如此苛刻的工况要求，而高温合金作为金属领域金字塔最顶端的材料，具有以下特点：一是较高的高温强度，二是良好的抗氧化和抗腐蚀性能，三是良好的疲劳性能、断裂韧性和塑性。同时，高温合金的冷成形难度大，热成形温度区间难以控制，无论采用冷成形还是热成形，均有较大难度。（2）成形工艺上，高温合金主要以锻造和旋压为主。对于旋压成形技术，一方面，零件的形性控制均是通过旋轮轨迹来实现，实际生产中，轨迹多是通过有经验的工人采用试错法完成，如何建立准确可靠且成形时间短的轨迹以及如何将轨迹参数化并应用于设计，从而在控制成形缺陷（如开裂、起皱等）的基础上保证成形精度也是旋压工艺的难点；另一方面，机匣类零件多为不等壁厚零件，需要采用强力旋压与普通旋压或其他工艺相结合进行制备，在多种工艺结合下，不同工艺参数（特别是离散参数与连续参数）之间的耦合作用更加大了其成形难度，质量难以控制。（3）成形产品上，如何提高其服役性能也是一大难点；作为金属回转件，大塑性变形条件下零件内部的残余应力不可避免，而残余应力对零件的抗疲劳、抗断裂、耐腐蚀和尺寸稳定性都具有重要影响。

针对上述的三个方面难题，本书在浙江省自然科学基金重点项目"航空发动机不等壁厚钣金机匣旋压精确成形关键技术研究（LZ17E050001）"资助下，从材料、旋压轨迹、工艺参数及设计方法、残余应力测量和预测等方面入手，采用宏观和微观相结合的方法系统地开展高温合金回转件旋压成形关键技术研究，解决了机匣类零件旋压成形中的变形与精度难以协调控制难题，为发展更先进的航空发动机奠定了技术基础。其中"钣金机匣类零件旋压成形与精度协调控制技术"是2022年度获得的宁波市科学技术二等奖"薄壁空心件局部加载精确塑性成形与性能协同调控技术"的核心贡献。

本书共分9章，第1章针对高温合金航空回转件现有工艺存在的问题，阐述了高温合金及其旋压成形技术国内外研究现状及发展动态，指出课题研究的意义及其必要性（撰写人：束学道）；第2章基于实验方法，建立了高温合金GH1140、GH3030以及GH4169在冷、热旋工艺中的宏观、微观本构模型（撰写人：张松）；第3章对坯料尺寸设计进行了简述，随后结合强力旋压工艺有限元数值模拟中的结果反馈，对常用的三种旋轮形状进行了设计和优化（撰写人：李子轩）；第4章以锥形回转件为主要研究对象，先是基于Simufact.Forming软件建立了旋压成形的弹塑性有限元模型，进而分析了旋压成形过程中工件的应力、应变分布特征，在此基础上，阐明了旋压成形载荷的分布和影响规律（撰写人：徐海洁）；第5章针对锥形回转件的零件特征建立了凸缘平直度、外表面圆度、整体壁厚偏差等成形精度评价指标，通过仿真和实验结合的手段，分析了旋压成形关键工艺参数对成形精度的影响规律（撰写人：束学道）；第6章对多道次普旋成形工艺的不同曲线旋轮轨迹进行了参数化建模及优化，基于所建立的公式开发了相应的旋轮轨迹设计软件，随后结合有限元数值模拟及实验对不同曲线旋轮轨迹的旋压成形效果进行了对比分析（撰写人：李子轩）；第7章以多道次普旋筒形回转件、强旋锥形回转件作为主要研究对象，采用响应面法、均匀设计等试验设计方法对工艺参数进行了优化与分析（撰写人：束学道）；第8章主要针对锥形件冷、热旋成形的工艺参数对回弹的影响规律开展研究与分析，建立了回弹预测模型及回弹补偿策略，并通过实验验证了模型的可靠性（撰写人：束学道）；第9章简述了残余应力的产生机制及无损检测原理，随后结合有限元数值模拟探究了旋压成形工艺下锥、筒形零件的残余应力分布规律，在此基础上，结合实验阐明了起皱、开裂等缺陷下的高温合金筒形零件内外表面的残余应力分布特征（撰写人：李子轩）。

在本书撰写过程中，得到浙江省零件轧制成形技术研究重点实验室和宁波大学机械学院的领导和老师的支持，在此表示衷心而诚挚的感谢；感谢浙江省自然科学基金委员会、科技部和国家基金委在项目研究中经费方面给予的大力支持；感谢王雨、朱颖、岑泽伟、叶博海、刘艳丽、卢钦盈及郑家斌等研究生在基金项目研究中所做的大量工作和辛勤付出。此外，对本研究团队其他研究生在轧制实验、本书编辑过程中给予的帮助，在此也一并表示感谢。

本书由束学道、李子轩统一校核。由于某些理论问题还在认识中，本书涉及内容有不够全面、准确，甚至有不妥之处，殷切希望读者批评指正。

著　者

2023 年 6 月

目　　录

1 绪　　论

航空发动机作为当代的"工业明珠"，其制造技术一贯是大国争雄的核心技术之一，更是一个国家综合国力、工业基础和科技水平的集中体现，对国家安全和发展具有全局意义和深远影响。航空发动机中存在大量旋压成形的高温合金回转件，受制于高温合金材料的塑性源特性，其成形质量与旋压成形工艺高度相关，迫切需要开展高温合金旋压塑性成形的基础理论研究。为此，本章简述了高温合金塑性成形的特征及应用领域，并简要总结了难变形金属旋压成形的研究现状。

1.1　研究背景

航空发动机长期服役在高温、高压、高转速、交变负载等条件下，其关键零部件材料制备与加工制造工艺复杂，使用寿命要求非常高。回转类零件作为航空发动机的主要构成零部件（见图 1-1），其结构复杂、壁薄，材料通常为高温合金，塑性差难于成形，且成形后内部存在不同程度的残余应力，致使零件服役时产生较大的变形，成为航空发动机服役中的隐患。航空发动机作为飞机的心脏，是飞机性能的决定因素之一，也是《国家中长期科学和技术发展规划纲要》确定的重大攻关项目之一。由于飞机发动机要在高温、高压、高转速和高负荷的条件下长期反复工作，故要求其具有质量轻、推力大、可靠性高及经济性好等

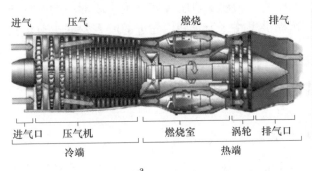

图 1-1　航空发动机结构及钣金机匣

a—某航空发动机结构示意图；b—某机匣初坯

图 1-1 彩图

特点，而拥有航空发动机研制技术的仅有欧美少数发达国家，我国在这一领域仍然处于空白，为此，亟需相关研究支撑。航空发动机机匣类回转件作为整个发动机的框架和支撑结构以及产生燃烧的最重要区域，对零件形性、可靠性、服役性能等均有较高要求，目前主要存在以下几个方面的难点。

成形材料上，只有高温合金材料能够满足如此苛刻的工况要求，而高温合金作为金属领域金字塔最顶端的材料，具有以下特点：一是较高的高温强度，二是良好的抗氧化和抗腐蚀性能，三是良好的疲劳性能、断裂韧性和塑性。同时，高温合金的冷成形难度大，热成形温度区间难控制，无论采用冷成形还是热成形，均有较大难度。

成形工艺上，高温合金主要以锻造和旋压为主。对于旋压成形技术，一方面，零件的形性控制均是通过旋轮轨迹来实现，实际生产中，轨迹多是通过有经验的工人采用试错法完成，如何建立准确可靠且成形时间短的轨迹以及如何将轨迹参数化并应用于设计，从而在控制成形缺陷（如开裂、起皱等）的基础上保证成形精度也是旋压工艺的难点。另一方面，机匣类零件多为不等壁厚零件，需要采用强力旋压与普通旋压或其他工艺相结合进行制备；在多种工艺结合下，不同工艺参数（特别是离散参数与连续参数）之间的耦合作用，更加大了其成形难度，质量难以控制。

成形产品上，如何提高其服役性能也是一大难点。作为金属回转件，大塑性变形条件下零件内部的残余应力不可避免，而残余应力对零件的抗疲劳、抗断裂、耐腐蚀和尺寸稳定性都具有重要影响。为此，探明机匣类零件的残余应力分布规律、确定零件缺陷与残余应力之间的映射关系是需要解决的难题。

针对上述提出的三个方面难题，应从材料、旋压轨迹、工艺参数及设计方法、残余应力测量和预测等方面入手，采用宏观和微观相结合的方法系统地开展高温合金回转件旋压成形关键技术研究，为解决机匣类零件旋压成形中的变形与精度难以协调控制等关键技术问题提供思路，为发展更先进的航空发动机奠定技术基础。

1.2 高温合金塑性成形研究现状

1.2.1 高温合金塑性成形的特点及难点

尽管目前诸多研究[1-2]通过调控金属材料的微观结构实现了金属兼具塑性和强度的特点，但对于普通金属材料而言，金属的塑性与强度犹如硬币的正反面，是其性能中相互矛盾的两方面，提高金属的强度必然会降低其塑性。随着航空发动机、工业燃气轮机涡轮、燃气发电等装备进出口温度要求的不断提高，高温合金通过固溶强化、沉淀强化及晶界强化等手段不断提高强度，加工成形带来的变形抗力越来越大，工艺塑性越来越差，常温条件下塑性成形极其困难。

高温合金的热塑性成形具有以下几个特点[3]：

（1）热加工塑性低。沉淀强化和固溶强化使高温合金高温强度增高，而塑性则明显降低。采用高温断后延伸率表示热加工塑性，表 1-1 给出了几种高温合金在热加工温度1000℃时的断后延伸率，由表可知，合金化程度增大，热加工塑性明显降低。

表 1-1 高温合金 1000℃热加工塑性和变形抗力[3]

合金	延伸率/%	屈服强度/MPa
GH4049	16	400
GH4698	99	200
GH4133	110	110
GH2901	115	80

（2）变形抗力大。采用高温拉伸时屈服强度表示合金的变形抗力。由表 1-1 可知，随高温合金的合金化程度升高，变形抗力逐渐增大，GH4049 变形抗力最大，达到400MPa，而 GH2901 仅及 GH4049 的五分之一。

（3）热加工温度范围窄。高温合金中加入的合金元素多，会明显降低初熔温度，其中尤以 Al 和 Ti 等作用最大。此外，由于凝固偏析的存在，特别是凝固区域的低熔点共晶，大大降低了初熔温度和热加工温度的上限；同时，再结晶温度、γ'相溶解温度和晶界碳化物等化合物的溶解温度的升高以及晶粒快速长大温度都使热加工下限温度提高，从而使得高温合金热加工温度范围变窄，而且随着高温合金使用温度的不断提高，热加工温度窗口越来越窄，热成形越发困难。由表 1-2 可知，高温合金的热加工温度范围在 70~200℃ 之间，表中最难加工的 GH4742 热变形温度范围最小，仅有 70℃，热加工十分困难。因此，高温合金的热加工温度范围窄是其热加工的突出特点，也是高温合金热加工性能差的重要原因。

表 1-2 几种高温合金的热加工温度范围[3]

合金	始锻温度/℃	终锻温度/℃	热加工温度范围/℃	预热温度/℃	加热温度/℃
GH2135	1100	900	200	750	1120
GH2761	1090	950	140	700	1090
GH2984	1100	950	150	750	1140
GH2901	1120	950	170	750	1140~1160
GH1035A	1100	900	200	750	1120
GH2903	1100	900	200	700	1110

合金	始锻温度/℃	终锻温度/℃	热加工温度范围/℃	预热温度/℃	加热温度/℃
GH4413	1110	980	130	700	1170
GH4698	1060	980	80	700	1160
GH4742	1090	1020	70	700	1150

冷成形时，高温合金具有明显的加工硬化现象[4]，变形过程中极易发生开裂，且由于室温下高温合金的屈服强度较大，冷成形所需的成形力相较于热成形显著提高。

1.2.2　高温合金的应用领域

高温合金材料的应用范围十分广泛，包括航空航天、海洋、核电、石油化工等众多领域。以航空发动机为例，设计要求采用高比强度的材料，劳斯莱斯公司给出的航空发动机使用材料分布如图 1-2 所示，发动机中采用了大量的钛合金和镍基高温合金材料。当质量大小受关注时，钛合金得到广泛应用，但钛合金在高温下的抗氧化能力较差，其应用温度应控制在 700℃ 以下。镍基高温合金对静态、疲劳和蠕变具有显著的抗力，是服役温度超过 800℃ 时的首选材料。1950 年时，飞机燃气涡轮发动机的总质量中只有约 10% 是由高温合金制成的；到了 1985 年时，这一数字已上升至 50%[5]，这得益于高温合金材料的快速发展。此外，高温合金还在涡轮部件、燃烧室机匣、火箭发动机、热交换器、燃气发电装置、核电管道等诸多产品中广泛应用[5-7]。

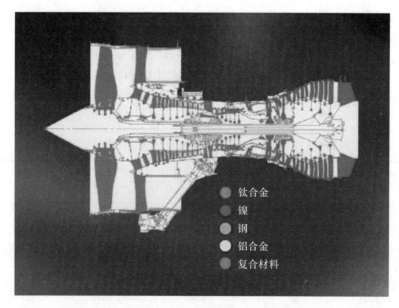

- 钛合金
- 镍
- 钢
- 铝合金
- 复合材料

图 1-2 彩图

图 1-2　航空发动机使用材料分布图

1.3 普、强旋成形技术的研究现状

1.3.1 旋压成形的机理研究

旋压成形，归根到底是一种金属回转成形工艺，只有清晰地掌握其成形机理，才能对各方向的研究有准确的把控。Music 等[8] 通过详细总结发现，关于旋压成形机理的相关研究主要集中在 20 世纪 50~60 年代的美国和日本，这些研究为后来旋压技术的深入探索提供了扎实的理论基础。Kalpakcioglu[9] 把强旋过程简化为纯剪切过程，建立了剪切应变、剪切应变率、切向力的推导方程，并将旋压坯料从中间切开，铣平切面后刻上网格，如图 1-3a 所示，然后再用银丝将切开的坯料焊在一起，加热及整形处理后进行旋压实验，得到成品后切开，得到如图 1-3b 所示的网格分布。由图可知，旋压过程中材料存在周向流动，原 abcd 切面已不在同一平面，且轴向划分的网格线始终平行于轴线而未变形，这也验证了纯剪切的假设，且旋压后材料靠模部分的硬度大幅提升，通过 1100 铝板验证了切向力方程的可靠性。Kobayashi[10] 根据锥角和产品壁厚推导了锥形件普旋成形的起皱条件，并通过 1100 铝板的旋压实验验证了这一起皱条件。Sortais 等[11] 研究了普旋工艺下锥形件的壁厚分布，利用变形能量守恒方法推导了旋压切向力的计算公式，随后通过实验验证了该测量结果的准确性，但该计算公式仅对特定的几何形状适用，局限性较大。Hayama 和 Murota[12-14] 同样运用能量守恒法推导了轴向、径向和切向三方向的旋压力计算公式，并认为普通旋压主要由拉伸和减薄工艺组成，其中弯曲变形对旋压成形最为关键，阐述了普旋工艺的成形机理。对比上述模型，Wang 等[15] 提出了关于轴向力计算的非对称模型，预测的一道次旋压成形轴向力误差约为 10%。Avitzur 和 Yang[16] 推导了剪切旋压中的切向力和功率，并提供了解析解，同时研究了旋轮进给率、旋轮圆角半径和形状等工艺参数，发现切向力随着坯料半径增大而减小，且与屈服应力和坯料壁厚成线性关系。基于前述学者的研究，Kim 等[17-18] 将剪切旋压简化为纯剪切模型，运用 lower upper-bound solution 的方法计算了旋压切向力，得到了与 Avitzur 等[16] 一样的结论。随后，他们基于弯曲、剪切力以及屈服极限的纯剪切变形推导了三方向的旋压力，且根据弯曲产生的能量优化了变形接触区域。Kawai[19] 提出了深冲压过程中的起皱条件，这一过程可类比旋压成形的起皱行为。Nagarajan 等[20] 研究了强力旋压的成形机理，通过对比 Kobayashi 和 Kalpakcioglu 等人的模型，发现实验所得旋压力远远高于理论值，并认为造成这一误差的主要原因是前人模型没有考虑工艺效率和冗余功率，并根据 Jacob 和 Garries 的模型[21]，将功率效率取值在 0.1~0.2 之间，所得的理论值与实验数据较为吻合。

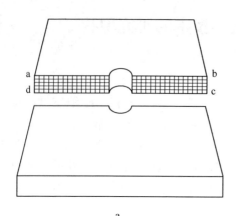

图 1-3　强旋过程的材料流动分析[9]

a—坯料中的网格划分；b—工件中的金属流动

1.3.2　旋轮轨迹的研究现状

普通旋压通常具有多道次且更为复杂的旋轮轨迹，而随着数控技术在旋压机中的应用，更多样式的旋轮轨迹得以实现。但目前行业内关于旋轮轨迹的设计，多是让有经验的工人在 CAD 软件中绘制轨迹，采用 trial-and-error 的方式不断调整轨迹并通过试制来得到预期产品。这种经验设计的方法更像是一种艺术，而非科学，且轨迹的不断调整及试制需要大量时间和材料成本，大大降低了生产效率[22-23]。诸多学者对普旋成形的旋轮轨迹展开了研究，Hayama 等[24-26] 通过大量实验对退火铝板进行了直线、圆弧凹曲线、圆弧凸曲线以及渐开线旋轮轨迹研究，发现凸曲线相对于凹曲线的成形效果不理想，并建立了仿形板中渐开线旋轮轨迹模型：

$$x = a(\cos\theta + \sin\theta) \tag{1-1}$$
$$y = a(\sin\theta - \theta\cos\theta) \tag{1-2}$$

式中　a——基圆半径。

此外，他还通过 NC 技术研究旋轮轨迹，提出了渐开线轨迹基圆半径的确定方法，并发现成形道次数和靠模量的确定方法以及第一道次的成形角对坯料的起皱及破裂的影响，这一结论也被 Kang 等[27] 证实。Kang 等[27] 对直线型、凹曲线以及凸曲线的旋轮轨迹进行了实验，发现第一道次的成形对工件最终的壁厚分布起决定作用，并认为凹曲线旋轮轨迹在普旋中有广泛应用，而凸曲线旋轮轨迹更适合封头工件的旋压。Liu 等[28] 对直线、渐开线及二阶曲线的旋轮轨迹所成形工件的应力-应变进行了分析，结果表明渐开线轨迹的应力和应变更小，为多道次普旋成形提供了理论基础。James 等[29] 建立了一种二阶贝塞尔曲线的旋轮轨迹，并定义了 4 个参数（见图 1-4a），通过改变参数的旋轮轨迹实验发现旋轮轨迹设计是一种基于所需金属变形及回弹起皱减薄等缺陷之间的权衡设计。

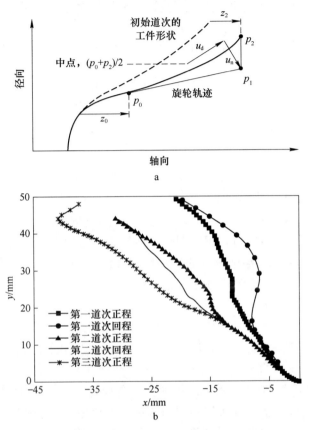

图 1-4　二阶贝塞尔曲线的旋轮轨迹

a—贝塞尔曲线轨迹参数化[29]；b—多道次旋轮轨迹[33]

　　基于他们的研究，Gan 等[30-31] 建立了二阶贝塞尔曲线的旋轮回程轨迹并设定了 3 个参数，进行了铝合金材料的封头旋压，发现了轨迹参数与减薄率之间的关系。Li 等[32] 建立了三阶贝塞尔曲线的旋轮轨迹，并对凸、凹曲线展开了详细的研究，发现对于无芯模旋压的第一道次，贝塞尔凹曲线旋轮轨迹对成形力的影响较小，而凸曲线的成形力随着旋轮轨迹的变化也产生较大变化，且对于贝塞尔凹曲线旋轮轨迹，最大的减薄集中在坯料的中部。Wang 等[33-35] 通过旋压机的 PNC（playback numerical control）录返系统记录下了不规则曲线的旋轮轨迹，使用 3 道次正程轨迹、2 道次回程轨迹的方式进行了普旋仿真（旋轮轨迹如图 1-4b 所示），他们发现成形过程中模具的轴向力最大，切向力最小，且第一道次产品的壁厚减薄最大，回程道次基本不改变产品壁厚；此外，他们采用模具补偿技术对芯模形状进行了优化设计，利用田口方法设计实验并优化了工艺参数并发现相比于凹曲线，凸曲线的旋轮轨迹使产品的壁厚减小更少。陈嘉等[36] 对单向式和往复式运动的旋轮渐开线轨迹进行了设计，他们将轨迹起点设在与芯模圆角相切的位置，为此需要使用下式计算渐开线旋转中心到芯模坐标圆心的距离：

$$x_p = 0.085a - 0.57r + t_0 \tag{1-3}$$

$$y_p = \frac{d_0}{2} - 0.085a + t_0 \tag{1-4}$$

式中　　x_p——横轴距离；

　　　　y_p——纵轴距离；

　　　　a——基圆半径；

　　　　d_0——芯模直径；

　　　　t_0——坯料初始壁厚。

但此方法建立的轨迹方程计算量较大，计算过程繁琐。Sugita 和 Arai[37] 采用线性插值的方法进行轨迹设计，对比了旋转式和进给式两种旋轮轨迹，发现对于进给式旋轮轨迹，随着靠模量的增加，工件法兰边附近处的壁厚减小。Wong 等[38] 采用轴向和径向旋轮轨迹进行流动旋压，且采用了 nose 及 flat 两种形状的旋轮，发现两种形状旋轮的轴向轨迹都会在工件末端形成浅凹坑。Russo 等[39] 则提出了一种非对称无芯模旋压的旋轮轨迹设计方法。苏鹏等[40] 建立了多道次普旋的渐开线、圆弧和直线的轨迹，并对比了凹、凸曲线轨迹，在 ABAQUS 中建立了仿真模型，发现直线轨迹易发生开裂，渐开线轨迹的成形效果较好。詹梅等[41] 建立了直径为 500mm 的大型筒形件仿真模型，并研究了回弹、摩擦系数、旋轮进给比对筒形件壁厚分布均匀性的影响。李新标等[42] 采用往复式凹圆弧轨迹对大型复杂薄壁筒形件进行多道次的旋压成形，通过 LS-DYNA 中的仿真着重研究了旋轮反向进给起始接触点到板料边缘的距离对应力及堆料的影响。马振平等[43] 利用 PNC 技术编制了直线、渐开线、贝塞尔凹曲线、贝塞尔凸曲线的往复式轨迹，通过实验发现轨迹形状对壁厚减薄率有所影响，各不同曲率的曲线轨迹均优于直线变形，且往复式旋压可有效控制壁厚减薄率，并建议在开始道次时，应保证坯料沿芯模顶端贴合形成环带状支撑点，以改善加工硬化带来的靠模不好的情况。魏战冲等[44] 对直线、圆弧及渐开线有、无渐压轨迹进行了研究，并认为在成形前期旋压有渐压轨迹，后期选择无渐压轨迹坯料的壁厚偏差更小，靠模效果更理想。杨坤和李健[45] 在 ABAQUS 中建立了钛合金筒形件的旋压模型，并通过二次开发建立了旋轮进给曲线的优选程序和后处理自动分析模块，大大提高了仿真效率。夏琴香等[46] 采用渐开线仿形板对复杂锥形件进行了"分段普旋"，这一新工艺为解决复杂零件的旋压成形提供了新思路。Abd-Alrazzag 等[47] 采用 CNC 软件 Eding 将 CAD 中设计的旋轮轨迹导入旋压机床，如图 1-5a 所示，进行

了两种铝合金杯形件的试制，发现旋轮进给比、成形道次和润滑对产品的几何精
度有最重要的影响。Filip 等[48] 基于 Visual LISP 开发了筒、锥形件的旋轮轨迹设
计程序，但该数学建模方法仅能建立直线旋轮轨迹（图 1-5b）。潘国军等[49] 整
理了近年关于普通旋压旋轮轨迹的研究，并认为几何设计方法与旋压成形特性以
及高精度旋压加工的多道次轨迹规划的结合是今后研究的重点和难点。

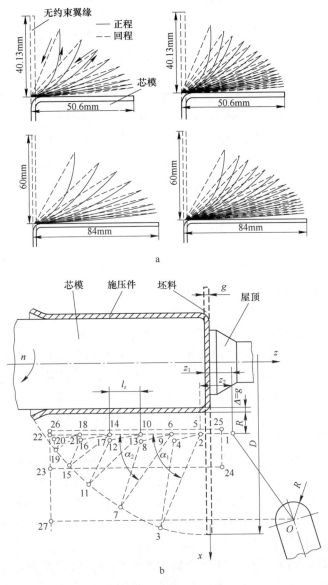

图 1-5　旋轮轨迹

a—CAD 中建立的旋轮轨迹[47]；b—直线轨迹参数化[48]

1~27—不同道次的旋轮轨迹

　　通过以上研究可以看出，目前旋轮轨迹的参数化研究仍处于发展阶段，主流的旋轮轨迹为渐开线和贝塞尔曲线，主要针对的研究对象还是简单规则的锥形、筒形件，且大部分研究集中于旋轮轨迹正程上；而对于轨迹长度、回程和靠模过程轨迹及多种轨迹成形效果的对比则少有研究。

1.3.3　成形缺陷研究及工艺优化

　　成形缺陷是旋压成形，特别是产品试制过程中普遍存在的一个问题。成形缺陷主要有 Music 等[8] 汇总的以下三种（见图 1-6）：起皱、周向破裂以及轴向破裂。不同缺陷的产生原因并不相同，前人研究多是关于起皱缺陷的。Senior[50]、Kawai[19] 和 Kobayashi[10] 最早研究了起皱产生的条件，Kleiner 等[51] 采用非线性动力学与时间序列分析相结合的方法建立仿真模型，预测起皱，优化工艺。夏琴香等[52] 对杯形件的单道次拉伸旋压展开研究，发现起皱、颈缩以及破裂的发生与材料参数、成形工艺参数以及芯模圆角半径有很大关系，起皱更易出现在壁厚薄、进给率大、相对间隙大的工艺中，破裂则易出现在坯料的边缘处，此外，她们绘制了成形极限图，对工艺参数的设计和选取有很大的参考价值，但关于破裂缺陷出现的原因并没有详细给出。Wang 等[53] 也绘制了成形极限图，发现当进给率超过一定阈值时起皱发生，而在阈值内，芯模和进给率的均衡增加可以防止起皱。Sebastani 等[54] 发现起皱发生在压缩周向力较高且当旋轮卸载后没有变成拉伸周向力的坯料边缘区域，Wang 和 Long[33] 也得到了相同的结论。Music 等[55] 则将起皱划分为两种类型，一种如 Sebastani 等[54] 所述，另一种则与夏琴香等[52] 在拉伸旋压中研究的起皱类似。Waston 和 Wang 等[56-58] 则通过对建立的旋压模型中起皱阶段的应力分布分析，发现坯料法兰边处的残余应力力矩是在该处成形易产生褶皱的原因。孔庆帅[59] 针对高径厚比的球面铝合金构件，采用能量法和塑性屈曲理论建立了内、外环的失稳模型，能够对起皱进行有效预测。胡莉巾等[60] 将 C-L 以及 Lemaitre 韧性断裂准则嵌入 ABAQUS 二次开发中，建立了强力旋压的裂纹预测模型，用数值模拟的方法预测了旋压破裂的位置，但结果并不准确。王志英[61] 通过对镍基合金管加工中破裂断口的微观研究发现，铁的严重富集是旋压破裂的起因，通过改善铸锭均匀性，控制好热处理工艺和退火时间可防止加工开裂现象。过海等[62-63] 提出了针对多道次普旋的道次间变进给率旋压方法（VFS），他们发现最终道次的减速可以有效抑制起皱并提高表面质量，首道次的减速能降低轴向开裂的风险。范淑琴等[64] 建立了内层为 304 不锈钢、外层为 Q235 普通钢的双金属复合管旋压成形模型，研究发现旋轮进给比过大、坯料径厚比过大会发生起皱现象，起皱的发生时刻可以通过旋压力曲线的突然波动来确定。彭加耕[65] 计算了薄壁锥形件拉伸小端破裂极限的载荷，得到了拉伸成形极限条件。袁玉军[66] 认为旋压件缺陷的主要原因为工艺参数不合理，坯料质量、尺寸不合格，设备工装不合理。周立奎[67] 将修正的 Oyane 准则应用于高强钢板剪切旋压中，得到的仿真预测的极限减薄率与实验结果误差为 15.9%。郑岩冰[68] 研究了路径对起皱缺陷的影响。Wu 等[69] 基于 2024-T351 合金建立了改进的 GTN 模型，对多道次筒形件旋压进行了可旋性分析，发现减薄率和成形道次对筒形件破裂的关键影响。

　　上述缺陷研究多是集中于铝合金、钢等材料的起皱开裂研究，而关于高温合金的冷旋成形缺陷研究则少有报道。

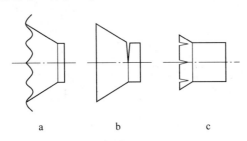

图 1-6　旋压成形主要缺陷[1]

a—起皱；b—周向断裂；c—轴向断裂

　　关于旋压成形工艺产品质量的研究，无论是产品尺寸的精确度、表面粗糙度，还是产品本身的缺陷、起皱、开裂，回弹以及残余应力，又或是成形产品所需的旋压力、成形时间这些指标都代表了产品质量的好坏，而工艺参数则是影响这些指标的因素。旋压成形的主要工艺参数有以下几个方面：从成形坯料方面来看，材料性能、热处理、坯料壁厚、坯料尺寸等因素均有影响；从旋压设备方面来看，旋轮半径及圆角半径、旋轮形状、旋轮安装角、旋轮进给率、芯模尺寸、芯模转速、旋轮轨迹等因素均有影响；其他方面包括模具间隙、摩擦系数、成形温度等也都有着重要影响。而以上这些工艺参数之间存在着交互作用，传统的单因素方法，或是正交试验的方法，因为无法较好地表征工艺参数变量之间的高度非线性关系或是巨大的实验量而难以应用在旋压成形的工艺参数研究中，而学者们更多采用的是响应面法、多元优化、神经网络以及人工智能等方面的方法来进行工艺参数的研究，具体有：Waston 等[57] 通过 BBD（box-behnken design）的试验设计方法进行了进给量、进给率、材料屈服强度、加工硬化系数、壁厚、杨氏模量 6 个参数对坯料起皱影响的实验。Nadine 等[70] 采用 ASOP（adaptive sequential optimization procedure）的方法建立了优化旋压成形参数的数学模型，该方法结合了随机过程模型、时序设计以及 CBR（case-based reasoning）案例推理技术，建立的模型成功地将旋压失效区域问题转化为优化问题，将原本高度非线性关系的失效边界与工艺参数之间建立了联系，为旋压工艺参数的优化问题提供了参考（见图 1-7）。

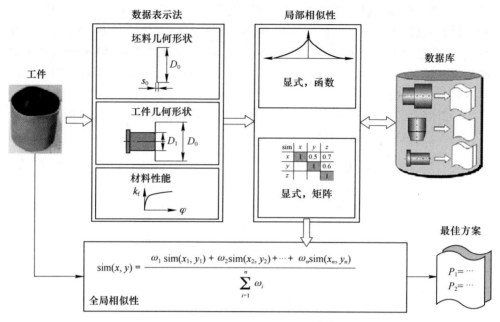

图 1-7　旋压成形的 CBR 方法[70]

Kunert 等[71] 采用多元优化的方法对旋压成形中旋轮圆角半径、旋轮进给率、芯模转速、模具间隙以及旋轮轨迹的倾斜度进行了统计学建模，并以高压分压器作为产品进行了实验，结果表明优化后的工艺参数具有较好的表面质量和精确的几何外形。Chen 等[72-73] 通过响应面法建立了坯料壁厚、旋轮圆角半径、芯模转速、旋轮进给率之间关系的 36 组实验，并以表面粗糙度、旋压力作为评定指标，建立了各参数的回归方程，取得了较好的拟合效果。Hagan 等[74] 认为神经网络中只要隐含层具有足够多的单元可用，输入层使用的线性函数就可以逼近任何感兴趣的函数。赵俊生[75] 基于 BP 神经网络和遗传算法对强力旋压衬套的工艺参数进行了优化，将仿真数据样本作为神经网络模型进行训练，实现了对产品质量的预测。翟福宝等[76] 基于人工神经网络对筒形件的错距旋压工艺参数进行了优化，以产品缺陷、尺寸精度和三旋轮的径向分力作为评定指标，得到了合理的工艺参数。王春晓[77] 使用 Matlab 神经网络工具箱，建立了 TA15 钛合金热旋压变形的微观预测模型，并预测了初生 α 相的尺寸、再结晶体积分数、显微硬度。由以上的大量研究可以看出，人工智能已渐渐应用于旋压工艺的参数分析当中，早在 2004 年，董克权[78] 提出的建立旋压工艺参数选择专家系统在当时还只是一个轮廓性的概念，随着现如今人工智能技术的发展，特别是近年来深度学习[79-80] 的火热，新兴互联网技术及工业大数据越来越多地应用于制造业当中。

　　综上所述，关于旋压成形工艺参数的优化研究大多数集中在可连续变化的因素中，如进给率、转速、圆角半径等，但另一些极为关键的不可连续变化的分类因素如旋轮形状、旋轮轨迹等，则少有耦合在上述试验设计方法中的研究；为此，需进一步探明重要分类因素参数与关键工艺参数之间的交互作用关系。

1.3.4　难变形金属热、冷旋研究现状

　　微观组织影响零件的力学性能，在热成形工艺中，微观组织会发生一系列的演化；冷成形中，晶粒结构也会随着塑性变形而发生改变，形成形变织构，为此，诸多学者展开研究。徐文臣等[81]使用旋压技术替代锻造工艺，通过研究温度对高温合金某航空发动机机匣壳体旋压变形行为的影响机理，得到温度与旋压工艺参数协调关系，解决了热态旋压温度控制、成形质量控制等关键技术。西北工业大学凝固技术国家重点实验室[82-83]研究了温度对 Ni-Cr-W-Mo 镍基高温合金热旋成形的影响。针对难变形材料热旋压的微观组织演变研究，Chen 等[84]研究了 TA15 钛合金筒形件热旋压过程中的微观组织演变，探讨了壁厚减薄率对 TA15 钛合金微观组织演变的影响。Shan 等[85]研究了 Ti-6Al-2Zr-Mo-1V 合金筒形件强力热反旋成形过程中变形对微观组织的影响。缪伟亮[86]采用 GH3536 高温合金成功研制了含复杂曲线段及法兰边的某航空发动机外机匣，通过研究多场作用下的材料塑性变形行为，实现了 GH3536 大尺寸、高精度复杂薄壁回转壳体件的热旋成形。华南理工大学[87-89]针对难变形高温合金 Haynes230 筒形件成形展开了宏观上工艺参数优化和微观上基于热加工图的形性一体控制研究。Niklasson[90]针对高温合金 718 航空发动机机匣的制造展开了剪切旋压的热处理温度和再结晶的相关研究，发现了完全再结晶的热处理方法。以上关于难变形金属的普、强旋研究主要采用热旋压成形工艺，这主要是由于难变形金属，特别是高温合金在常温和高温下的可塑性差别巨大，表 1-3 显示的是两种高温合金材料不同温度下的力学性能对比。由表可知两种材料在 900℃时的屈服强度和材料伸长率都大大优于常温下，这就避免了冷旋成形在常温下极易出现的开裂现象。但热旋成形在高温状态下金属表面易发生氧化反应，表面形成氧化铁皮，质量粗糙，需要预留出一定的切削量；此外，热旋成形还具有对设备要求高、模具需要预热且损耗大、能耗大且成本高、温度区间不易控制、微观组织不稳定等缺点。

表 1-3　GH1140 和 GH3030 在不同温度下力学性能对比[95]

合金牌号	室温			700℃			900℃		
	$\sigma_{0.2}$/MPa	σ_b/MPa	δ/%	$\sigma_{0.2}$/MPa	σ_b/MPa	δ/%	$\sigma_{0.2}$/MPa	σ_b/MPa	δ/%
GH1140	255	662	46	212	423	48	—	134	81
GH3030	355	756	42	193	352	51	—	109	71

对比之下，冷旋成形具有塑性差、极易开裂和设备力要求高等缺点，但也具有表面质量好、微观组织稳定、不需要加热的优点。为此，近年来，也有部分学者开展了高温合金冷旋成形的研究。邵光大等[91] 研究了工艺参数对高温合金 Ω 截面密封环冷旋成形的影响规律，得到了获得高质量密封环的工艺参数。凌泽宇等[92] 针对镍基高温合金因加工硬化严重而极易破裂起皱的问题，使用锥形预制坯经过真空固溶处理后拉伸旋压得到锥筒形件，有效避免了冷旋成形中的缺陷。王大力等[93] 给出了 GH4169 筒形件错距旋压的不同工艺方案，其方案的确定主要是通过大量试制的摸索。肖刚锋等[94] 针对镍基高温合金因严重的加工硬化而导致塑性成形时质量控制困难的问题，以应用于燃烧室的锥筒形件为对象，提出采用剪切旋压工艺获得锥形预制坯，经固溶处理后进行拉伸旋压成形。

综上所述，国内外对于高温合金旋压技术研究主要为热旋压成形，对于高温合金冷旋成形的研究依然较少，导致目前高温合金回转件冷旋成形技术的发展受到制约。《机械工程学科发展战略报告（2011—2020）》[96] 和《国家中长期科技发展规划纲要（2006—2020)》[97] 提出，零件成形发展趋势是向高性能、低成本的精确成形及绿色制造方向发展。为此，宁波大学[98-106] 针对难变形金属钣金机匣冷热旋成形开展了一系列的研究工作，探索高温合金的冷热旋变形机理及成形规律。

1.4　研究意义

高温合金回转件成形中变形与精度控制技术是航空发动机的关键技术攻关建设项目，通过系统地开展高温合金旋压成形关键技术研究，探索出一条有效的控制机匣类零件变形的途径，建立高温合金旋压精密成形理论，保证零件使用过程中尺寸稳定，满足航空发动机的高性能、安全性、可靠性及寿命要求，为发展更先进的航空发动机奠定技术基础。

2 旋压成形高温合金材料本构模型

本构模型是描述材料力学特性的数学表达式，为了获得较为准确的有限元数值模拟结果，需要获得材料的精确本构模型。为此，本章简述了高温合金GH1140、GH3030以及GH4169在冷、热旋工艺中的宏观、微观本构模型。

2.1 高温合金 GH1140 室温本构模型

2.1.1 高温合金 GH1140 的成分测定

研究采用的高温合金 GH1140 板材，厚度为 2mm，泊松比为 0.3，密度为 8.4g/cm^3。基于红外碳硫分析仪等仪器，依据 GB/T 20123—2006、SN/T 2718—2010、GB/T 223.11—2008 等标准对高温合金 GH1140 做成分定量分析，得到材料成分如表 2-1 所示。

表 2-1　高温合金 GH1140 的化学成分

材料牌号	化学成分（质量分数）/%					
GH1140	C	S	Si	Mn	P	Cr
	0.032	0.003	0.475	1.03	0.035	17.7
	Ni	Mo	Ce	Al	W0	Ti
	8.32	0.023	0.011	<0.01	<0.01	<0.01

2.1.2 高温合金 GH1140 真应力-真应变关系

塑性成形问题求解的前提是塑性条件和本构方程，这两种方程中的函数关系与工件所处的变形条件和材料性质有关[107]。选用单向均匀拉伸实验建立高温合金 GH1140 的真实应力-应变曲线。

针对板厚 2mm 的高温合金 GH1140 板料，根据 GB/T 228.1—2010 设计试样结构，对板料进行切割。其中，L_0 为原始标距，即试样未变形时用来固定引伸计、测定伸长量的长度；L_c 为平行段长度，与过渡圆弧相连；L_t 为试样的总长度；A_0 为试样的原始厚度；B_0 为试样平行部分的原始宽度；S_0 为平行长度部分的原始横截面面积；R 为试样夹持端和平行长度连接的过渡圆弧半径[108]。具体的试样结构如图 2-1 所示。GH1140 拉伸实验过程如图 2-2 所示。

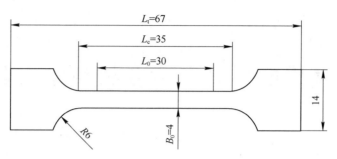

图 2-1　GH1140 拉伸实验试样结构（单位：mm）

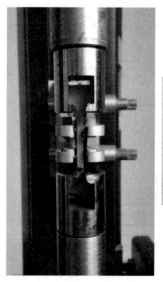

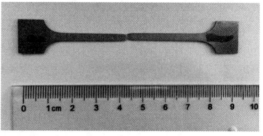

　　　　　　a　　　　　　　　　　　　　　　　　　b

图 2-2　GH1140 拉伸实验过程

a—拉伸实验过程；b—拉伸过后的试样

　　为了尽量减小实验误差，在 MTS600 拉伸试样机上进行 5 组常温 20℃ 下的拉伸试验，控制移动速率为 3mm/min，得到标称应力–标称应变曲线，如图 2-3 所示。高温合金 GH1140 常温下拉伸实验得出的力能参数如表 2-2 所示。

表 2-2　高温合金 GH1140 的力学性能

试验序号	弹性模量 E/GPa	屈服强度 σ_s/MPa	抗拉强度 σ_b/MPa	伸长率 A/%
1	142.52	310	808	40
2	167.73	303	832	39
3	212.09	310	830	41

试验序号	弹性模量 E/GPa	屈服强度 σ_s/MPa	抗拉强度 σ_b/MPa	伸长率 A/%
4	107.91	301	801	47
5	123.72	316	839	40

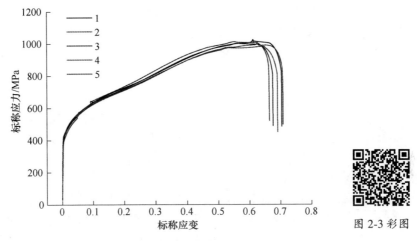

图 2-3 彩图

图 2-3　GH1140 标称应力-标称应变曲线

　　标称应力-标称应变曲线反映出，在金属进入塑性变形之前，继续变形的应力随着位移的增加而增加，材料的强化作用占主导地位[109]。在进入塑性变形后，横截面面积减小，应力集中出现，应力值下降。所以，标称应力-标称应变曲线不适用于反映试样横截面不断变化的拉伸过程，还需要进一步推导出真应力-真应变曲线。

　　真应力是瞬间的流动应力，用 σ_t 表示，单位为 MPa，即：

$$\sigma_t = \frac{P_t}{S_t} \tag{2-1}$$

式中　　P_t——单向拉伸时加载瞬间的载荷；

　　　　S_t——瞬间横截面面积。

　　真应变是标称应变的对数值，即：

$$\varepsilon_t = \int_{L_0}^{L} \frac{\mathrm{d}L}{L} = \ln \frac{L}{L_0} \tag{2-2}$$

　　根据上述公式，推导出真应力-真应变与标称应力-标称应变的函数关系，即：

$$\sigma_t = \sigma(1 + \varepsilon) \tag{2-3}$$

$$\varepsilon_t = \ln(1 + \varepsilon) \tag{2-4}$$

这样，可以得出表 2-2 中 1 号试样对应的真应力-真应变曲线，如图 2-4 所示。

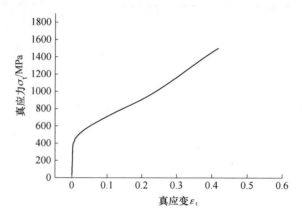

图 2-4　高温合金 GH1140 真应力-真应变曲线

金属材料的弹塑性方程具有非线性性质，根据不同的弹塑性模型拟合出不同的强度系数 K 和应变硬化系数 n，描述材料的塑性流动行为。但是模型对已得到的拉伸实验曲线的适用性不同，需要根据拟合结果进行选择[110]。目前已经提出的弹塑性模型主要有 4 种[111-114]，对应的拟合结果如表 2-3 所示。

Hollomon 模型：

$$\sigma = K_H \varepsilon_t^{nH} \tag{2-5}$$

Ludwik 模型：

$$\sigma = \sigma_\sigma + K_L \varepsilon_t^{nL} \tag{2-6}$$

Voce 模型：

$$\sigma = \sigma_s - K_v e^{n_v \varepsilon_t} \tag{2-7}$$

Ludwigson 模型：

$$\sigma = K \varepsilon_t^n + e^{K_1 + n_1 \varepsilon_t} \tag{2-8}$$

表 2-3　高温合金 GH1140 的应力-应变曲线拟合方程

方　程	可决系数 R	SSE	RMSE
$\sigma_t = 1816\varepsilon_t^{0.6195}$	0.9892	2.316×10^{-6}	22.98
$\sigma_t = 1819(\varepsilon_t + 0.1957)^{1.099}$	0.9993	1.5578×10^{-5}	5.962
$\sigma_t = -9464 + 9761e^{0.1806\varepsilon_t}$	0.9992	1.645×10^{-5}	6.126
$\sigma_t = -4243\varepsilon_t^{0.0098} + e^{8.401 + 0.4061\varepsilon_t}$	0.9982	3.802×10^{-5}	9.314

其中，SSE 指的是样本数据与回归方程的总离差，即残差平方和；RMSE 指

的是均方根误差。均方误差（MSE）是拟合值周围的方差，MSE = SSE/DFE，DFE 指的是自由度。可决系数 R 表示回归方程对应样本数据的拟合程度，R 值越接近 1，拟合效果越好。通常根据 R 值判断拟合方程的优劣。因此，选用 Ludwik 模型拟合出的真应力-真应变方程如下：

$$\sigma_t = 1819(\varepsilon_t + 0.1957)^{1.099} \tag{2-9}$$

式中　σ_t——单向拉伸时真应力；

　　　ε_t——单向拉伸时真应变。

拟合曲线和真应力-真应变曲线的对比，如图 2-5 所示。

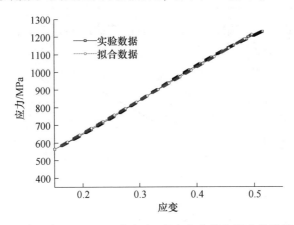

图 2-5　高温合金 GH1140 真应力-真应变曲线和拟合曲线的对比

2.2　高温合金 GH3030 室温本构模型

为了获得冷旋成形用镍基高温合金 GH3030 的材料本构关系，采用 SHT-4106 万能试验机，在夹头拉伸速度为 2mm/min、18mm/min 和 60mm/min 的条件下，各进行 3 组拉伸试验，通过拉伸试验，获得了各组拉伸试验所对应的材料屈服强度、抗拉强度和伸长率，结果见表 2-4。从表中的结果可以得知：在准静态拉伸范围内，不同拉伸速度下 GH3030 高温合金材料的屈服强度、抗拉强度和伸长率基本一致。

表 2-4　拉伸试验结果

拉伸速度/mm·min⁻¹	试验序号	屈服强度/MPa	抗拉强度/MPa	伸长率/%
2	1	381	782	39
	2	384	774	39.5
	3	383	778	38.3

拉伸速度/mm·min⁻¹	试验序号	屈服强度/MPa	抗拉强度/MPa	伸长率/%
18	4	388	769	39
	5	391	775	38.6
	6	392	776	39
30	7	404	773	40
	8	400	770	39.8
	9	403	765	40.1

采用上节方法，得到试样的真应力-真应变曲线如图 2-6 所示。

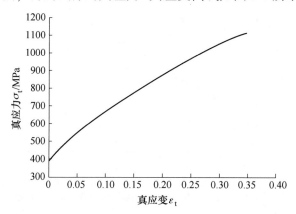

图 2-6　GH3030 高温合金常温下的真应力-真应变曲线

拟合得到真应力-真应变曲线方程如式（2-10），拟合曲线和实际曲线的对比如图 2-7 所示。

$$\sigma_t = 1863.1334(\varepsilon_t + 0.0665)^{0.5698} \tag{2-10}$$

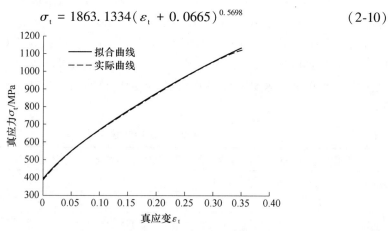

图 2-7　拟合曲线和实际曲线的对比

2.3 高温合金 GH4169 本构与微观模型

对于镍基高温合金 GH4169，前人已经做了大量研究，建立了完整的 GH4169 合金材料模型，并得到了实验的验证，本节采用的 GH4169 合金本构方程如式 (2-11) 所示[115]：

$$\dot{\varepsilon} = 4.51 \times 10^{16} \left[\sinh(0.0024\sigma) \right]^{5.05} \exp\left[-413118/(RT) \right] \qquad (2\text{-}11)$$

式中 $\dot{\varepsilon}$ ——应变速率，s^{-1}；

σ ——流变应力，MPa；

R，T ——气体和温度常数。

GH4169 合金的动态再结晶、亚动态再结晶以及晶粒长大等微观组织演变模型如表 2-5 所示，其中 1038℃是 δ 相的固溶温度。

表 2-5 GH4169 合金微观组织演变模型[116]

临界应变量	$\varepsilon_c = 8.87 \times 10^{-4} d_0^{0.2} Z^{0.099} (\dot{\varepsilon} \geq 0.01 s^{-1})$
	$\varepsilon_c = 9.57 \times 10^{-6} d_0^{0.196} Z^{0.167} (\dot{\varepsilon} < 0.01 s^{-1})$
动态再结晶	$d_{dyn} = 1.301 \times 10^3 Z^{-0.124}$
	$\varepsilon_{0.5} = 0.029 d_0^{0.2} Z^{0.058} \quad X_{dyn} = 1 - \exp\left[-\ln2 \left(\dfrac{\varepsilon}{\varepsilon_{0.5}} \right)^{1.9} \right] (T > 1038℃)$
	$\varepsilon_{0.5} = 0.037 d_0^{0.2} Z^{0.058} \quad X_{dyn} = 1 - \exp\left[-\ln2 \left(\dfrac{\varepsilon}{\varepsilon_{0.5}} \right)^{1.68} \right] (T \leq 1038℃)$
亚动态再结晶	$d_{mdyn} = 8.28 d_0^{0.29} \varepsilon^{-0.14} Z^{-0.03} \quad X_{mdyn} = 1 - \exp\left[-\ln2 \left(\dfrac{t}{t_{0.5}} \right) \right]$
	$t_{0.5} = 1.7 \times 10^{-5} d_0^{0.5} \varepsilon^{-2} \dot{\varepsilon}^{-0.08} \exp\left(\dfrac{12000}{T} \right)$
晶粒长大	$d^3 = d_0^3 + 9.8 \times 10^{19} t \exp\left(\dfrac{-437000}{RT} \right)$

注：ε_c 为临界应变；X_{dyn} 为动态再结晶体积分数；Z 为 Zener-Hollomon 因子，$Z = \dot{\varepsilon}^{0.128} \exp[Q/(RT)]$；$\varepsilon_{0.5}$ 为产生 50% 动态再结晶时的应变；d_{dyn} 为动态再结晶晶粒尺寸；T 为温度常数；$\dot{\varepsilon}$ 为应变速率；X_{mdyn} 为亚动态再结晶体积分数；t 为变形时间；$t_{0.5}$ 为发生 50% 亚动态再结晶的时间；d 为再结晶晶粒尺寸；d_{mdyn} 为亚动态再结晶晶粒尺寸；d_0 为初始晶粒尺寸。

3 高温合金旋压成形旋轮
形状设计与优化

旋轮作为旋压加工的主要成形工具,其形状对成形质量(几何形状及尺寸、精度、硬度及表面粗糙度等)有着重要影响。旋压成形过程中,虽然工件表面会涂抹润滑油,但旋轮与工件的直接接触会产生剧烈的摩擦及热量(冷旋时会产生"冒烟现象"),旋轮的工作状况会直接反馈在成形的工件表面及所产生的旋压力上,其形状设计及优化尤为重要。为此,本章先是对坯料尺寸设计进行了简述,随后结合强力旋压工艺有限元数值模拟中的结果反馈,对常用的三种旋轮形状进行了设计和优化。

3.1 坯料尺寸设计

确定合理的工件尺寸和毛坯尺寸有助于改善工件在旋压成形过程中等效应力-应变分布,避免出现破裂、卷边、起皱等成形缺陷,达到节能高效、工件成形质量优化的目的。为此,本节以壁厚渐变锥形回转件为目标,开展坯料的尺寸设计,目标成形件结构简图如图 3-1 所示(其他规则形状的机匣坯料尺寸设计方法与此相似)。

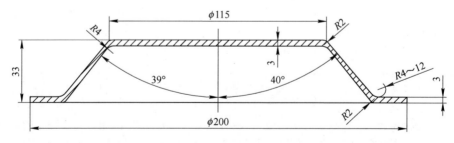

图 3-1 目标成形件结构简图

变壁厚锥形回转件在不同直径上的壁厚都不相同,变壁厚板坯在各直径上的壁厚计算如式(3-1)所示:

$$t_{oi} = \frac{t_{fi}}{\sin\alpha_f} \tag{3-1}$$

式中 t_{oi} ——板坯各直径上的厚度；

　　　　t_{fi} ——相应直径上的旋压件壁厚；

　　　　$\sin\alpha_f$ ——旋压件的半锥角。

由于变壁厚锥形回转件的形状复杂，采用 Creo Parametric 软件自带的体积测量工具，通过在软件中建立目标成形件的三维数模，结合体积计算法，可以便捷地得到毛坯尺寸。计算如式（3-2）所示：

$$D_0 = 2\sqrt{\frac{V_m}{\pi t_0}} \tag{3-2}$$

式中 D_0 ——坯料理论直径；

　　　　V_m ——Creo Parametric 测得的目标成形件体积；

　　　　t_0 ——坯料厚度。

坯料的尺寸计算完成后，应增加适当的加工余量，坯料实际直径如式（3-3）所示：

$$D = D_0 + \Delta D \tag{3-3}$$

式中 ΔD ——加工余量。

3.2 强力旋压旋轮的选择

机匣形状受旋轮轨迹及旋轮形状的控制，对于筒形机匣的多道次普旋成形，旋轮多是采用具有一定圆角半径的圆弧形旋轮；对于强力旋压工艺，因其成形工件多具有变截面（从简单的单台阶到复杂的多台阶截面）等特点而对旋轮形状具有更高的要求。

强力旋压生产工艺的主要优点表现在以下几点：一是将坯料的强度和硬度提高了 15%～25%，同时显著提高了材料的疲劳寿命；二是由于该工艺属于拉伸减薄成形，能有效检验出母材中的冶金缺陷[117]。强力旋压工艺也因上述优点而广泛应用于航空、航天和国防等领域的大型回转构件成形，涉及从普通的单轮强力旋压到复杂的多轮错距旋压、内旋压、内外旋压等多种方法。但目前国内外对于强力旋压，特别是难变形金属的强力旋压研究，如钛合金、高温合金等，多是采用热旋压的成形方式[87-88]；对于冷旋成形，特别是高温合金的冷强力旋压成形，由于难变形金属在常温下屈服强度高、抗变形能力强而难以实现。为此，本部分内容以单台阶的高温合金 GH3030 筒形件为例（见图 3-2a），进行如图 3-2b 所示的冷强旋成形的数值模拟分析及旋轮形状设计（将圆形坯料通过"多道次普通旋压+强力旋压"的组合方式成形为带台阶面的筒形件初坯，其中强力旋压所采用的坯料为采用多道次普旋成形工艺制成的带有回弹量的筒形初坯）。

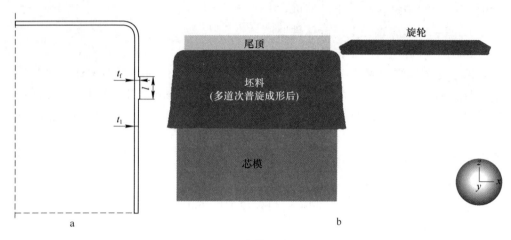

图 3-2 强力旋压成形工艺

a—带台阶面的筒形件模型；b—基于普旋成形的筒形件强旋仿真模型

对于旋压成形，本质上说是一种小变形区高压力加工的点接触回转成形工艺，当今研究热点的 ISF 渐进成形就被认为是旋压成形的衍生[118]，在芯模和坯料的高速回转过程中，旋轮与坯料的接触面仅为一点或是一个极小的接触面，旋轮作为成形的最重要工具之一，承受巨大的接触压力、摩擦以及摩擦和坯料塑性变形所释放的热量，而旋轮从几何形状到尺寸精度、硬度和表面粗糙度都直接反映到工件外表面，因此，研究不同几何形状旋轮在坯料强旋过程中的变形作用显得十分重要。

根据王成和等人[119]对于强力旋压旋轮形状的汇总，结合本部分内容所研究的筒形件的成形形状，选取了双锥式旋轮（见图 3-3a）、台阶式旋轮（见图 3-3b）、圆弧式旋轮（见图 3-3c）三种旋轮进行二维平面内的变形区长度计算，分析在旋轮作用下，旋轮接触区域的坯料在旋轮减薄作用下的变形情况。双锥式旋轮在剪切旋压中经常使用，包括两个锥形工作型面和一个过渡圆弧，咬入角 α 和退出角 β 可根据坯料和工艺的实际情况灵活设计，调整范围较大；但该旋轮也存在如下问题：当坯料壁厚较大时采用双锥式旋轮会造成工件表面不光滑、起毛、掉毛和堆积等现象，当坯料壁厚较小时，旋轮前的材料易产生过大的隆起（材料隆起也与旋轮圆角半径存在较大关系，参见图 3-8），特别是反旋工艺中。采用台阶式旋轮效果会有所改善，区别于双锥式旋轮，台阶式旋轮在成形过程中会产生压下台阶（参见图 3-5），且小圆角区域存在可设计的压光带，在旋轮进给过程中，圆角区域旋轮前端成形出的压下台阶压平，实现减薄拉伸；该旋轮由于台阶的存在，与坯料间的摩擦较大。圆弧式旋轮也是最常用的标准旋轮，广泛应用于各种拉深减薄旋压成形中。

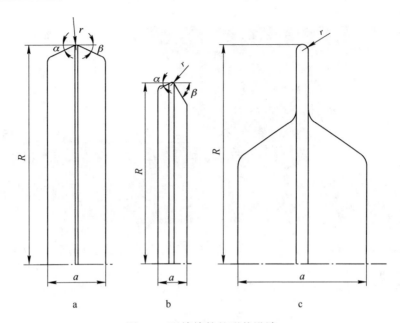

图 3-3　强旋旋轮的形状设计

a—双锥式旋轮；b—台阶式旋轮；c—圆弧式旋轮

3.3　对称式旋轮作用下材料变形区的长度变化

传统的成形高度计算方式为理想状态下简单几何形状的等体积转换，对于普、强旋结合的多工步工艺来说，初坯截面为壁厚不均匀且存在回弹的不规则形状，无法使用这类方法计算，为此，有必要针对不同的旋轮形状在材料变形区的成形进行分类讨论，计算得到成形长度和台阶位置。

对于对称式旋轮，适用于双锥式旋轮和圆弧式旋轮，而具体的变形情况要根据旋轮几何形状尺寸进行讨论。

情况 1：当 $R(1 - \cos\theta_0) = \Delta t$ 时，其中 $\Delta t = t_f - t_1$，R 为旋轮圆角半径，θ_0 为半圆角中心角，t_f 为原始坯料厚度，t_1 为强旋后的变形区厚度，由图 3-4 可知如下关系：

$$AB = t_1 \tag{3-4}$$

$$CD = R(1 - \cos\theta_0) + t_1 \tag{3-5}$$

$$OB = R + t_1 \tag{3-6}$$

$$HF = \frac{t_f}{\cos\Delta\alpha} \tag{3-7}$$

式中　$\Delta\alpha$ ——普旋后筒形件坯料的回弹角。

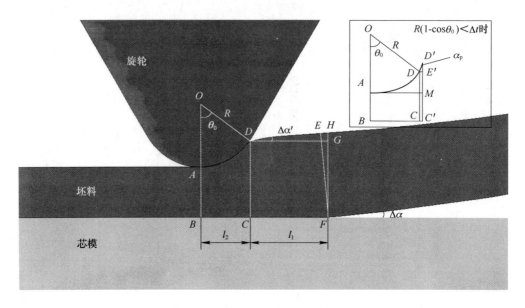

图 3-4　对称式旋轮变形区长度变化

$$HG = HF - CD = \frac{t_f}{\cos\Delta\alpha} - R(1 - \cos\theta_0) - t_1 \tag{3-8}$$

由于 $\angle HDG = \Delta\alpha'$ 略大于 $\Delta\alpha$，并有：

$$\Delta\alpha' \approx \Delta\alpha + (1° \sim 2°) \tag{3-9}$$

且 $CDHF$ 可近似看成是直角梯形，故有：

$$l_1 = CF = DG = \frac{HG}{\tan\Delta\alpha'} = \frac{t_f - \cos\Delta\alpha[R(1 - \cos\theta_0) + t_1]}{\cos\Delta\alpha\tan\Delta\alpha'} \tag{3-10}$$

$$l_2 = BC = R\sin\theta_0 \tag{3-11}$$

各变形区域面积（S_1——$CDHF$、S_2——$CDAB$）为：

$$S_1 = \frac{(CD + HF) \times CF}{2} = \frac{t_f^2 - \cos^2\Delta\alpha[R(1 - \cos\theta_0) + t_1]^2}{2\cos^2\Delta\alpha\tan\Delta\alpha'} \tag{3-12}$$

$$S_2 = \frac{(CD + OB) \times BC}{2} - S_{AOD}$$

$$= R^2\sin\theta_0\left(1 - \frac{\cos\theta_0}{2}\right) + t_1R\sin\theta_0 - \frac{\theta_0\pi R^2}{360} \tag{3-13}$$

原变形区长度为：

$$l = l_1 + l_2 = \frac{t_f - \cos\Delta\alpha[R(1 - \cos\theta_0) + t_1]}{\cos\Delta\alpha\tan\Delta\alpha'} + R\sin\theta_0 \tag{3-14}$$

强旋后此区域长度变为：

$$l' = \frac{S_1 + S_2}{t_1} = \frac{t_f^2 - \cos^2\Delta\alpha[R(1 - \cos\theta_0) + t_1]^2}{2t_1\cos^2\Delta\alpha\tan\Delta\alpha'} +$$

$$\frac{R^2\sin\theta_0(2 - \cos\theta_0)}{2t_1} + R\sin\theta_0 - \frac{\theta_0\pi R^2}{360t_1} \qquad (3-15)$$

情况 2：当 $R(1 - \cos\theta_0) < \Delta t$ 时，如图 3-4 右上框图所示：

$$D'E' = \Delta t - E'M = \Delta t - R(1 - \cos\theta_0) \qquad (3-16)$$

$$CC' = D'E'\tan\alpha_p = [\Delta t - R(1 - \cos\theta_0)]\tan\alpha_p \qquad (3-17)$$

$$S_2' = \frac{(CD + C'D') \times CC'}{2} = \frac{(2CD + D'E') \times CC'}{2}$$

$$= \frac{[R(1 - \cos\theta_0) + 2t_1 + \Delta t][\Delta t - R(1 - \cos\theta_0)]\tan\alpha_p}{2} \qquad (3-18)$$

此时，变形区长度为：

$$l = l_1 + l_2 + CC'$$

$$= \frac{t_f - \cos\Delta\alpha[R(1 - \cos\theta_0) + t_1]}{\cos\Delta\alpha\tan\Delta\alpha'} + R\sin\theta_0 + [\Delta t - R(1 - \cos\theta_0)]\tan\alpha_p$$

$$(3-19)$$

强旋后变形区域长度变为：

$$l' = \frac{S_1 + S_2 + S_2'}{t_1} = \frac{t_f^2 - \cos^2\Delta\alpha[R(1 - \cos\theta_0) + t_1]^2}{2t_1\cos^2\Delta\alpha\tan\Delta\alpha'} + \frac{R^2\sin\theta_0(2 - \cos\theta_0)}{2t_1} +$$

$$R\sin\theta_0 - \frac{\theta_0\pi R^2}{360t_1} + \frac{[R(1 - \cos\theta_0) + 2t_1 + \Delta t][\Delta t - R(1 - \cos\theta_0)]\tan\alpha_p}{2t_1}$$

$$(3-20)$$

情况 3：当 $R(1 - \cos\theta_0) > \Delta t$ 时，旋轮与坯料在变形区的接触长度变小，θ_0 变为 θ_0'，其中 $\theta_0' < \theta_0$。

此时，原变形区长度为：

$$l = l_1 + l_2 = \frac{t_f - \cos\Delta\alpha[R(1 - \cos\theta_0') + t_1]}{\cos\Delta\alpha\tan\Delta\alpha'} + R\sin\theta_0' \qquad (3-21)$$

强旋后变形区域长度变为：

$$l' = \frac{S_1 + S_2}{t_1} = \frac{t_f^2 - \cos^2\Delta\alpha[R(1 - \cos\theta_0') + t_1]^2}{2t_1\cos^2\Delta\alpha\tan\Delta\alpha'} +$$

$$\frac{R^2\sin\theta_0'(2 - \cos\theta_0')}{2t_1} + R\sin\theta_0' - \frac{\theta_0'\pi R^2}{360t_1} \qquad (3-22)$$

至此，关于双锥式轮和圆弧式旋轮在强旋时变形区域的长度变化讨论完成。

3.4　台阶式旋轮作用下材料变形区的长度变化

对于台阶式旋轮，由于圆角非常小，故只考虑 $R(1 - \cos\theta_0) \leqslant \Delta t$ 的情况。

当 $R(1 - \cos\theta_0) = \Delta t$ 时，由图 3-5 可知如下关系：

$$A_1 B_1 = t_1 \tag{3-23}$$

$$C_1 D_1 = R_1(1 - \cos\theta_1) + t_1 \tag{3-24}$$

$$O_1 B_1 = R_1 + t_1 \tag{3-25}$$

$$l_{21} = B_1 C_1 = R_1 \sin\theta_1 \tag{3-26}$$

$$E_1 F_1 \approx \Delta t - R_1(1 - \cos\theta_1) - \Delta \tag{3-27}$$

式中　Δ ——长度补偿，取值为 $0.2 \sim 0.5\text{mm}$。

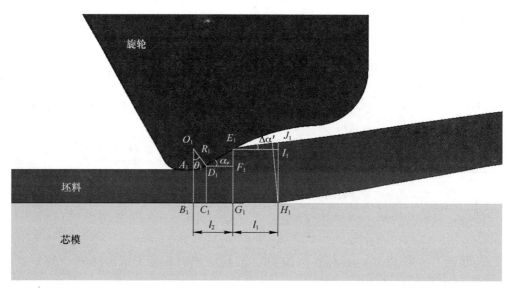

图 3-5　台阶式旋轮变形区长度变化

$$l_{22} = C_1 G_1 = \frac{E_1 F_1}{\tan\alpha_{\text{p}}} = \frac{\Delta t - R_1(1 - \cos\theta_1) - \Delta}{\tan\alpha_{\text{p}}} \tag{3-28}$$

式中　α_{p} ——台阶式旋轮的咬入角。

$$E_1 G_1 = C_1 D_1 + E_1 F_1 = t_{\text{f}} - \Delta \tag{3-29}$$

$$J_1 H_1 = \frac{t_{\text{f}}}{\cos\Delta\alpha} \tag{3-30}$$

$$J_1 I_1 = J_1 H_1 - E_1 G_1 = t_{\text{f}}\left(\frac{1}{\cos\Delta\alpha} - 1\right) + \Delta \tag{3-31}$$

$$l_{11} = G_1 H_1 = \frac{J_1 I_1}{\tan\Delta\alpha'} = \frac{t_f}{\tan\Delta\alpha'}\left(\frac{1}{\cos\Delta\alpha} - 1\right) + \frac{\Delta}{\tan\Delta\alpha'} \tag{3-32}$$

由此可得各部分面积 (S_{11}——$E_1 G_1 J_1 H_1$、S_{21}——$C_1 D_1 A_1 B_1$、S_{22}——$C_1 D_1 E_1 G_1$) 如下:

$$S_{11} = \frac{(E_1 G_1 + J_1 H_1) \times G_1 H_1}{2} = \frac{t_f^2 - \cos^2\Delta\alpha(t_f - \Delta)^2}{2\cos^2\Delta\alpha\tan\Delta\alpha'} \tag{3-33}$$

$$S_{21} = \frac{(C_1 D_1 + O_1 B_1) \times B_1 C_1}{2} - S_{A_1 O_1 D_1} = R_1^2\sin\theta_1\left(1 - \frac{\cos\theta_1}{2}\right) + t_1 R_1\sin\theta_1 - \frac{\theta_1 \pi R_1^2}{360} \tag{3-34}$$

$$S_{22} = \frac{(C_1 D_1 + E_1 G_1) \times C_1 G_1}{2} = \frac{(t_f - \Delta)^2 - [R_1(1 - \cos\theta_1) + t_1]^2}{2\tan\alpha_p} \tag{3-35}$$

此时,原变形区长度为:

$$l_a = l_{11} + l_{21} + l_{22} = \frac{t_f}{\tan\Delta\alpha'}\left(\frac{1}{\cos\Delta\alpha} - 1\right) + \frac{\Delta}{\tan\Delta\alpha'} +$$
$$R_1\sin\theta_1 + \frac{\Delta t - R_1(1 - \cos\theta_1) - \Delta}{\tan\alpha_p} \tag{3-36}$$

强旋后变形区域长度变为:

$$l'' = \frac{S_{11} + S_{21} + S_{22}}{t_1} = \frac{t_f^2 - \cos^2\Delta\alpha(t_f - \Delta)^2}{2t_1\cos^2\Delta\alpha\tan\Delta\alpha'} + \frac{R_1^2\sin\theta_1(2 - \cos\theta_1)}{2t_1} +$$
$$R_1\sin\theta_1 - \frac{\theta_1 \pi R_1^2}{360 t_1} + \frac{(t_f - \Delta)^2 - [R_1(1 - \cos\theta_1) + t_1]^2}{2t_1\tan\alpha_p} \tag{3-37}$$

整理以上各式,筒形件强旋工艺下实际成形高度可表示为:

$$l_{real} = \frac{l''(l_{tube} - \Delta_e l_{step})}{l_a} + l_{step} \tag{3-38}$$

式中　l_{real}——实际成形高度;

l_{tube}——筒形件初坯高度;

l_{step}——台阶长度;

Δ_e——误差补偿。主要是因为回弹角 $\Delta\alpha$ 在旋轮进给过程中会发生变化,而 t_f 取为壁厚平均值所产生的误差。

3.5　强旋旋轮的形状设计和优化

本节主要研究的旋轮形状如图 3-3 所示,图中对应的旋轮参数如表 3-1 所示。以表中的旋轮参数为对象,使用不同的旋轮建立数值模拟模型,并以 z 方向的最大旋轮受力为指标(分析工艺过程可知,成形过程中旋轮的主要受力来自于旋轮进给方向，即 z 方向），研究不同旋轮参数对成形质量的影响。

图3-6显示的是旋轮1和旋轮2的受力情况，以其中一点作为受力分析对象，可知当旋轮与坯料接触时，某一接触点的受力方向为垂直于接触平面的，对于旋轮1来说，力 P_1 的方向与圆弧弧度有关，图示位置的接触点，将力 P_1 分解后得到 z 方向的受力 P_{z1} 如下式所示：

$$P_{z1} = P_1 \sin\alpha_1 \qquad (3\text{-}39)$$

同理，对于旋轮2，分解接触点力 P_2 得到的 z 方向受力为 P_{z2}，如下式：

$$P_{z2} = P_2 \sin\alpha_2 \qquad (3\text{-}40)$$

假设同一高度处切向分力 P_{x1} 和 P_{x2} 的大小相等（对于坯料在切向上压下量相同），则对于这两个 z 向分力来说，由于旋轮2具有更小的咬入角 α_2，所以其 z 向分力也相对越小，进给过程中受到的变形抗力也越小。

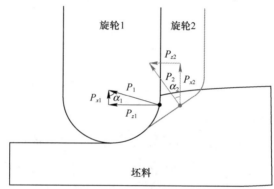

图3-6　不同形状旋轮受力分析

表3-1　旋轮形状参数

旋轮形状	旋轮宽度 a /mm	旋轮圆角半径 r /mm	旋轮半径 R /mm	咬入角 α /(°)	退出角 β /(°)	压光带 /mm
双锥式	20	1.2	52	25	25	—
	20	1.2	52	45	45	—
	20	1.2	52	60	60	—
台阶式	9.6	0.5	52	30	60	—
	9.6	0.5	52	30	60	0.4
圆弧式	44	1	68.5	—	—	—
	44	2	68.5	—	—	—
	44	3	68.5	—	—	—

图3-7显示的是旋轮安装角的调节对最大旋轮受力的影响（由于旋压二维仿真与三维仿真本质上并不相同，故二维仿真中得到的力能参数与三维仿真也存在一定差距，但通过对比相同工艺条件下的两种类型仿真结果，我们认为两者的力

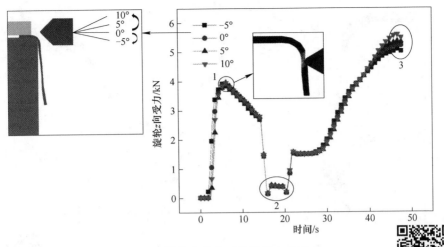

图 3-7 旋轮安装角对旋轮受力的影响

图 3-7 彩图

能参数之间存在一定的映射关系，且认为旋轮参数的调节在二维仿真力能参数中的改变可以反映真实影响情况），由图中左上框图可知，定义旋轮逆时针向上调节的角度为正，顺时针向下调节的角度为负，并选取 -5°、0°、5°、10° 4 个安装角下的旋轮进行仿真；由图可知，第一个较大的峰值受力出现在区域 1 附近，此时旋轮刚咬入坯料不久，坯料由于本身存在回弹量，在向下拉伸减薄的过程中存在较大抗力，随着旋轮不断进给，坯料不断贴合芯模，旋轮的受力也不断降低，当旋轮进给到上台阶面并退刀时（即图中区域 2 位置），旋轮受力降至最低，而此时旋轮继续进给又开始整形台阶面，旋轮受力略微增加，而当旋轮成形至下台阶面时，旋轮再次进刀，此时由于旋轮仅有 x 方向位移，故 z 向受力再次降低；随后，旋轮继续进给，坯料不断减薄拉长，且在强旋到筒形件末端位置时，由于回弹量最大，且堆料严重，壁厚较大，故旋轮受力越来越大，旋轮的最大受力存在于成形快结束的区域 3 位置。对比不同的旋轮安装角可知，当旋轮安装角为负角度时，旋轮 z 方向的峰值受力最小，且随着安装角逐步正向增大，旋轮的峰值受力也逐渐递增。由图 3-7 的分析可知，当安装角为负时，旋轮进给前端的坯料由于旋轮自身角度的原因而被压成坡度较小的斜坡，该前端斜坡的坡度越小，旋轮进给越容易，旋轮的 z 方向受力也越小，但负角度过大时，旋轮的撵料非常严重，坯料表面变形严重。

由图 3-8 可知，不同的旋轮圆角半径同样对旋轮的峰值受力有较大影响，较小圆角半径的旋轮作用更接近于刀具，在与坯料接触进给时更容易实现撵料的效果，若旋轮圆角半径较小且进给速度较大，则圆角部分极易咬入毛坯，使得旋轮进给前端的坯料出现鼓包，引起坯料向旋轮进给的反方向倾倒，致使工件表面粗糙、掉屑甚至拉断工件。图 3-8 中当旋轮圆角半径设定为 1mm 时会在成形初始阶

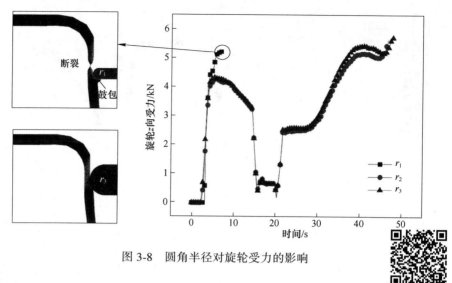

图 3-8　圆角半径对旋轮受力的影响

图 3-8 彩图

段拉断工件；而较大圆角半径的旋轮在强旋过程中则更像是靠挤压压力作用将坯料减薄，它可使旋轮在工件表面层碾压痕迹的重叠部分增加，从而提高旋轮与工件接触表面的光滑度，进而间接提高了旋轮进给速度。但由图也可看出，随着旋轮圆角半径的增加，旋轮受力也不断增大，易使得毛坯朝旋轮进给方向向前倾倒甚至失稳，因此，合理设计并选取旋轮的圆角半径就显得十分重要。

　　对于台阶式旋轮，其设计中往往考虑旋轮的压光带，旋轮压光带的主要作用是利用材料的弹性回复效应来减小工件表面的不平度，压光带的存在可以进一步减小所用旋轮的圆角半径，提高工件的精度。图 3-9 显示的是相同工艺参数下，旋轮有、无压光带对旋轮受力的影响。由图可知，当旋轮不存在压光带时，旋轮

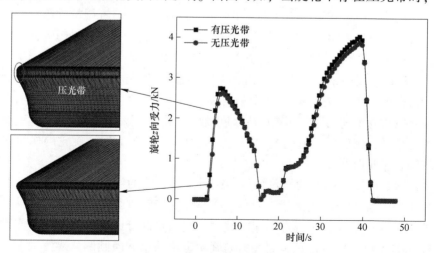

图 3-9　旋轮压光带对旋轮受力的影响

受力略小于存在压光带的旋轮，但两者的峰值力差值较小，在 0. 15kN 左右。

图 3-10 显示的是旋轮咬入角的大小对旋轮受力的影响，从成形上台阶面阶段可以看出，随着咬入角的增大，旋轮 z 方向的受力也越来越大，而这也印证了前述旋轮形状对旋轮受力的影响关系，因此，咬入角的设计对旋压成形工艺十分重要。

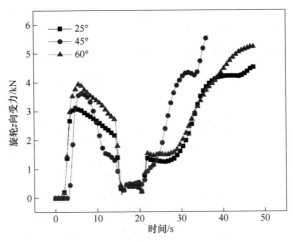

图 3-10　旋轮咬入角对旋轮受力的影响

对于旋轮半径，作为一个影响旋压工艺周向成形的指标，其大小主要影响到周向上旋轮与坯料的接触面积，旋轮半径越大，与坯料的接触面积也越大，但与此同时，旋轮的质量也越大，模具成本越高。杨国平等[117] 指出，旋轮半径越小，引起的变形力越小，并通过对比 74mm 和 30mm 旋轮的实验测量，印证了这一结论。但在本书的仿真结果中，选取半径为 50mm 和 100mm 的旋轮，并对比两者 z 方向的受力时发现曲线基本重合，旋轮半径对旋轮 z 方向受力的影响较小（见图 3-11）。

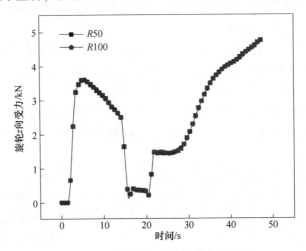

图 3-11　旋轮半径对旋轮受力的影响

　　对于强旋工艺，除了上述与旋轮参数有关的影响因素外，另一重要的因素是材料的最大减薄率，图 3-12 显示的是当坯料壁厚为 2mm 时，最大减薄率分别为 25%、30%、35%时对旋轮 z 向受力的影响，由图明显可知，当减薄率越大时，壁厚减薄越多，材料变形越大，变形抗力也越大，需要的旋压力也越大。根据等体积原则，相同的旋轮轨迹下，不同减薄率下材料被拉伸的长度也不同；在 48s 左右时，25%和 30%减薄率的坯料成形已结束，旋轮受力降为零，而对比之下 35%减薄率的旋轮受力仍在峰值点，说明成形还未结束，故坯料拉伸长度要大于前两者。

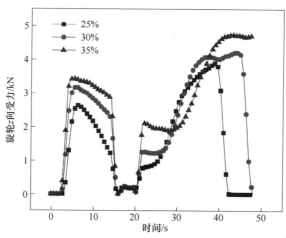

图 3-12　最大减薄率对旋轮受力的影响

　　将优化后的旋轮运用如图 3-2b 所示的仿真模型进行仿真分析，坯料采用 sheetmesh 进行网格划分，单元尺寸为 2mm，网格数量为 22005，旋轮进给比为 0.48mm/r，芯模转速为 300r/min。

　　将成形后的仿真结果导入 UG 与相同工艺、模具参数下的二维仿真模型进行尺寸对比，如图 3-13 所示，图中的二维模型成形高度为 70.5mm。观察三维模型可知，该模型在翼缘处并不整齐，主要是由于翼缘堆料严重，而且具有一定的回弹，旋轮成形到此处时相当于减径收口，这一阶段的变形不均匀性会导致翼缘成形的效果如图 3-13 所示，但总体来说，两者的成形高度存在一定差距，但较为接近。

　　进一步探究强旋成形各阶段的成形质量，如图 3-14 所示，图中显示了最终不等壁厚筒形件的壁厚分布，其中灰色区域为台阶面厚度，如模型壁厚分布中的框图区域所示，高度在 1.4~1.6mm 不等；在第 1 阶段时，旋轮刚咬入坯料不久，此时的壁厚值最大，在 1.8~1.9mm 左右，第 2 阶段开始，旋轮成形上台阶面，该台阶面位置的壁厚值大于第 3 阶段成形的下台阶面，第 4 阶段开始，旋轮进入

图 3-13 二维、三维仿真模型成形高度对比

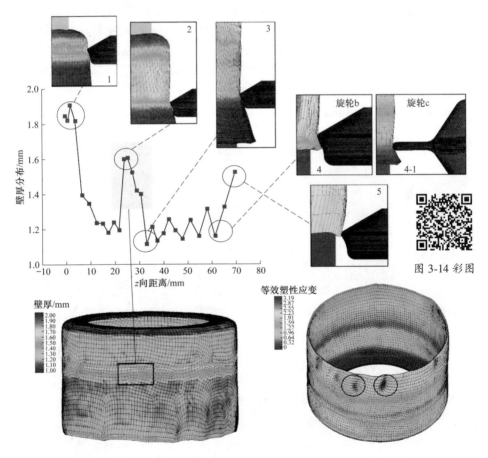

图 3-14 强旋工艺下筒形件的壁厚、等效应变分布及成形过程分析

减径收口阶段，对比图 3-14 中 4 和 4-1，旋轮 b 具有咬入的过渡缓冲段，这一段旋轮具有大圆角、缓斜面的特点，在旋轮咬入坯料前具有一个预成形的作用，使得成形过程更为平缓，而旋轮 c 的成形效果更像是刀具，没有任何缓冲作用，成形效果不如旋轮 b 好；第 5 阶段时，旋轮收口到翼缘末端，最终的成形效果如图中的等效应变分布云图所示。同图 3-13，翼缘并不整齐，成形高度在环向上存在一定的上下波动，且筒形件外表面靠近翼缘位置存在散斑状的应变集中区域，这些应变集中可能会使筒形件在这些区域出现起皱，而这一现象的产生如前所述，主要是由于普旋工艺下的筒形件翼缘壁厚大且存在回弹，旋轮在第 5 阶段的收口减径成形会造成变形不均匀，进而导致坯料出现应变集中。

结合图 3-2a 及图 3-14 中的壁厚分布，发现在减薄率为 25% 的强旋工艺下（即 0.5mm 减薄量），壁厚的平均尺寸约为 1.2mm，理论值应为 1.5mm，这主要是由于普旋得到的筒形机匣坯料的壁厚分布本身就是不规则的，存在减薄和增厚区，因此，普、强旋组合工艺下的目标成形壁厚尺寸要结合两道次工艺反推计算获得；成形高度上，仿真中延伸了约 16mm。图 3-14 灰色区域中，上台阶面的厚度明显大于下台阶面，此台阶面呈现 1.6mm 到 1.4mm 递减的壁厚分布趋势，且此台阶面的壁厚理论值为 2mm，实际则由于普旋筒形机匣的壁厚在此区域呈递减趋势而呈现出正斜率式的台阶面，而要获得均匀的壁厚，此阶段设计的强旋轨迹应为负斜率式，以补偿此斜面。

4 高温合金旋压成形机理

旋压成形过程中工件始终处于局部塑性变形状态，阐明旋轮与坯料接触过程中的应力应变状态，进而掌握高温合金旋压成形机理是重要且必要的。为此，本章以锥形回转件为主要研究对象，先是基于 Simufact. Forming 软件建立了旋压成形的弹塑性有限元模型，进而分析了旋压成形过程中工件的应力、应变分布特征，在此基础上，阐明了旋压成形载荷的分布和影响规律。

4.1 GH3030 壁厚渐变锥形件单旋轮旋压成形机理

4.1.1 有限元模型与参数

建模过程主要包括几何模型的建立与导入、材料的定义及其网格划分、接触定义、载荷及边界条件处理等，经过上述步骤建立的 GH3030 高温合金壁厚渐变锥形回转件强力旋压成形的有限元模型如图 4-1 所示。模型中参数芯模转速 n 为 300r/min，旋轮进给比 f 为 0.6mm/r，旋轮圆角半径 R_n 为 6mm，旋轮安装角 φ 为 42°，毛坯直径 D 为 ϕ250mm。

图 4-1 GH3030 高温合金壁厚渐变锥形回转件强力旋压成形有限元模型

4.1.2 等效应力分布特征

为便于分析，将工件划分为 5 个区域，具体分区情况如图 4-2 所示。Ⅰ区为工件顶部平板区，Ⅱ区为小端过渡圆角区，Ⅲ区为锥筒区，Ⅳ区为大端过渡圆角区，Ⅴ区为凸缘区。

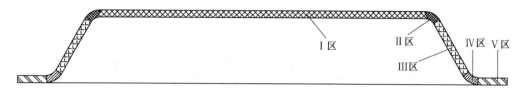

图 4-2　零件分区示意图

　　如图 4-3 所示为不同成形阶段工件内、外表面的等效应力分布图，从图中可以得知成形过程中工件等效应力的分布存在明显的特征。

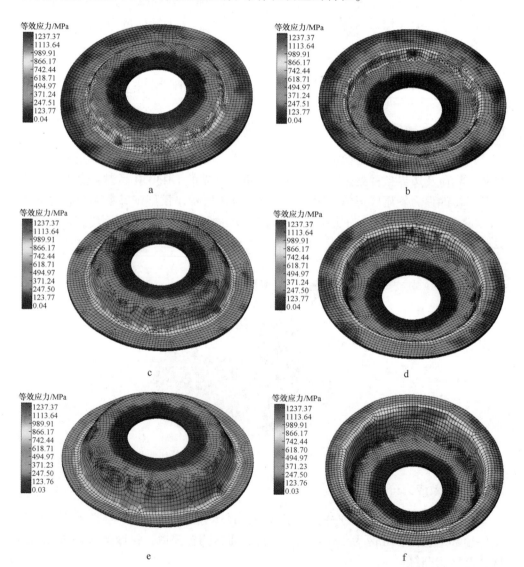

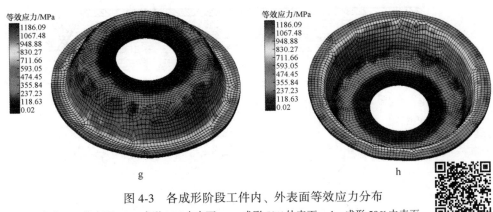

图 4-3　各成形阶段工件内、外表面等效应力分布

a—成形 25%外表面；b—成形 25%内表面；c—成形 50%外表面；d—成形 50%内表面；
e—成形 75%外表面；f—成形 75%内表面；g—成形 100%外表面；h—成形 100%内表面　图 4-3 彩图

　　在各成形阶段中，工件内、外表面的等效应力沿零件轴向分层分布，沿周向分布较为均匀；越靠近旋轮作用区，等效应力越大，最大等效应力位于与旋轮直接接触的位置；越靠近尾顶块作用区，等效应力越小，最小等效应力位于尾顶块作用区。

　　在整个成形过程中，I 区上尾顶块作用部位的等效应力几乎为零，这说明旋压成形过程中该区域没有发生变形。非尾顶块作用部位的等效应力随着成形的进行有逐渐减小的趋势，但是减小幅度较小，其等效应力值维持在较低水平。在成形初期，I 区范围内非尾顶块作用部位靠近旋轮作用区，该区域的等效应力受旋轮的影响较大，等效应力也偏大。随着成形的进行，该区域逐渐远离旋轮作用区，旋轮对等效应力的影响逐渐减小，导致该区域等效应力也逐渐减小。此外，非尾顶块作用区位于尾顶块作用区附近，尾顶块对该区域等效应力所起的影响作用是主要的，导致该区域的等效应力值一直处于较低水平。

　　在成形初期，II 区的等效应力较大，之后其逐渐减小，到成形结束时，等效应力值处于较低水平。在成形初期，II 区处于成形过程中，此时，该区与旋轮作用区重合，当过渡圆角成形完成后，随着旋轮的进给，其逐渐远离旋轮作用区，旋轮对该区的影响作用逐渐减小，因此 II 区的等效应力逐渐变小。又因为 II 区始终靠近尾顶块作用区，工件成形结束时尾顶块对 II 区的影响远大于旋轮的影响，所以成形结束时 II 区的等效应力值处于较低水平。

　　由图 4-3 可知，III 区等效应力沿周向分布较为均匀，沿轴向分布情况不易判断，为此采取如下方法：在锥形筒身处沿轴向等距指定 15 个垂直于工件轴向的截面，如图 4-4 所示，每个截面与锥形筒身的内、外壁各相交于一圆，分别称为内壁圆和外壁圆。在内壁圆和外壁圆上分别均匀选取 36 个采样点，如图 4-5 所示，求出 36 个采样点的等效应力平均值，然后通过 15 个内、外壁圆上的等效应力平均值的分布规律判断锥筒内、外壁等效应力沿轴向的分布特征。

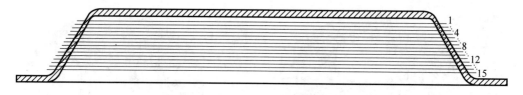

图 4-4　沿轴向指定的横截面位置

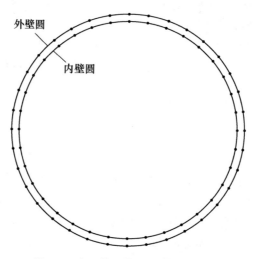

图 4-5　内、外壁圆上的采样点分布

　　按上述方法得到了 15 个内、外壁圆上的平均等效应力分布规律，如图 4-6 所示。由图可知，锥筒内、外壁的等效应力沿零件轴向从小端到大端总体上呈上升趋势，小端与大端之间的等效应力差较大。锥筒小端靠近尾顶块作用区远离旋轮作用区，尾顶块对其所起的影响作用是主要的，所以其等效应力值较小；锥形大端远离尾顶块作用区靠近旋轮作用区，旋轮对其所起的影响作用是主要的，所以其等效应力较大；内、外壁等效应力沿轴向从小端到大端呈上升趋势也可以用同样的原因解释。此外，在锥筒小端附近区域，外壁等效应力大于内壁等效应力；在锥筒其他区域，外壁等效应力小于内壁等效应力。这是因为锥形小端附近区域的壁厚减薄率过大，导致该部位的外表面受到较大的拉应力，而锥筒其他区域的壁厚减薄量相对减小，其外表面所受的拉应力相应减小。

　　Ⅳ区属于旋轮作用区。该区的等效应力在整个成形过程中都维持在较高水平，尤其是与旋轮直接接触的部位，其等效应力最大。虽然工件中与旋轮直接接触部位的等效应力在整个成形过程中都是最大的，但该处的等效应力随着成形的进行逐渐减小。当工件成形到 100% 时，与旋轮直接接触部位的等效应力减小了许多，其大小和非旋轮接触部位的相差很小。

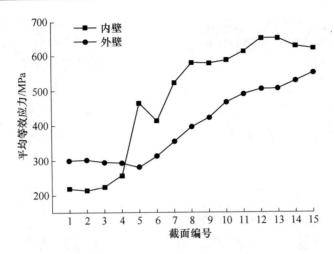

图 4-6 成形结束时内、外壁平均等效应力沿轴向的分布

在成形初期，Ⅴ区中远离旋轮作用区部位的等效应力很小，而靠近旋轮作用区部位的等效应力较大。随着成形的进行，凸缘各处等效应力逐渐增大，而且整个成形过程中凸缘外表面的等效应力总体上始终大于凸缘内表面的等效应力。

4.1.3 等效应变分布特征

4.1.3.1 等效塑性应变分布特征

工件各成形阶段的等效塑性应变分布如图 4-7 所示，由图可知，工件各成形阶段的等效塑性应变分布具有明显的规律性。在各成形阶段中，工件内、外表面的等效塑性应变沿轴向分层分布，沿周向均匀分布；最小等效塑性应变位于工件的顶部平板区和凸缘区；最大等效塑性应变位于锥筒小端的外表面。

在整个成形过程中，Ⅰ区的等效塑性应变几乎为零，这说明Ⅰ区在成形过程中几乎没有发生塑性变形。这是因为在成形过程中，Ⅰ区被尾顶块顶紧，该区的材料没有随旋轮的作用而产生塑性流动，即没有产生塑性变形。

Ⅱ区是毛坯上最早产生变形的区域。在过渡圆角成形完成开始到整个工件成形结束期间，该区内、外表面的等效塑性应变基本保持不变，这说明过渡圆角成形完成以后，该区域的材料没有发生塑性流动，即没有产生塑性变形。沿旋轮进给方向，该区域内、外表面的等效塑性应变均逐渐增大，但工件的最大等效塑性应变并非位于该区域。此外，该区内表面的等效塑性应变总体上比外表面的稍小，这是因为旋轮直接作用于外表面，导致外表面金属流动较快，其塑性变形相对较大，而芯模的阻碍作用使得内表面金属流动较慢，其塑性变形相对较小。

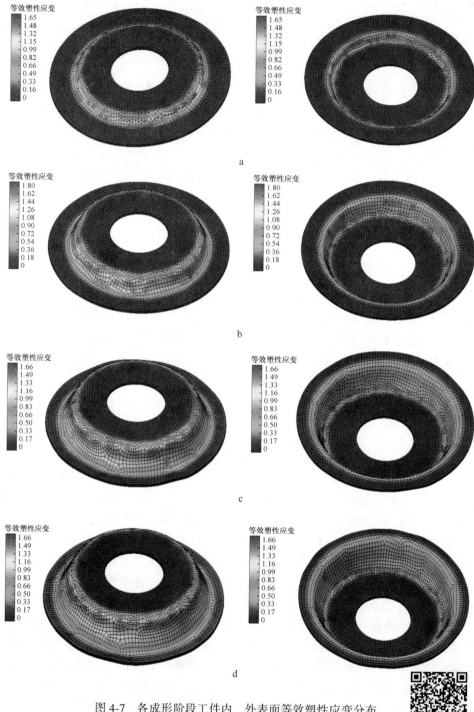

图 4-7　各成形阶段工件内、外表面等效塑性应变分布
a—成形 25%；b—成形 50%；c—成形 75%；d—成形 100%

图 4-7 彩图

　　为了准确判断Ⅲ区的等效塑性应变分布特征，沿用探究Ⅲ区等效应力沿轴向分布规律所采用的方法。成形结束时锥筒等效塑性应变沿零件轴向的分布规律如图 4-8 所示。由图可知，锥筒内、外壁等效塑性应变沿轴向从小端到大端均呈现先增大后递减的规律。锥筒小端头部与Ⅱ区相交，其等效塑性应变不可能为最大值，锥筒小端头部偏下位置属于壁厚减薄较大的区域，最大等效塑性应变位于该区域，因而从锥筒小端头部到壁厚减薄较大区域，等效塑性应变逐渐增大。从壁厚减薄较大区域到锥筒大端，壁厚减薄量逐渐减少，沿旋轮进给方向流动的金属体积逐渐减少，所以其等效塑性应变逐渐减小。此外，轴向同一位置的外壁等效塑性应变大于内壁等效塑性应变。这是因为外壁金属随旋轮的进给而流动较快，内壁金属受芯模的阻碍作用而流动很慢。

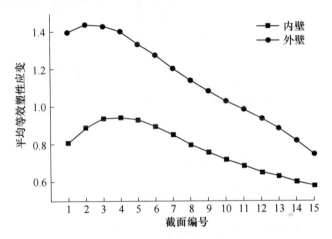

图 4-8　成形结束时内、外壁平均等效塑性应变沿轴向的分布

　　Ⅲ区外壁与内壁等效塑性应变的差值沿工件轴向从小端到大端逐渐减小，如图 4-9 所示。这是因为沿工件轴向从小端到大端，工件的壁厚逐渐增大，即壁厚减薄量逐渐减少，而壁厚减薄量越小，则外壁金属沿旋轮进给方向的流动速度越慢，导致外壁金属与内壁金属的流动速度差越来越小。

　　在整个成形过程中，Ⅳ区的空间位置一直处于变化当中，其内、外表面的等效塑性应变分布情况较为复杂。如图 4-7a 所示，在成形初期，Ⅳ区的位置与壁厚最大减薄区重叠，所以其等效塑性应变最大。如图 4-7b ~ d 所示，在成形中后期，Ⅳ区的位置逐渐远离壁厚最大减薄区，其等效塑性应变状态较为稳定，即该区内、外表面各个位置的等效塑性应变值变化较小。此外，Ⅳ区内、外表面等效塑性应变相差很小。这是因为该区内表面没有受芯模的约束作用，从而内、外表面金属的塑性流动速度相差不大。

　　Ⅴ区是一个动态变化区，在整个成形过程中，其空间位置一直处于变化状

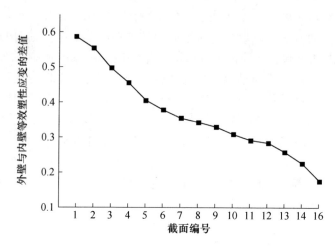

图 4-9 外壁与内壁等效塑性应变之差沿轴向的分布

态，而且该区域的体积也逐渐减小。如图 4-7 所示，在整个成形过程中，凸缘区域各个位置的等效塑性应变均很小，说明凸缘区的塑性变形量很小，这是因为凸缘一直处于自由状态，不受模具的约束作用，区域内部金属几乎没有发生塑性流动。

4.1.3.2 等效弹性应变分布特征

通过等效弹性应变分布特征，可以清楚地了解工件各个区域的弹性变形情况。工件各成形阶段的等效弹性应变分布如图 4-10 所示，由图可知，工件上的等效弹性应变沿轴向分层分布，沿周向分布较为均匀；越靠近旋轮作用区，等效弹性应变越大，最大等效弹性应变位于与旋轮直接接触的位置；最小等效弹性应变位于尾顶块作用区。

Ⅰ区尾顶块作用区的内、外表面等效弹性应变在整个成形过程中几乎为零，这是因为该区受尾顶块和芯模的压紧作用而无法产生弹性变形。Ⅰ区中非尾顶块作用区内、外表面的等效弹性应变均较小，分布较为均匀，整个成形过程中的变化量也较小。

在成形初期，Ⅱ区上的等效弹性应变较大，因为此时旋轮作用于该区，该区域承受较大的旋轮压力。在成形中后期，等效弹性应变值有减小的趋势，成形结束时其等效弹性应变值很小。这是因为在成形过程中，Ⅱ区逐渐远离旋轮，其受旋轮的影响越来越小。在整个成形过程中，Ⅱ区内表面的等效弹性应变比外表面的稍小。

Ⅲ区上的等效弹性应变沿工件轴向分布特征不易判断，仍然采用上述提到的方法对其进行研究。锥筒内、外表面等效弹性应变沿轴向的分布如图 4-11 所示，由图可知，锥筒内、外壁等效弹性应变沿轴向从小端到大端基本呈上升趋势，

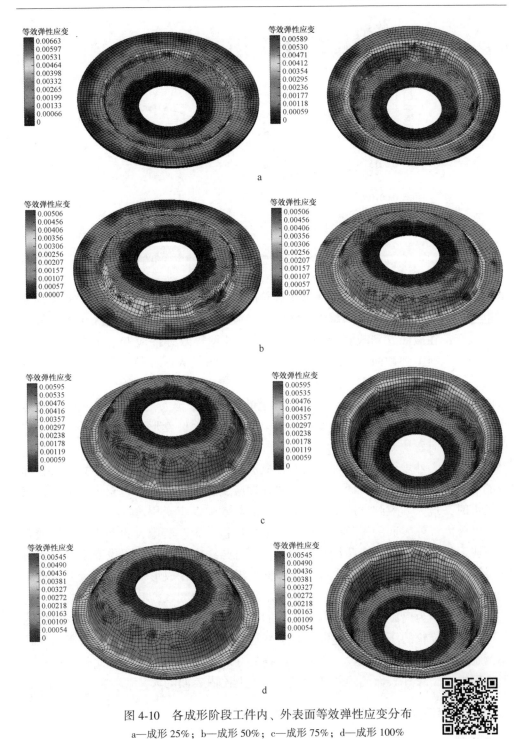

图 4-10 各成形阶段工件内、外表面等效弹性应变分布

a—成形 25%；b—成形 50%；c—成形 75%；d—成形 100%

图 4-10 彩图

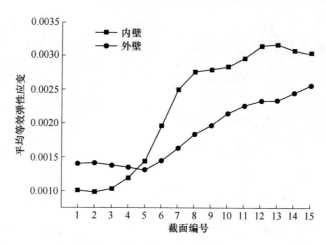

图 4-11　成形结束时锥筒内、外壁平均等效弹性应变沿轴向的分布

　　沿旋轮进给方向，锥筒内、外壁承受旋轮的压力越来越大，因而其产生的弹性变形也逐渐增大。在截面 1 到截面 4 之间的区域，外壁等效弹性应变大于内壁等效弹性应变；在截面 5 到截面 15 之间的区域，外壁等效弹性应变小于内壁等效弹性应变。截面 1 到截面 4 之间的区域属于壁厚减薄较大区，外表面金属流动比内表面的快，其变形量较大，附带的弹性变形也较大，因而外壁等效弹性应变比内壁的大。从截面 5 到截面 15，旋轮与芯模的间隙越来越大，即壁厚减薄量越来越小，外表面金属流动变慢，其变形量减小，附带的弹性变形也随之减小，因而内壁等效弹性应变比外壁的大。

　　Ⅳ区内、外表面的等效弹性应变在成形过程中变化不大，与旋轮直接接触部位的等效弹性应变最大，而且最大等效弹性应变在成形过程中有减小趋势，在成形结束时，最大等效弹性应变与其他位置的等效弹性应变相差较小。

　　Ⅴ区内、外表面的等效弹性应变在成形过程中有逐渐增大的趋势，因为随着旋压成形的进行，旋轮离凸缘越来越近，而且凸缘本身的表面积也变小，旋轮对凸缘的压力作用越来越明显，导致其弹性变形变大。在成形初期，凸缘上远离旋轮的区域，其等效弹性应变较小，凸缘上靠近旋轮的区域，其等效弹性应变相对较大，这是因为离旋轮越远，其受旋轮的压力作用越小，弹性变形越小，离旋轮越近，其受旋轮的压力作用越大，弹性变形越大。在成形结束时，凸缘表面积较小，旋轮对其影响作用较大，因而该区各处等效弹性应变均较大。此外，在各成形过程中，凸缘外表面的等效弹性应变总体上比内表面的大。

4.1.4　壁厚渐变锥形件的金属塑性流动规律

　　探明工件各部位金属材料的塑性流动规律有助于深入理解 GH3030 高温合金

壁厚渐变锥形回转件强力旋压成形过程。本节基于有限元仿真模拟，通过分析成形过程中工件采样点的位置变化情况，探究了工件各区域的金属塑性流动规律。所采用的研究方案如下：过坯料中心轴做一个平面与坯料正反面分别相交于线段 L_1、L_1'、L_2 和 L_2'；然后在每条线段上等距选取 30 个采样点，从内到外分别标记为 1~30，如图 4-12 所示；对已标记好采样点的平板坯料进行仿真成形，并分析成形过程中各采样点空间位置的变化情况。

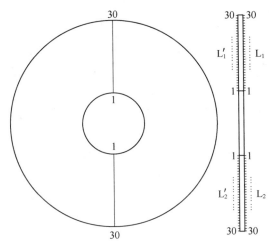

图 4-12 研究材料流动规律的采样点布局方案

成形结束后，工件上的采样点分布情况如图 4-13 所示。由图可知，原先在毛坯上标记的 4 条线段均变为工件的截面轮廓曲线。

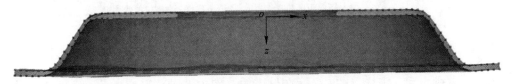

图 4-13 成形结束时工件各采样点分布

Ⅰ区内、外表面采样点分布和平板坯料上的原始采样点分布几乎保持一致，这说明在整个成形过程中，Ⅰ区上的金属没有发生塑性流动。这是因为成形过程中，Ⅰ区始终受尾顶块和芯模的压紧作用，该区域的金属受此约束而无法流动。

在形成过程中，Ⅱ区的金属材料沿芯模圆角的圆弧流动。图 4-14 所示为Ⅱ区内、外壁上编号为 16 的采样点在整个成形过程中的位置变化情况。由图 4-14a、c 可知，在Ⅱ区成形完成之前，其内、外表面上 16 号采样点的径向距离处于变化状态；在Ⅱ区成形完成之后，采样点的径向距离保持不变。这说明Ⅱ区成形完成之后，其金属沿工件径向没有发生塑性流动。由图 4-14b、d 可知，在

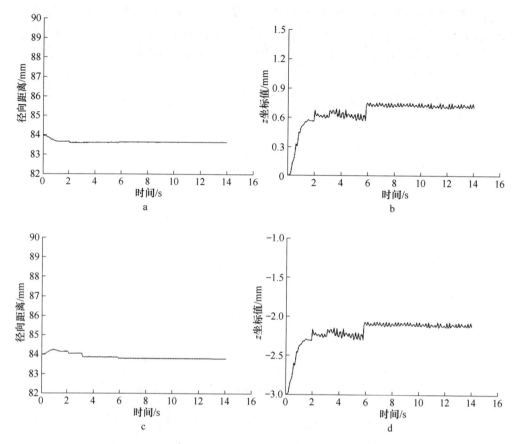

图 4-14　Ⅱ区内、外壁采样点在成形过程中的位置变化
a—内壁采样点径向距离的变化；b—内壁采样点 z 坐标值的变化；
c—外壁采样点径向距离的变化；d—外壁采样点 z 坐标值的变化

　　Ⅱ区成形完成之前，其内、外表面上 16 号采样点的 z 的坐标值明显增大；在Ⅱ区成形完成之后，采样点的 z 坐标在很小的范围内波动。采样点的 z 坐标在小范围内波动的现象由成形过程中工件的回弹引起。由此可以判断，Ⅱ区成形完成之后，其金属沿工件轴向没有发生塑性流动。

　　工件成形结束时，Ⅲ区包含了编号为 17~23 之间的采样点，如图 4-13 所示。Ⅲ区内、外表面的采样点在整个成形过程中的位置变化情况如图 4-15 所示。

　　由图 4-15a、c 可知，锥筒内、外壁上的各个部位在成形过程中经历三个阶段：第一阶段为待成形阶段，处于该阶段的金属还没有进入旋轮作用区，仍处于凸缘区，该阶段与图中的近似斜直线相对应；第二阶段为成形阶段，该阶段的金属进入旋轮作用区后参与剧烈变形，该阶段与图中的弧线相对应；第三阶段为已成形阶段，处于该阶段的金属脱离旋轮的作用，该阶段与图中的水平线相对应。

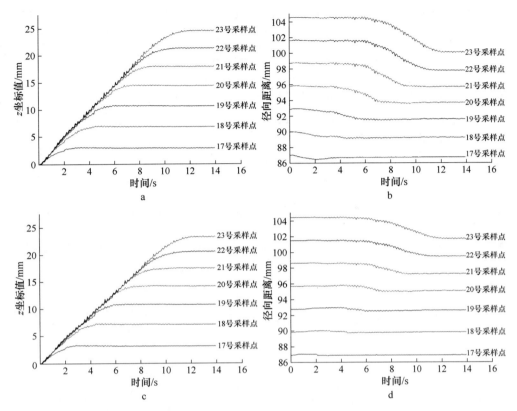

图 4-15　Ⅲ区内、外壁采样点在成形过程中的位置变化
a—Ⅲ区内壁采样点 z 坐标的变化；b—内壁采样点径向距离的变化；
c—Ⅲ区外壁采样点 z 坐标的变化；d—Ⅲ区外壁采样点径向距离的变化

图中的曲线存在锯齿形波动特征，这是因为工件在成形过程中时刻存在弹性变形行为，从而导致采样点沿工件轴向的位置产生微小波动。

由图 4-15b、d 可知，处于待成形阶段的金属，其径向距离几乎不发生变化；处于成形阶段的金属，其径向距离会逐渐减小；处于已成形阶段的金属，其径向距离没有发生变化。

综上可得关于锥筒形件旋压金属流动的重要规律：

第一，处于待成形阶段的金属，其径向距离没有发生变化，且其沿工件轴向的流动速度近似于匀速。通过 Origin 软件中的直线拟合工具可以得到图中各采样点在待成形阶段中的流动速度均近似于 2.41mm/s，旋轮沿工件轴向的进给速度约为 2.49mm/s，说明待成形阶段的金属沿工件轴向的流动速度与旋轮沿工件轴向的进给速度基本相等。

第二，处于成形阶段的金属从进入旋轮作用区至完全脱离旋轮作用区期间，其径向距离逐渐减小，且其沿工件轴向的流动速度逐渐减小，直至为零。

第三，处于已成形阶段的金属，其径向距离没有发生变化，且其沿工件轴向的流动速度为零，说明已成形区域的金属不会发生塑性流动。

Ⅳ区是始终与旋轮接触的区域，所以该区域始终处于成形阶段。处于成形阶段的金属材料流动特点已在上述提及，在此不做重复阐述。

工件成形结束时，Ⅴ区包含了编号为 26 至 30 之间的采样点。在整个成形过程中，这些采样点均处于待成形阶段，其沿工件轴向的位置变化情况及其径向距离变化情况如图 4-16 所示。

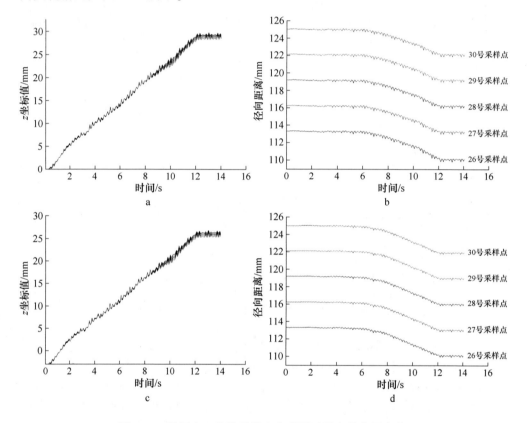

图 4-16　Ⅴ区内、外壁采样点在成形过程中的位置变化
a—Ⅴ区内壁采样点 z 坐标的变化；b—Ⅴ区内壁采样点径向距离的变化；
c—Ⅴ区外壁采样点 z 坐标的变化；d—Ⅴ区外壁采样点径向距离的变化

由图 4-16a、c 可知，凸缘区域内各个采样点 z 坐标在成形过程中的变化趋势基本相同，说明凸缘区上各部位的金属沿工件轴向的运动基本是同步的。只是在成形中后期，凸缘内（外）壁各采样点的 z 坐标值有较小的差异，说明凸缘不是平整的。此外，在成形过程中，Ⅴ区上的金属沿轴向的流动与旋轮沿轴向的进给几乎是同步的，主要表现在两方面：第一，通过 ORIGIN 软件对图 4-16 中的近似斜直线进行直线拟合，发现其斜率与旋轮沿轴向的进给速度相差很小，即凸缘沿轴向流动的速度与旋轮沿轴向进给的速度差别很小；第二，在工件成形结束时，旋轮急停，而此时凸缘沿工件轴向的流动速度也突变为零。

由图4-16b、d可知，V区各采样点径向距离的变化趋势基本一致，而且内（外）壁相邻采样点之间的径向距离差在整个成形过程中始终保持一致，这说明该区域各处金属沿工件径向的流动也基本处于同步状态。此外，在成形初期各采样点径向距离保持不变，在成形中后期，各采样点的径向距离逐渐减小，这是因为在成形中、后期工件壁厚减薄量逐渐减小，即剪切旋压的正偏离率逐渐增大，从而导致凸缘区的金属沿径向向内收缩。图中12~14s的时间段内，各采样点的径向距离保持恒定，这是因为该时间段内旋轮进给运动已停止，芯模继续保持旋转运动。

4.2　GH1140变截面锥形薄壁件双旋轮旋压成形机理

4.2.1　有限元模型与参数

GH1140变截面锥形薄壁机匣双旋轮旋压成形有限元模型如图4-17所示，板料相关尺寸如下：厚度t_0为2mm，直径D_0为250mm；芯模转速如下：160r/min、200r/min、250r/min、320r/min、400r/min、450r/min；旋轮进给比如下：0.2mm/r、0.6mm/r、1.0mm/r、1.4mm/r；间隙偏离率选择如下：0、+2.5%。

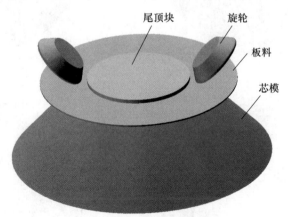

图4-17　旋压成形的有限元模型

4.2.2　成形机理分析

4.2.2.1　等效应力分布

把旋压成形进程等分成6段，截取每段的等效应力分布，如图4-18所示。

根据图 4-18 中不同成形阶段等效应力的分布可以得出，等效应力的最大值始终存在于旋轮圆角与材料的接触区域，并且随着旋轮相对材料的进给变换位置；在成形初期，旋轮背后已成形区域的等效应力较小且大致趋于稳定，但是在壁厚突变区域之后，旋轮背后开始出现应力集中，随着旋压过程的进行，旋轮后方已经成形区域的等效应力仍然保持较大值，在旋轮进给比较大时更为明显，这是因为旋轮相对材料以较快的速度进给，金属流动速度相对变慢，拉伸作用的影响变得明显；在旋轮进给前方的未变形区，应力集中现象比较明显，这是因为旋轮的进给使凸缘处于转矩应力状态，附加的弯曲刚度加剧了金属流动难度，再加上旋轮与材料之间属于点接触，变形不均匀，等效应力存在波动。

　　在锥形件顶部，尾顶块对板料有固定作用，也参与到了成形扭矩的传递，所以在尾顶块的边缘位置出现了应力集中，但是靠近中心的区域应力基本为零，不受力。

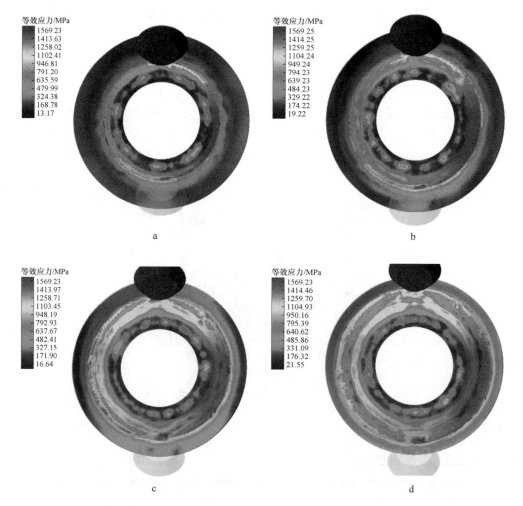

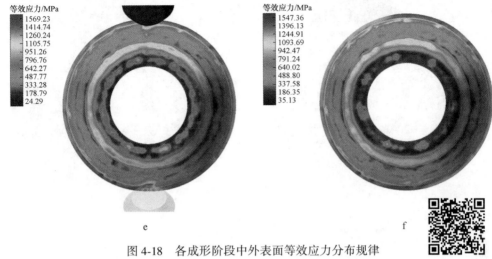

e f

图 4-18 各成形阶段中外表面等效应力分布规律

a—成形 20%；b—成形 40%；c—成形 60%；

d—成形 80%；e—成形 100%；f—旋轮卸载

图 4-18 彩图

4.2.2.2 等效应变分布

针对薄壁锥件的等效应变分析如图 4-19 所示，在成形的初始阶段，旋轮圆角与材料的接触区域为拉伸和轧压作用结合的大变形区，等效应变的极大值伴随旋轮相对材料的螺旋状运行轨迹以环带的形状出现，分布较为均匀；同时，随着旋压进程的进行，环带的宽度也在发生变化，整体呈现先增大后减小的趋势。伴随着等效应变环带宽度的变化，等效应变的极大值也在发生变化，在 5 个成形阶段经历了从 1.51、1.58 到 1.54 的过程。从整体情况来看，材料的最大等效应变出现在剪切旋压部分，因为壁厚减薄量较大，金属的流动方向发生突变，而且旋压的过程是轧压变形和拉伸变形的结合，这种工艺也直接导致了金属的流动

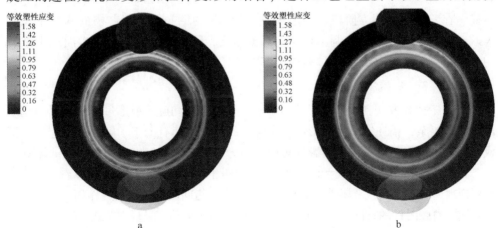

a b

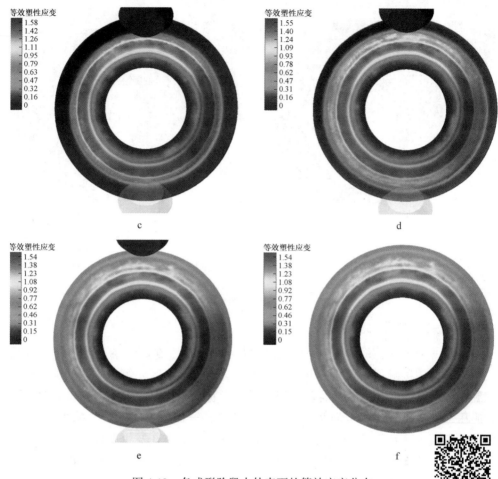

图 4-19　各成形阶段中外表面的等效应变分布

a—成形 20%；b—成形 40%；c—成形 60%；d—成形 80%；e—成形 100%；f—旋轮卸载　图 4-19 彩图

不畅。在三维模型建立阶段，对芯模进行了 $R3$ 的倒角，因而芯模的圆角半径处等效应变较小，有效地控制了材料的靠模程度，降低了因减薄量过大而产生破裂的可能。因此，在实际成形过程中，芯模圆角半径应尽可能取较大值。

4.2.2.3　金属流动规律

受旋轮加载方式和成形件形状的影响，锥形件剪切旋压成形过程中金属的流动规律比较复杂，描述锥形件成形过程中金属的流动规律有助于了解成形过程，分析成形条件对锥形件成形质量的影响规律，可为成形缺陷的发生机制分析提供帮助。

截取不同成形阶段金属流动速度云图，如图 4-20 所示。从图中可以看出，旋轮相对板料逆时针旋转，金属受到逆时针的切向力、指向圆心的径向力作用，所以整体的金属沿着顺时针的方向流动，同时在 z 轴负方向上运动，呈现螺旋式下降的趋势。

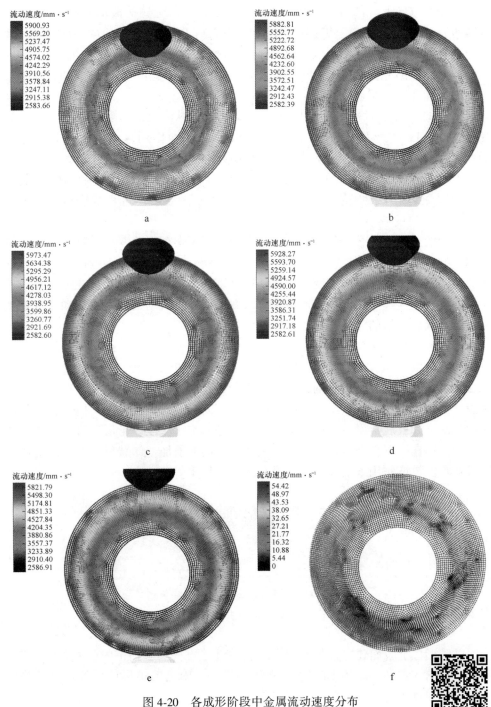

图 4-20 各成形阶段中金属流动速度分布

a—成形 20%；b—成形 40%；c—成形 60%；d—成形 80%；e—成形 100%；f—旋轮卸载　　　图 4-20 彩图

　　在厚度方向上，因为应力的数值逐渐减小，所以金属的流动速度逐渐减小。金属的流动速度受到芯模转速和旋轮进给比的共同作用。流动速度整体呈现环状分布，靠近圆心的部分金属流动较慢，远离圆形的凸缘部分无支撑，金属流动较快。普通旋压部分锥形件的直径增大，金属可流动区域增加，所以剪切旋压部分的金属流动速度低于普通旋压部分。

　　成形的 40% 阶段前属于剪切旋压，旋轮与板料接触，芯模圆角部分的金属受到轴向拉应力、切向拉应力、径向压应力的共同作用，产生弯曲和拉伸变形，支撑作用明显，金属流动较慢。直径最大的凸缘部分受到转矩的作用，凸缘上产生挠度，沿着挠曲的边缘形成小的塑性铰链，板料得到附加的弯曲刚度，金属受到附加的塑性变形，流动速度最大。随着旋压进程的进行，最外缘的金属流动速度减小。

　　成形的后 60% 阶段为普通旋压，变化最大的是外缘的金属流动速度，随着越来越多的金属变形已完成，外缘部分的金属流动受到限制，流动速度减小。旋轮卸载后，大部分的金属稳定变形，流动速度接近零，但是凸缘部分在无支撑作用下形成的小塑性铰链仍然存在，金属有沿着 z 轴方向流动的趋势，流动速度最大的区域为旋轮进给的终点。

　　因为金属流动速度在该区域成形结束后不再变化，所以对成形进程结束后和旋轮卸载后沿轴向分布的 20 个点的金属流动速度进行对比（见图 4-21）。从图 4-22 中可以看出，旋轮卸载前，金属处于受力状态，流动速度较大。在剪切旋压阶段，由于锥形件直径较小，芯模提供支撑，内层金属抑制流动，所以表面材料流动较慢，卸载后金属流动速度基本一致。普通旋压阶段，锥形件直径增加，在旋轮的拉伸作用下，金属快速流动，流动速度逐渐增加，卸载后，在凸缘上单独形成的塑性铰链作用下，外缘金属仍有流动的趋势。

图 4-21　锥形件外表面样点分布

　　以锥形件上表面建立直角坐标系，旋轮进给方向为 z 轴正向。外表面金属 z 向位移如图 4-23 所示，从图中可以看出，样点 5 附近的锥形件顶部金属几乎没有流动；样点 7 位于剪切旋压的起始阶段，金属流动最顺畅，最符合预期轨迹。随着样点向外缘方向扩散，金属流动呈规律性分布，在旋轮的进给作用下，旋轮前方的金属承受轴向拉应力、切向和径向压应力的作用，产生一向拉伸、两向压

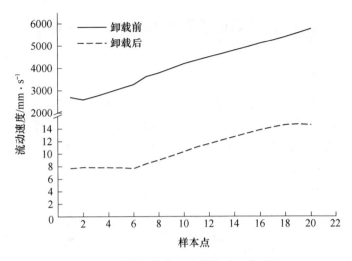

图 4-22 旋轮卸载前后金属流动速度对比

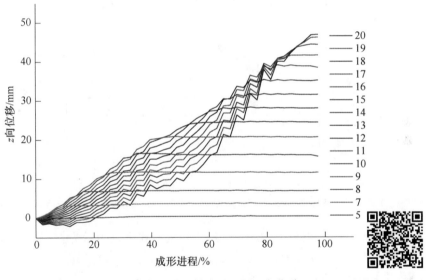

图 4-23 锥形件外表面样点的金属 z 向位移　　　　图 4-23 彩图

缩的应变状态，表现为金属沿着 z 向负方向运动，板料壁厚增加。在 7~10 样点位置的剪切旋压阶段，金属的位移轨迹基本一致，证明受力情况一致；进入普通旋压阶段后，在相同的受力时间内，靠近边缘的金属沿着 z 向的位移越来越小，一部分是因为锥形件的直径增加，金属沿着轴向移动量增大，另外一部分是因为金属流动不畅，而且越靠近边缘，沿着 z 向负方向的位移越大，金属隆起越严重。

4.3　旋压成形载荷分布与影响规律

4.3.1　力学模型的建立

在介绍旋压力的计算方法之前，首先分析金属旋压变形过程中材料的塑性状态。金属所受的外部载荷不同，所处的应力状态不同，相应的塑性也就不同。把金属板料离散化，分割成独立的方块，每个方块的应力状态用三个主应力来表示，主应力的方向和性质随着受力状况不同而不断变化[9-11]。旋压成形过程的主应力如图 4-24 所示。

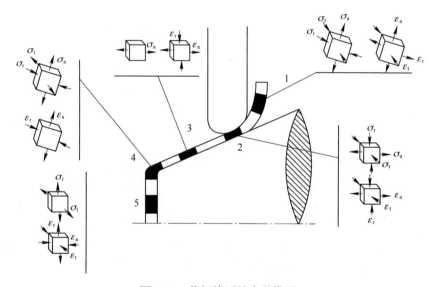

图 4-24　剪切旋压的力学模型

1—未成形区域；2—成形区域；3—已成形区域；4—圆角折弯区域；5—板坯初始区域

根据现有理论和经验，旋压力 P 的函数形式可以表示为：

$$P = f(t_0, \sigma_s, \varphi_t, f, r_p, \alpha_p, \alpha, D, \Delta t) \tag{4-1}$$

式中　t_0——毛坯的厚度；

　　　σ_s——材料的屈服极限；

　　　φ_t——毛坯的减薄率；

　　　f——旋轮的每转进给量；

　　　r_p——旋轮的工作圆角半径；

　　　α_p——旋轮的接触角；

　　　α——芯模的半锥角；

　　　D——被加工零件的直径；

Δt——间隙偏离率。

在旋压成形过程中，旋压力 P 的方向不断变化。根据芯模的旋转方向、旋轮的进给方向和板料的轴向方向，旋压力 P 可以分解成三个互相垂直的分力 P_t、P_r、P_z，有利于测量和数据提取。在空间坐标系内，旋压力和三个分力的量化关系式为：

$$P = \sqrt{P_r^2 + P_z^2 + P_t^2} \tag{4-2}$$

式中　P_r——径向分力，垂直于芯模轴线；

　　　P_z——轴向分力，平行于芯模轴线；

　　　P_t——切向分力，与工件母线相切。

其中，径向分力 P_r、轴向分力 P_z 主要是由旋轮进给力提供，由驱动系统传递到机床主轴，再传递到旋轮架，也就是说，在不同的成形条件下，板料的成形力直接反作用到旋轮支撑部位的整个机构，当成形力出现波动、极大值及突变等情况都会考验支撑机构的刚度、强度及稳定性，所以，计算径向分力及轴向分力可以一方面选择更适合成形的设备，另一方面可以有针对性地优化旋轮支撑机构。在现有资料中就有学者设计了专用的旋轮支撑机构，提前设计出应变片的粘贴位置和导线的连接通道，用于对径向力的测量。切向力 P_t 主要是由芯模旋转和尾顶块固定所提供，也就是机床的主轴转动提供，当成形所需的轴向力较大时，整个机床都会被影响，在机床自身成形能力不够时，会对机床造成不可逆的损伤。所以，通过公式推导和模拟仿真等方式对旋压力进行计算，提前确定板料所处的应变状态，不仅有利于选择较为合理的工艺参数组合，提高工件的成形质量，还对成形装置的适用性及使用性有利。

4.3.2　成形载荷的变化规律

本节以前述 4.2.1 节中的主要工艺参数主轴转速 ω、旋轮进给比 f、旋轮与芯模之间的间隙偏离率 δ 为因素设计了正交试验方案（详见表 4-1 和表 4-2），而下文中的表述将按照表 4-1 所示进行简化，例如，芯模转速表述为 A，160r/min表述为 1，A1B1C1 的组合则为芯模转速为 160r/min、旋轮进给比为 0.2mm/r、间隙偏移率为 0。响应中的旋压力是指板料对旋轮的反作用力，主要因为板料本身所受的成形无法测量。通过提取有限元模型中右侧旋轮的受力值作为旋压力对成形结果进行分析，试验结果见表 4-3。

表 4-1　正交试验因素水平

水平	因　素		
	A 芯模转速 ω/r · min^{-1}	B 旋轮进给比 f/mm · r^{-1}	C 间隙偏离率 δ/%
1	160	0.2	0
2	200	0.6	+2.5

续表 4-1

水平	因　素		
	A 芯模转速 $\omega/r \cdot min^{-1}$	B 旋轮进给比 $f/mm \cdot r^{-1}$	C 间隙偏离率 $\delta/\%$
3	250	1.0	
4	320	1.4	
5	400		
6	450		

表 4-2　正交试验方案设计及结果

试验号	A 芯模转速 $\omega/r \cdot min^{-1}$	B 旋轮进给比 $f/mm \cdot r^{-1}$	C 间隙偏离率 $\delta/\%$	旋压力极大值 F/kN	壁厚方差/mm^2
1	1 (160)	1 (0.2)	1 (0)	23.45	0.001067
2	1 (160)	2 (0.6)	1 (0)	26.58	0.001744
3	1 (160)	3 (1.0)	2 (2.5)	31.65	0.000810
4	1 (160)	4 (1.4)	2 (2.5)	36.52	0.000758
5	2 (200)	1 (0.2)	2 (2.5)	24.97	0.001306
6	2 (200)	2 (0.6)	2 (2.5)	18.19	0.003857
7	2 (200)	3 (1.0)	1 (0)	22.17	0.002717
8	2 (200)	4 (1.4)	1 (0)	35.59	0.002509
9	3 (250)	1 (0.2)	1 (0)	23.89	0.001109
10	3 (250)	2 (0.6)	1 (0)	26.28	0.001165
11	3 (250)	3 (1.0)	2 (2.5)	25.53	0.001000
12	3 (250)	4 (1.4)	2 (2.5)	36.09	0.000958
13	4 (320)	1 (0.2)	2 (2.5)	27.46	0.001271
14	4 (320)	2 (0.6)	2 (2.5)	17.38	0.002379
15	4 (320)	3 (1.0)	1 (0)	24.01	0.003270
16	4 (320)	4 (1.4)	1 (0)	27.39	0.001927
17	5 (400)	1 (0.2)	1 (0)	23.82	0.002017
18	5 (400)	2 (0.6)	1 (0)	17.96	0.004296
19	5 (400)	3 (1.0)	2 (2.5)	23.02	0.002035
20	5 (400)	4 (1.4)	2 (2.5)	27.53	0.002873
21	6 (450)	1 (0.2)	2 (2.5)	26.58	0.000919
22	6 (450)	2 (0.6)	2 (2.5)	26.93	0.001268
23	6 (450)	3 (1.0)	1 (0)	28.97	0.001008
24	6 (450)	4 (1.4)	1 (0)	36.18	0.000985

　　从表4-3中可以得出，对旋压力极大值影响最大的是旋轮与芯模之间的间隙偏离率δ，其次是旋轮进给比f、芯模转速ω。考虑单个因素变化对旋压力极大值变化的影响时，旋轮进给比f单独变化对旋压力极大值影响是非常显著的。最优工艺参数组合为A5B2C1，其中芯模转速为400r/min、旋轮进给比为0.6mm/r、间隙偏移率为0，即第25组工艺参数，采用仿真模拟的方式验证该组工艺参数成形后旋压力极大值的变化。如图4-25所示，优化后参数结果中的旋压力显著低于其他参数组合。

表4-3　力能参数的试验方案及结果

试验号	芯模转速 ω/r·min⁻¹	旋轮进给比 f/mm·r⁻¹	间隙偏离率 δ/%	旋轮进给比与偏离率交互	旋压力极大值 F/kN
1	1（160）	1（0.2）	1（0）	2	23.45
2	1（160）	2（0.6）	1（0）	1	26.58
3	1（160）	3（1.0）	2（2.5）	2	31.65
4	1（160）	4（1.4）	2（2.5）	1	36.52
5	2（200）	1（0.2）	2（2.5）	1	24.97
6	2（200）	2（0.6）	2（2.5）	2	18.19
7	2（200）	3（1.0）	1（0）	1	22.17
8	2（200）	4（1.4）	1（0）	2	35.59
9	3（250）	1（0.2）	1（0）	1	23.89
10	3（250）	2（0.6）	1（0）	2	26.28
11	3（250）	3（1.0）	2（2.5）	1	25.53
12	3（250）	4（1.4）	2（2.5）	2	36.09
13	4（320）	1（0.2）	2（2.5）	2	27.46
14	4（320）	2（0.6）	2（2.5）	1	17.38
15	4（320）	3（1.0）	1（0）	2	24.01
16	4（320）	4（1.4）	1（0）	1	27.39
17	5（400）	1（0.2）	1（0）	1	23.82
18	5（400）	2（0.6）	1（0）	2	17.96
19	5（400）	3（1.0）	2（2.5）	1	23.02
20	5（400）	4（1.4）	2（2.5）	2	27.53
21	6（450）	1（0.2）	2（2.5）	2	26.58
22	6（450）	2（0.6）	2（2.5）	1	26.93
23	6（450）	3（1.0）	1（0）	2	28.97
24	6（450）	4（1.4）	1（0）	1	36.18

续表 4-3

试验号	芯模转速 $\omega/r \cdot min^{-1}$	旋轮进给比 $f/mm \cdot r^{-1}$	间隙偏离率 $\delta/\%$	旋轮进给比与偏离率交互	旋压力极大值 F/kN
25	400	0.6	0		15.86
T_1	118.20	150.17	316.29	314.38	
T_2	100.92	133.32	321.85	323.76	
T_3	111.79	155.35			$T = 2552.56$
T_4	96.24	199.30			
T_5	92.33				
T_6	118.66				
优水平	5	2	1	1	
R	26.33	190.30	321.85	323.76	
主次顺序			$\delta > f > \omega$		

注：T_i 表示任一列上水平号为 i 时所对应的试验指标和。

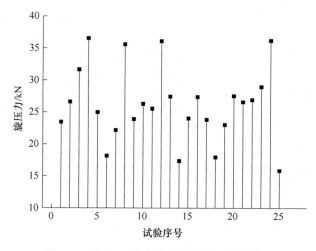

图 4-25   各组工艺参数中旋压力的试验结果

将工艺参数作为自变量，旋压力极大值作为因变量，导入 MATLAB 软件中。按照多元非线性方程模型，拟合出逐步回归系数、可决系数 R 等，根据可决系数 R 的最大值选定最优回归方程。

$$F = 41.8203 + 0.0002\omega^2 + 15.8333f^2 + 0.5183\psi^2 - 0.1212\omega - \quad (4-3)$$
$$12.4694f - 0.0179\omega f - 0.003\omega\psi - 0.5367f\psi$$

以转速 250r/min 为例阐述旋压力的变化规律。旋压力整体变化趋势是强旋阶段大于普旋阶段，在强旋阶段，旋轮刚刚与板料发生接触，材料经历了由弹性阶段到塑性阶段的变化，旋轮所受冲击比较大，旋压力较大；进入稳定变形后，板料已变形区逐渐靠模，变形刚度较小，因此旋压力呈现降低的趋势，旋压力极值保持稳定；成形到40%后，强旋阶段结束，旋轮沿着板料的法线方向远离，旋压力呈现瞬时的下降；随后旋轮继续与板料接触，旋压力上升，这里也是成形后锥形件危险断面的位置。由于普旋阶段锥形件直径变大，在相同进给、相同转速的情况下，相同时间内参与变形的金属体积减小，材料流动顺畅，所以旋压力逐渐减小。

接着分析各组工艺参数的旋压力变化。如图4-26所示，当旋轮与芯模的间隙偏离率为0时，旋轮进给比从0.2mm/r增长到0.6mm/r，旋压力整体上升，旋压力大值从23.89kN增长至26.28kN，由于芯模转速较低，旋轮进给速度提高后单位时间内参与变形的材料体积变化不大，所以两条旋压力曲线的Y坐标差值不明显。当旋轮与芯模的间隙偏离率为2.5%时，旋轮进给比从1.0mm/r增长到1.4mm/r，旋压力整体上升，旋压力极值从25.53kN增长到36.09kN，此时旋轮进给比较高，旋轮进给比的再次升高造成芯模转速与旋轮进给比不匹配，所以旋压力整体大幅度增加。旋轮进给比从0.6mm/r增长到1.0mm/r、旋轮与芯模之间的间隙增加到2.5%时，单位时间内参与变形的材料体积变化不大，所以两条旋压力曲线的Y坐标差值不明显。

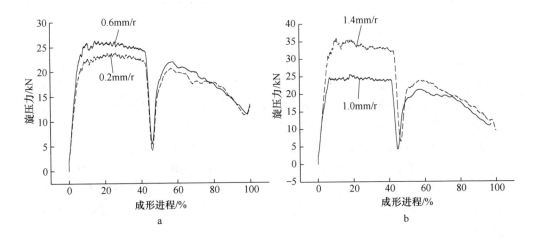

图4-26　200r/min时旋压力的变化情况

a—f=0.6mm/r、0.2mm/r；b—f=1.0mm/r、1.4mm/r

为了验证芯模转速、旋轮进给比、间隙偏离率对旋压力的影响规律，设计了单因素变量法，分析芯模转速为200r/min、320r/min、450r/min，旋轮与芯模之间的间隙偏离率为2.5%，旋轮进给比从0.6mm/r增加到1.4mm/r时旋压力整体变化规律；芯模转速为250r/min、旋轮进给比为1.0r/min、旋轮与芯模之间的间隙偏离率从0增加到2.5%时旋压力整体变化规律。单因素变量试验方案见表4-4。

表 4-4　单因素变量试验方案

试验序号	芯模转速 $\omega/r \cdot min^{-1}$	旋轮进给比 $f/mm \cdot r^{-1}$	间隙偏离率 $\delta/\%$
1	200	0.6	2.5
2	200	1.0	2.5
3	200	1.4	2.5
4	320	0.6	2.5
5	320	1.0	2.5
6	320	1.4	2.5
7	450	0.6	2.5
8	450	1.0	2.5
9	450	1.4	2.5
10	250	1.0	2.5
11	250	1.0	0

4.3.3　芯模转速对成形载荷的影响

　　主轴转速的提高对旋压力的影响如图 4-27 所示。在进给比不变的情况下，提升主轴转速，相同变形时间内参与变形的材料体积没有变化，因此旋压力变化不大。在旋轮进给比 f 为 0.6mm/r、1.0mm/r、1.4mm/r 的情况下，提高旋轮转速，旋压力整体基本没有变化，但是旋压力的波动情况不同。

　　转速为 200r/min 时，旋压力波峰与波谷的差值最小，降低了危险截面破裂的可能性；相应的，由于转速较低，进入普旋阶段后旋轮与板料接触缓慢，在过度减薄和摩擦力的作用下，旋压力极大值迅速升高，波峰明显。转速为 320r/min、400r/min 时，交接处的波谷相似，但是普旋阶段，芯模转速 320r/min 的波动幅度较大。

　　当旋轮进给比为 1.0mm/r、转速从 320r/min 增加到 450r/min 时，相对于 1.0mm/r 的进给，旋轮转速较快，金属的变形时间缩短，变形困难，同时板料被反复碾压，发生过度减薄，旋压力增大。整体对比，相同时间内，金属的变形速率加快，剪切旋压与普通旋压之间的数值差异开始明显，而且剪切旋压阶段的旋压力平均值明显大于进给比为 0.6mm/r 时的旋压力平均值，普通旋压阶段旋压力平均值接近。进给比为 1.0mm/r 时，旋压力整体进一步增大，转速为 450r/min 时，芯模转速与旋轮进给比较为匹配，相对于另外两组转速，普通旋压阶段旋压力降低。

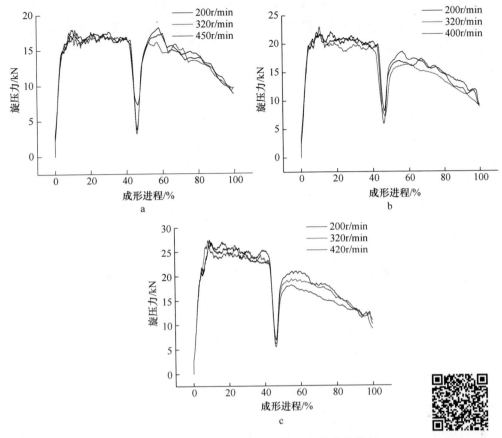

图 4-27　旋轮进给比相同时旋压力的变化情况

a—f=0.6mm/r；b—f=1.0mm/r；c—f=1.4mm/r

图 4-27 彩图

4.3.4　旋轮进给比对成形载荷的影响

在芯模转速不变的情况下，提高旋轮进给比，相同时间内被成形的金属增多，所以旋压力增加，如图 4-28 所示。旋轮进给比的增加，会导致应变速率增加，从而使金属的真应力升高，这是因为塑性变形的机理比较复杂，需要一定的时间来完成。

总体对比，当旋轮进给比为 0.6mm/r 时，三组模型的剪切旋压阶段旋压力与普旋阶段旋压力近似；进给比为 1.0mm/r 时，旋压力稳定变化；进给比为 1.4mm/r 时，旋压力整体增加，剪切旋压与普通旋压旋压力平均值差值最大。

逐个分析，在剪切旋压起旋阶段，转速为 200r/min、320r/min 时，旋压力平稳上升，但是在转速为 450r/min 时，起旋阶段旋压力有一个明显的波峰，这是因为转速较高，金属的应力、应变快速变化，旋轮受到冲击。在剪切旋压过渡到普通旋压阶段，进给比为 0.6mm/r 时，旋轮与板料再次接触，芯模转速为 200r/min 时，较低的转速无法提供足够的摩擦力使旋轮旋转，导致进给不畅，金属流动受阻，所以旋压力出现较大的波动；进给比为 1.4mm/r 时，芯模转速较低，旋轮只能重复进给，板料过度减薄，所以同样出现波动。

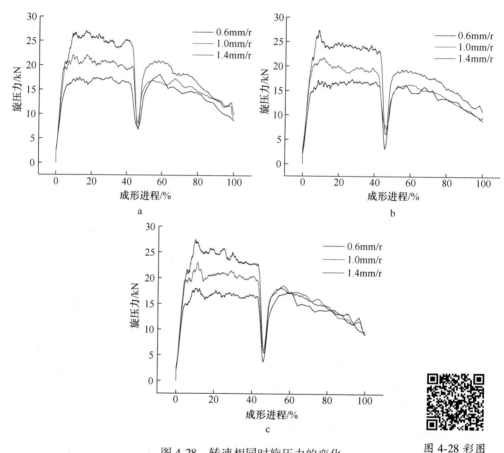

图 4-28　转速相同时旋压力的变化

a—ω＝200r/min；b—ω＝320r/min；c—ω＝450r/min

图 4-28 彩图

如图 4-29 所示，当间隙偏离率为 2.5%、转速为 320r/min 时，强旋阶段旋压力随着旋轮进给比的增加而增加，波动幅度增加；在普旋阶段，旋压力反而下降，波动幅度降低。当间隙偏离率为 2.5%、转速为 420r/min 时，强旋阶段旋压力随着旋轮进给比的增大而增大。在旋轮与板料刚开始接触的阶段，进给比过大，芯模转速与旋轮进给比不匹配，相同时间内参与变形的材料体积增加，材料流动率降低，而且不同横截面面积上材料的变形阻力不同，旋轮进给受到的阻力不同，因此旋压力波动幅度较大，成形后的锥形件壁厚均匀性降低，对旋压机的稳定运行造成不良影响；普旋阶段，旋压力变化趋势相同，旋压力极值相同，但是旋轮进给比为 1.4mm/r 时，旋压力波动较小，证明此时旋轮进给比与芯模转速较为匹配，板料的变形情况较好。

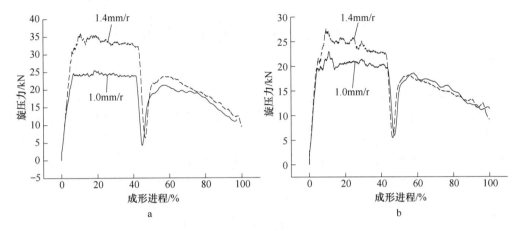

图 4-29　间隙偏离率为 2.5%、转速为 320r/min 或 420r/min 时旋压力的变化

a—ω = 320r/min；b—ω = 420r/min

4.3.5　间隙偏离率对成形载荷的影响

如图 4-30 所示，在相同转速、旋轮进给比的情况下，随着间隙偏离率的增加，旋压力整体变化不大。

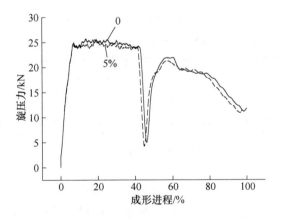

图 4-30　间隙偏离率变化时旋压力的变化

间隙偏离率为正数时，材料的变形状态为剪切和拉伸的复合，已成形部分的靠模性不好，在拉应力的作用下容易出现局部减薄。零偏离时，材料的变形为纯剪切变形，变形过程最平稳。

5 高温合金旋压成形精度分析

旋压成形是一种近终成形工艺，加工余量小，为了满足目标工件的尺寸要求，需要掌握旋压成形的精度控制技术。本章以高温合金锥形回转件为主要研究对象，针对锥形回转件的零件特征建立了凸缘平直度、外表面圆度、整体壁厚偏差等成形精度评价指标，通过仿真和实验结合的手段，分析了旋压成形关键工艺参数对成形精度的影响规律。

5.1 成形精度评价指标的建立

5.1.1 凸缘平直度的评价指标

GH3030 高温合金壁厚渐变锥形回转件经强力旋压成形后带有法兰边，也称之为凸缘。成形后，工件凸缘一般达不到理想的平直状态，通常呈现上翘、下翘或波纹等状态。为了衡量强力旋压成形后工件凸缘平直状态与理想平直状态之间的偏差，引入凸缘平面度误差的概念。

凸缘的平直程度和凸缘表面偏离理想平面的程度直接相关，即凸缘表面偏离理想平面的程度越大，凸缘的平直度越差。而平面度误差是限制实际表面对理想平面变动量的一项指标[120]，因此考虑将凸缘的平面度误差作为凸缘平直度的评价指标。

评定平面度误差的方法较多，最小二乘评定法是其中的一种。该方法理论成熟，在评定平面度误差时属于线性问题，求解方便、精度好，不受测量采样点分布位置的限制[121]。因此，本书以基于最小二乘法的凸缘平面度误差作为凸缘平直度的评价指标。

平面度误差的最小二乘评定法原理是测量结果的最可信赖值应在残余误差平方和为最小的条件下求出。该方法的关键在于根据采样点的坐标数据拟合出最小二乘平面，其相关计算公式如下[122]。

设采样点数据为 $(x_i, y_i, z_i)(i = 1, 2, \cdots, n)$，规范化最小二乘平面方程为：

$$z = Ax + By + C \tag{5-1}$$

规范化最小二乘平面待定系数的计算公式为：

$$\begin{bmatrix} A \\ B \\ C \end{bmatrix} = \begin{bmatrix} \sum\limits_{i=1}^{n} x_i^2 & \sum\limits_{i=1}^{n} x_i y_i & \sum\limits_{i=1}^{n} x_i \\ \sum\limits_{i=1}^{n} x_i y_i & \sum\limits_{i=1}^{n} y_i^2 & \sum\limits_{i=1}^{n} y_i \\ \sum\limits_{i=1}^{n} x_i & \sum\limits_{i=1}^{n} y_i & n \end{bmatrix}^{-1} \begin{bmatrix} \sum\limits_{i=1}^{n} x_i z_i \\ \sum\limits_{i=1}^{n} y_i z_i \\ \sum\limits_{i=1}^{n} z_i \end{bmatrix} \tag{5-2}$$

被测实际表面上各采样点相对于规范化最小二乘平面的误差值为：

$$f_i = z_i - \bar{z}_i = z_i - (Ax_i + By_i + C) \tag{5-3}$$

被测实际平面整体的平面度误差为：

$$f = \max_{i=1}^{n} f_i - \min_{i=1}^{n} f_i \tag{5-4}$$

成形后的零件凸缘外表面尽可能均匀地选取 192 个采样点，采样点应避开圆角区，坐标值由坐标系 $Oxyz$ 确定，如图 5-1 所示。

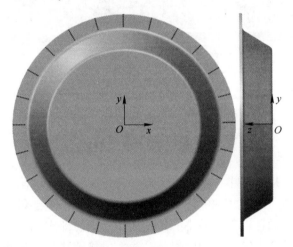

图 5-1　凸缘平直度评估的采样点布局方案

5.1.2　锥筒外表面圆度的评价指标

圆度是回转体零件的重要质量指标之一，通常以圆度误差衡量圆度的大小，其定义为回转体的同一正截面上实际被测轮廓对其理想圆的变动量。锥筒外表面圆度难以用单一指标衡量，因为对于锥形表面，不同位置的外圆半径不同且其对应的圆度也不相等。本节评估锥筒外表面圆度的思路如图 5-2 所示：首先，在仿真成形后的工件锥筒外表面沿零件轴向等距指定 6 个点，过每个点作垂直于工件轴向的横截面，横截面与锥筒外表面相交于一个外圆；然后，分别在 6 个外圆上均布选取 48 个采样点，采用合适的数学方法处理这些采样点的坐标，就可以得到这些外圆的圆度误差；最后，计算出锥筒外表面 6 个外圆圆度误差的平均值 μ 及其标准差 σ，并以这些圆度误差的平均值 μ 衡量锥筒外表面整体的圆度状态，以这些圆度误差的标准差 σ 衡量锥筒外表面的圆度分布均匀性。

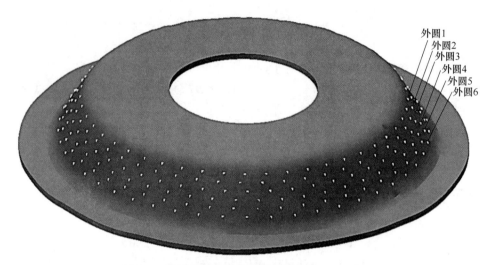

图 5-2　锥筒外表面圆度评估的采样点布局方案

通过采样点的坐标数据计算圆度误差的方法较多，典型的计算方法包括：最小二乘圆法、最小外接圆法、最大内接圆法、最小区域法以及 Matlab 优化函数法等。

最小二乘圆法是以最小二乘圆作为理想评定圆，被测实际轮廓到该圆的最大径向距离与最小径向距离之间的代数差被定义为圆度误差。最小外接圆法是以与被测实际轮廓相接触且直径为最小的外接圆作为理想评定圆，被测实际轮廓到该圆圆心的最大半径差被定义为圆度误差。最大内接圆法是以被测实际轮廓相接触且直径为最大的内接圆作为理想评定圆，被测实际轮廓到该圆圆心的最大半径差被定义为圆度误差。上述三种方法对采样点坐标进行数据处理时，便于在计算机上实现，但其均不符合圆度误差的国标定义，计算精度不高。最小区域法是按圆度误差的国标定义和 ISO 定义来评定圆度误差的，评定精度高，其结果可作为仲裁依据，但是最小区域法算法复杂，计算程序编制难度大，而且容易出错。Matlab 优化函数法是一种基于 Matlab 软件的符合国标定义的圆度误差计算方法，该算法简单，计算精度高，具有很好的实用性。

对于如何评定圆度误差，国家标准 GB/T 1182—1996 作了明确规定，即评定圆度误差时，被测要素相对其理想要素的最大变动量应为最小[123]，该规定被称作“最小条件原则”。按照该规定评定圆度误差的数学模型如下[124]：在 Ouv 平面直角坐标系中，坐标原点 O 为分度头回转中心，各采样点的直角坐标为 $P_j(u_j, y_j)$，设理想圆的圆心为 $c(u_c, v_c)$，则求出理想圆圆心坐标是计算圆度误差的主要目的。将二元函数 $f(u, v)$ 按式（5-5）定义：

$$f(u, v) = \max_{j=1}^{48} \sqrt{(u_j - u)^2 - (v_j - v)^2} - \min_{j=1}^{48} \sqrt{(u_j - u)^2 - (v_j - v)^2} \quad (5-5)$$

满足"最小条件原则"时，$f(u, v)$ 的 (u, v) 即为理想圆的圆心 $c(u_c, v_c)$、$f(u, v)$ 的最小值即为圆度误差。因此，圆度误差的评定就转化为求解函数 $f(u, v)$ 的最小值问题。

在 Matlab 软件中，可以采用 fminsearch 函数工具求解多元函数极小值问题。采用 Matlab 中的 fminsearch 函数实现圆度误差计算的步骤为：第一，在 Matlab 软件中的 Editor 界面构造二元函数 $f(u, v)$；第二，在 Matlab 软件中的 Commond Window 界面调用 fminsearch 函数。

5.1.3　工件整体壁厚偏差的评价指标

壁厚精度是衡量薄壁旋压件成形质量高低的关键指标之一，而壁厚精度一般包含壁厚差和壁厚偏差两个要素。壁厚偏差指壁厚的实际尺寸相对名义尺寸的差值，反映了壁厚偏离理论值的程度；壁厚差指壁厚实际尺寸之间的相对差值，反映了壁厚的均匀性。等壁厚旋压件的壁厚精度可以用壁厚偏差和壁厚差衡量，而壁厚渐变旋压件的壁厚精度只能用壁厚偏差衡量。

如图 5-3 所示，在成形零件锥形筒身的外表面尽可能均布地选取 36 个采样点，采样点远离零件的圆角区域，通过仿真软件后处理可以获得每个采样点所在位置的实际壁厚值 t'_k，对应采样点的理论壁厚值 t_k 也可以通过计算得到，各采样点处的壁厚偏差 $\Delta t_k = |t'_k - t_k|$（$k = 1, 2, \cdots, 36$）。单个采样点处的壁厚偏差无

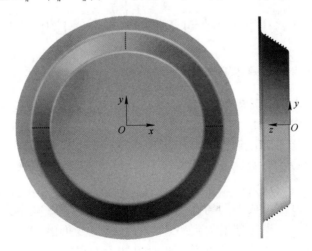

图 5-3　壁厚偏差评估的采样点布局方案

法衡量工件整体的壁厚偏差，为此，借鉴标准差的概念，引入壁厚类标准差 Δt 评估工件整体的壁厚偏差。壁厚类标准差 Δt 按式（5-6）定义：

$$\Delta t = \frac{1}{6}\sqrt{\sum_{k=1}^{36}(\Delta t_k)^2} \tag{5-6}$$

标准差能反映一个数据集的离散程度：标准差较大，说明数据集中的数值偏离平均值的程度较大；标准差较小，说明数据集中的数值密集分布在平均值附近。而壁厚类标准差借鉴了标准差的离散度概念。由式（5-6）可知，类标准差在数值上接近单个采样点处的壁厚偏差，而且反映了各壁厚偏差累积值大小，类标准差越小，则工件整体壁厚实际值偏离理论值的程度越小。因此，类标准差能反映工件整体的壁厚偏差。

壁厚渐变锥形回转件的壁厚沿零件轴向连续变化，有必要对其采样点处的壁厚值做明确定义。如图 5-4 所示，点 P 为采样点，过点 P 作直线 PQ 交直线 L_2 于 Q 点，直线 PQ 与直线 L_1、L_2 的夹角相等，则采样点 P 处的壁厚 t 为 P、Q 两点的距离 d。此外，各采样点处的壁厚理论值可以通过计算旋轮与芯模的间隙而获得，具体过程不再做过多阐述。

图 5-4　工件的壁厚定义

5.2　工艺参数对工件凸缘平直度的影响

5.2.1　芯模转速对凸缘平直度的影响

芯模转速对凸缘平直度的影响如图 5-5 所示，当芯模转速从 180r/min 增加到 300r/min 时，凸缘平面度误差随之减小，但当芯模转速由 300r/min 增加到 420r/min 时，凸缘平面度误差基本不发生变化。当芯模转速较小时，单位时间内变形区的面积较小，金属变形不充分，导致凸缘平面度误差较大，凸缘平直度较差；当芯模转速增大时，单位时间内变形区的面积增大，金属变形充分，锥筒和凸缘的过渡区域成形均匀，从而凸缘的平面度误差减小，凸缘平直度逐渐得到改善；但当芯模转速增大到一定值时，金属变形的充分程度、筒身和凸缘过渡区域的成形均匀性达到极限，此时再增大芯模转速，凸缘平面度误差基本不变，即凸缘平直度不再变化。

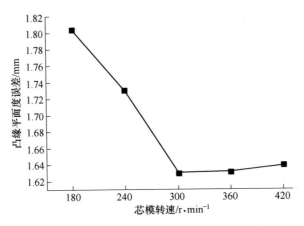

图 5-5　芯模转速对凸缘平面度误差的影响

5.2.2　旋轮进给比对凸缘平直度的影响

旋轮进给比对凸缘平直度的影响如图 5-6 所示，旋轮进给比从 0.2mm/r 增加到 0.3mm/r 时，凸缘平面度误差随之增加；当旋轮进给比从 0.3mm/r 增加到 0.6mm/r 时，凸缘平面度误差随之减小。当旋轮进给比从 0.2mm/r 增加至 0.3mm/r 时，锥筒和凸缘过渡区受到的压力增大，但由于旋轮进给比较小，旋轮前的金属堆积现象不明显，所以凸缘逆着进给方向倾斜（上翘），凸缘平面度误差增大。当旋轮进给比从 0.3mm/r 增加到 0.6mm/r 时，筒身和凸缘过渡区所受的压力逐渐增大，凸缘上翘趋势越来越明显，同时由于旋轮进给比较大，旋轮前的金属堆料现象越来越严重，导致凸缘沿旋轮进给方向产生倾斜（下倾），综合结果是凸缘"上翘"和"下倾"相互抵消，所以凸缘平面度误差减小，即凸缘平直度逐渐得到提高。

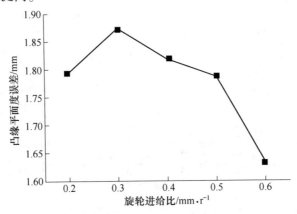

图 5-6　旋轮进给比对凸缘平面度误差的影响

5.2.3　旋轮圆角半径对凸缘平直度的影响

旋轮圆角半径对凸缘平直度的影响如图 5-7 所示，当旋轮圆角半径从 4mm 增加至 6mm 时，凸缘平面度误差逐渐减小；当旋轮圆角半径从 6mm 增加至 12mm 时，凸缘平面度误差逐渐增大。当旋轮圆角半径较小时，旋轮圆角部分会咬入毛坯，使得凸缘上翘，从而导致凸缘平面度误差变大，凸缘平直度下降。随着旋轮圆角半径增大，锥筒与凸缘的过渡圆角变大，毛坯被旋轮咬入的情况得到改善，凸缘成形相对平直。但当旋轮圆角半径过大时，凸缘沿着旋轮的进给方向倾倒，从而导致凸缘平面度误差变大，凸缘平直度降低。

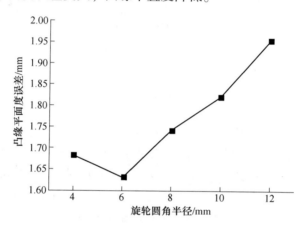

图 5-7　旋轮圆角半径对凸缘平面度误差的影响

5.2.4　旋轮安装角对凸缘平直度的影响

旋轮安装角对凸缘平直度的影响如图 5-8 所示，当旋轮安装角从 30° 增加到

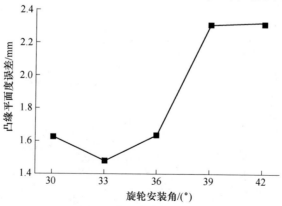

图 5-8　旋轮安装角对凸缘平面度误差的影响

33°时，凸缘平面度误差随之减小；当旋轮安装角从 33°增加到 42°时，凸缘平面度误差随之增加。在旋轮安装角由 30°增加到 33°的过程中，毛坯逐渐远离旋轮底部的非圆角部位，旋轮与毛坯的接触情况逐渐改善，锥筒与凸缘过渡区域的金属流动逐渐畅通，凸缘成形相对平直；旋轮安装角继续增大，毛坯逐渐靠近旋轮顶部的非圆角部位，毛坯与旋轮圆角处的咬合程度逐渐加重，凸缘上翘的趋势逐渐明显，所以凸缘平面度误差逐渐变大，即凸缘平直度逐渐降低。

5.3 工艺参数对锥筒外表面圆度的影响

5.3.1 芯模转速对锥筒外表面圆度的影响

由图 5-9 可知，随着芯模转速的增加，工件锥筒外表面圆度误差的平均值总体上呈现逐渐增大的趋势，圆度误差的标准差也随之增大。这说明在一定范围内，随着芯模转速的提高，锥筒外表面总体的圆度误差值逐渐增大，锥筒外表面圆度误差的分布均匀性越来越差。锥筒小端处减薄率过大，旋轮前的金属受力过大，流动受阻，从而会产生堆料现象，所以锥筒小端处的圆度误差较大；锥筒大端减薄率过小，旋轮前的金属沿旋轮进给方向流动较快，其沿周向的成形不充分，所以圆度误差也较大。当芯模转速逐渐提高时，锥筒小端堆料现象加剧，锥筒大端处金属沿周向成形更加不充分，导致锥筒大、小端外表面的圆度误差急剧增加，而锥筒中间段的圆度误差受芯模转速的影响相对不大，所以锥筒外表面整体的圆度误差逐渐增大，锥筒外表面圆度误差的分布均匀性随之变差。

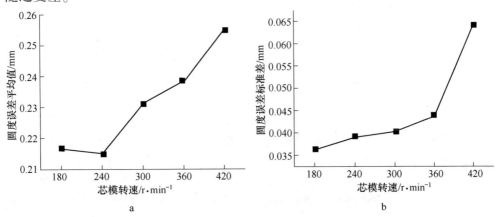

图 5-9 芯模转速对圆度误差平均值和标准差的影响

a—圆度误差平均值；b—圆度误差标准差

5.3.2　旋轮进给比对锥筒外表面圆度的影响

由图 5-10 可知，随着旋轮进给比的增大，圆度误差平均值呈现先减小后增大的趋势，圆度误差标准差呈现先增大后减小的趋势。这说明在一定范围内，随着旋轮进给比的增大，锥筒外表面整体圆度误差先减小后增大，锥筒外表面圆度误差的分布均匀性先变差后有所改善。旋轮进给比从 0.2mm/r 增加至 0.3mm/r 时，旋轮进给比的增大有利于工件缩径，旋压件贴膜效果好，锥筒外表面整体圆度误差减小。但当旋轮进给比从 0.3mm/r 增加至 0.6mm/r 时，旋轮前的金属堆积和隆起程度加剧，从而锥筒外表面整体圆度误差开始增大。当旋轮进给比从 0.2mm/r 增加到 0.5mm/r 时，锥筒小端与大端圆度误差的增加幅度较大，锥筒中间段圆度误差的变化幅度相对较小，从而导致圆度误差的分布均匀性逐渐变差；当旋轮进给比从 0.5mm/r 增加到 0.6mm/r 时，锥筒中间段的圆度误差增加幅度比大、小端的略大，所以锥筒中间段与大、小端之间的圆度误差差值相对减小，从而锥筒外表面圆度误差的分布均匀性有所改善。

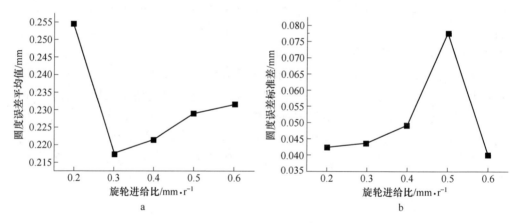

图 5-10　旋轮进给比对圆度误差平均值和标准差的影响
a—圆度误差平均值；b—圆度误差标准差

5.3.3　旋轮圆角半径对锥筒外表面圆度的影响

由图 5-11 可知，随着旋轮圆角半径的增大，锥筒圆度误差平均值和圆度误差标准差均呈现先减小后增大的趋势。这说明，当旋轮圆角半径从 4mm 增加至 12mm 时，锥筒外表面整体圆度误差先减小后增大，圆度误差的分布均匀性先变好后逐渐变差。当旋轮圆角半径从 4mm 增加至 6mm 时，旋轮与金属接触的面积变大，金属沿周向的变形较为充分，锥筒外表面整体圆度误差变小；而锥筒大、小端处金属堆积隆起的程度逐渐缓解，其与锥筒中间段之间的圆度误差差值有所减小，所以圆度误差均匀性得到改善。当旋轮圆角半径从 6mm 增加至 12mm 时，过大的旋轮圆角半径会造成旋轮压力增加，锥筒壁易隆起，从而锥筒外表面整体圆度误差增大；而由于受过大的壁厚减薄和过大的旋轮圆角半径的叠加影响，锥筒小端处圆度误差大幅增加，导致锥筒小端处与其他部位的圆度误差相差较大，所以锥筒外表面圆度误差的分布均匀性也随之变差。

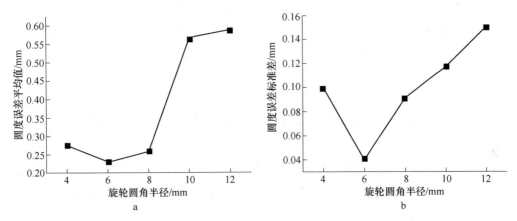

图 5-11　旋轮圆角半径对圆度误差平均值和标准差的影响
a—圆度误差平均值；b—圆度误差标准差

5.3.4　旋轮安装角对锥筒外表面圆度的影响

由图 5-12 可知，随着旋轮安装角增大，圆度误差平均值先增大后减小，而圆度误差标准差也呈先增大后减小的趋势。这说明旋轮安装角从 30° 增加到 42° 时，锥筒外表面整体圆度误差先增大后减小，锥筒外表面圆度误差的分布均匀性

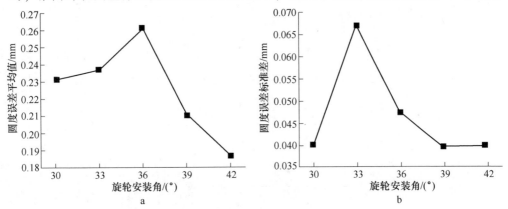

图 5-12　旋轮安装角对圆度误差平均值和标准差的影响
a—圆度误差平均值；b—圆度误差标准差

先变差后逐渐变好。当旋轮安装角从 30°增加到 36°时，旋轮压力增大，旋轮前的金属材料流动受阻，堆料现象逐渐明显，导致锥筒外表面整体圆度误差增加；当旋轮安装角从 36°增加到 42°时，旋轮后方的金属与旋轮作用的面积明显增大，变形较充分，所以锥筒外表面的整体圆度误差变小。当旋轮安装角从 30°增加到 33°时，旋轮压力增大，外加锥形小端处的壁厚减薄量较大，致使该区域金属流动不畅通，堆料现象严重，而锥筒其他部位圆度误差的变化相对不大，所以锥筒外表面圆度误差的分布均匀性变差；当旋轮安装角从 33°增加到 42°时，和锥筒大、小端相比，锥筒中间段的圆度误差增加的幅度更大，减小的幅度更小，所以锥筒外表面圆度误差的分布均匀性逐渐变好。

5.4　工艺参数对工件整体壁厚偏差的影响

5.4.1　芯模转速对工件整体壁厚偏差的影响

由图 5-13 可知，随着芯模转速的提高，壁厚类标准差先减小后增大。这说明，芯模转速由 180r/min 提高到 420r/min 时，工件整体壁厚偏差先减小后增大。当芯模转速由 180r/min 增加至 240r/min 时，单位时间内变形区面积增大，金属变形相对充分，壁厚偏差相对减小。锥筒小端壁厚减薄率过大，旋轮前金属材料流动受阻，导致材料反而向旋轮后流动，所以其壁厚偏差较大；锥筒大端减薄率过小，旋轮前的金属沿旋轮进给方向流动较快，其壁厚偏差也较大。当芯模转速由 240r/min 增加至 420r/min 时，过大的芯模转速加快了旋轮附近材料的流动，所以锥筒大、小端的壁厚偏差的增加幅度较大，从而导致工件整体壁厚偏差逐渐增大。

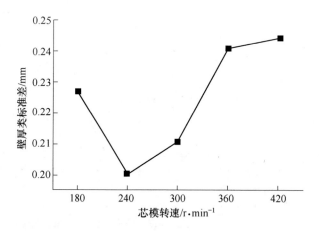

图 5-13　芯模转速对壁厚类标准差的影响

5.4.2 旋轮进给比对工件整体壁厚偏差的影响

由图 5-14 可知，随着旋轮进给比的增加，壁厚类标准差先减小后增大。这说明在一定范围内，工件整体壁厚偏差随着旋轮进给比的增加呈现先减小后增大的趋势。当旋轮进给比从 0.2mm/r 增加至 0.5mm/r 时，由于锥筒中间段的壁厚偏离率较小，而且贴膜状况较好，所以工件整体壁厚偏差呈减小趋势；当旋轮进给比由 0.5mm/r 增加至 0.6mm/r 时，旋轮进给比过大，金属材料的堆积隆起现象较为明显，导致工件整体壁厚偏差呈增大趋势。

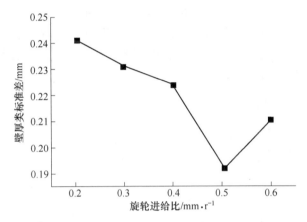

图 5-14 旋轮进给比对壁厚类标准差的影响

5.4.3 旋轮圆角半径对工件整体壁厚偏差的影响

如图 5-15 所示，随着旋轮圆角半径增加，壁厚类标准差先减小后增大。这说明工件整体壁厚偏差随旋轮圆角半径的增加呈先减小后增大的趋势。当旋轮圆

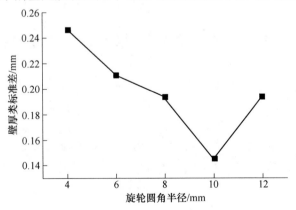

图 5-15 旋轮圆角半径对壁厚类标准差的影响

角半径由 4mm 增加至 10mm 时，旋轮圆角半径增大导致旋轮与变形区接触面积增大，金属变形充分，金属流动较为均匀，所以工件整体壁厚偏差逐渐减小；当旋轮圆角半径由 10mm 增加至 12mm 时，过大的旋轮圆角半径导致旋轮压力增加，金属堆积、隆起程度变大，所以工件整体的壁厚偏差有所增加。

5.4.4　旋轮安装角对工件整体壁厚偏差的影响

如图 5-16 所示，随着旋轮安装角的增大，壁厚类标准差先增加后减小。这表明，在一定范围内，随着旋轮安装角的增加，工件整体壁厚偏差呈先增大后减小的趋势。当旋轮安装角从 30° 增加到 36° 时，旋轮压力增大，金属材料沿旋轮前流动加快，材料容易堆积隆起，导致工件整体壁厚偏差增大；当旋轮安装角从 36° 增加到 42° 时，旋轮后方金属与旋轮作用的面积明显增大，变形较充分，所以工件整体壁厚偏差逐渐减小。

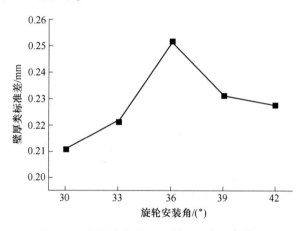

图 5-16　旋轮安装角对壁厚类标准差的影响

5.5　工艺参数对壁厚均匀性的影响

对于锥形件，按照目标锥形件设计旋轮轨迹，在变形的开始阶段靠模效果较好；随着旋轮进给，在径向拉应力作用下，工件的靠模程度越来越差，导致壁厚均匀性越来越差。本节以壁厚方差最小的工艺参数：转速 250r/min、进给比 1.4mm/r、间隙偏离率 2.5% 的成形条件为例，通过建立 X-Z 直角坐标系，描述不同部位的壁厚大小。

截取成形结束、旋轮卸载后的 X-Z 一侧截面，测量各部位节点的坐标值，建立网格坐标系，有利于更清晰地描述壁厚的分布。从图 5-17 中可以看出，在坐标点（5，45），板料没有发生变形，板厚显示 2.00mm，在坐标点（15，45），此

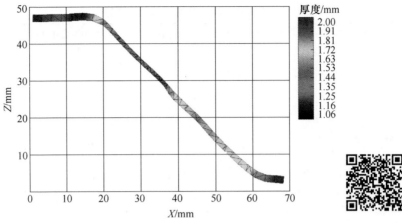

图 5-17 *X-Z* 截面上的壁厚分布图

处为旋轮起旋点附近，旋轮圆角前方的板料被反挤，壁厚显示 2.14mm；从坐标点（15，45）到坐标点（20，40）区域内，在旋轮进给作用下，板料急剧变薄，壁厚节点处显示 1.57mm，此时芯模倒圆角半径会对壁厚造成一定的影响；在（22.5，40）到（27.5，35）构成的区域内，在旋轮的作用下，板料逐渐靠模，材料流动顺畅，变形均匀，壁厚最接近设定值，从 1.28mm 逐渐过渡到 1.25mm；在（30，35）到（35，25）区域内，材料硬化开始发生，拉应力的作用开始显现。

在（35，25）附近，按照预设定轨迹，板料靠模，应该出现一个明显的阶梯，但是在拉应力的作用下，已成形的强力旋压部分被拉离芯模表面，旋轮轨迹的改变使得材料流动不连续，成形力增大，旋轮后方未成形的部分材料流动变慢，造成已成形的壁厚被进一步减薄，而且紧贴旋轮圆角的材料发生反挤，形成一个鼓包。此时壁厚出现波动，从 1.85mm 减小至 1.20mm，再迅速降低至 1.16mm。在（40，20）左右，过渡到下一部分。在拉应力的作用下壁厚从 1.60mm 逐渐过渡到 1.53mm，由于旋轮和板料之间属于点接触，变形的不均匀性也导致了壁厚的波动。最后，在凸缘部分，由于材料流动，壁厚会小幅增加到 2.04mm。

通过极差分析法，在混合正交的试验设计基础上，分析工艺参数对壁厚均匀性的影响规律，求出壁厚方差最小的工艺参数组合。针对壁厚均匀性的研究中发现，各个工艺参数对壁厚都有影响，旋轮的进给速度和芯模转速互相配合，共同决定了板料的变形速度，旋轮与芯模之间的间隙偏离率一定程度上决定了板料的变形程度。

根据正交设计法设计试验方案，模拟出不同工况下的壁厚，在 *X*、*Y* 两个截面上提取出壁厚值，使用壁厚的方差衡量壁厚均匀性。仿真模拟方案表及结果如表 5-1 所示，方差分析如表 5-2 所示。

表 5-1　壁厚方差的试验方案和结果

试验号	芯模转速 $\omega/r \cdot min^{-1}$	旋轮进给比 $f/mm \cdot r^{-1}$	间隙偏离率 $\delta/\%$	旋轮进给比与偏离率交互	壁厚方差/mm²
1	1（160）	1（0.2）	1（0）	2	0.001067
2	1（160）	2（0.6）	1（0）	1	0.001744
3	1（160）	3（1.0）	2（2.5）	2	0.000810
4	1（160）	4（1.4）	2（2.5）	1	0.000758
5	2（200）	1（0.2）	2（2.5）	1	0.001306
6	2（200）	2（0.6）	2（2.5）	2	0.003857
7	2（200）	3（1.0）	1（0）	1	0.002717
8	2（200）	4（1.4）	1（0）	2	0.002509
9	3（250）	1（0.2）	1（0）	1	0.001109
10	3（250）	2（0.6）	1（0）	2	0.001165
11	3（250）	3（1.0）	2（2.5）	1	0.001000
12	3（250）	4（1.4）	2（2.5）	2	0.000958
13	4（320）	1（0.2）	2（2.5）	2	0.001271
14	4（320）	2（0.6）	2（2.5）	1	0.002379
15	4（320）	3（1.0）	1（0）	2	0.003270
16	4（320）	4（1.4）	1（0）	1	0.001927
17	5（400）	1（0.2）	1（0）	1	0.002017
18	5（400）	2（0.6）	1（0）	2	0.004296
19	5（400）	3（1.0）	2（2.5）	1	0.002035
20	5（400）	4（1.4）	2（2.5）	2	0.002873
21	6（450）	1（0.2）	2（2.5）	2	0.000919
22	6（450）	2（0.6）	2（2.5）	1	0.001268
23	6（450）	3（1.0）	1（0）	2	0.001008
24	6（450）	4（1.4）	1（0）	1	0.000985
T_1	0.0044	0.0077	0.0238	0.0233	
T_2	0.0104	0.0147	0.0194	0.0200	
T_3	0.0042	0.0108			$T = 0.1729$
T_4	0.0088	0.0100			
T_5	0.0112				
T_6	0.0042				
优水平	3	1	2	2	

试验号	芯模转速 ω/r·min^{-1}	旋轮进给比 f/mm·r^{-1}	间隙偏离率 δ/%	旋轮进给比与 偏离率交互	壁厚方差/mm^2
R	0.0070416	0.014708	0.023813	0.023279	
主次顺序	$\delta > f > \omega$				

表 5-2 壁厚方差的方差分析表

方差来源	偏差平方和	自由度	均方差	F 值	F_α	显著性
芯模转速 ω	1.3737×10^{-5}	5	2.7475×10^{-6}	32.7944	2.9013；4.5556	高度显著
旋轮进给比 f	4.2621×10^{-6}	3	1.4207×10^{-6}	16.9576	3.2874；5.417	高度显著
间隙偏离率 δ	7.9955×10^{-7}	1	7.9955×10^{-7}	9.5435	4.5431；8.6831	显著
间隙偏离率与 进给比交互	4.5714×10^{-7}	1	4.5714×10^{-7}	5.4565	4.5431；8.6831	显著
误差	1.2567×10^{-6}	15	8.3779×10^{-8}			
总和	1.9256×10^{-5}	23				

使用极差分析法直观形象地分析试验数据，其中 T_i 可以用来判断某因素的优水平，优水平的确定与衡量指标有关，如果衡量指标越小越好，应该取使指标小的水平。对于锥形薄壁件的旋压成形，壁厚方差应该越小越好。所以，芯模转速应该选择 A3 作为优水平，旋轮进给比应该选 B1 作为优水平，间隙偏离率应该选择 C2 作为优水平，最优水平组合为 A3B1C2，即壁厚均匀性最优的成形工艺参数组合为芯模转速 250r/min、旋轮进给比 0.2mm/r、旋轮与芯模之间的间隙偏离率 2.5%。

R 值反映了试验指标随着因素水平波动时的变化情况，通常根据 R 值的大小判断因素的主次顺序。针对薄壁锥形件的壁厚均匀性分析，根据各因素的 R 值判断出旋轮与芯模之间的间隙偏离率影响最大，间隙偏离率与旋轮进给比交互影响次之，之后是旋轮进给比，最后是芯模转速。

仿真验证优化后的工艺参数组合，并对比分析原试验方案的结果和优化方案的结果，对比结果如图 5-18 所示，第 1~24 组指的是原试验方案的仿真结果，第 25 组是优化方案的仿真结果。

5.6 冷旋成形实验及仿真结果对比分析

5.6.1 实验过程

对于锥形件，采用直径为 ϕ250mm、厚度为 3mm 的 GH3030 高温合金圆形平板坯料进行强力旋压成形。本节采用 4 组旋压实验进行对比分析，以验证优化试验方案的可靠性，具体实验方案如表 5-3 所示。

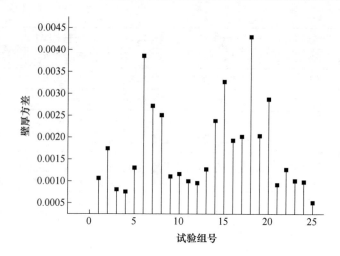

图 5-18　各组工艺参数中的壁厚方差结果

表 5-3　旋压实验方案

实验组号	工 艺 参 数			
	$n/\mathrm{r \cdot min^{-1}}$	$f/\mathrm{mm \cdot r^{-1}}$	$\varphi/(°)$	R_n/mm
1	395	0.4	42	4
2	300	0.55	40	12
3	180	0.6	42	4
4	180	0.2	42	12

　　为了获得凸缘平面度误差、锥筒外表面圆度误差，必须在旋压实验件上标记采样点，然后采集这些采样点的坐标值。实验件上的采样点布局方案和仿真模拟时的保持一致，标记过采样点的旋压实验件如图 5-19 所示，MICRO PLUS 型三坐标测量仪及数据采集过程如图 5-20 所示。

　　需要说明的是，三坐标测量仪在采集数据时，均以实验件小端端面为基准建立测量坐标系，而且在采集锥筒外表面的采样点时，测头沿着标记点逐一采集数据，所以必须要求锥筒外表面同一外圈上的采样点所构成的平面必须和实验件小端端面平行，否则会严重影响圆度误差的测量精度。此外，由于实验件小端端面并不是理想的水平面，所以在采集凸缘上的采样点坐标时，该坐标数据不能直接用于计算平面度误差，否则会严重影响圆度误差的测量。因此，必须利用三坐标测量系统自动获得的小端端面与理想水平面的夹角，将原有坐标数据转换为可以用于计算圆度误差的坐标数据。

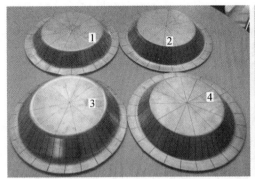
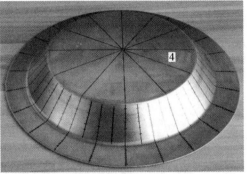

图 5-19 实验件及其采样点布局

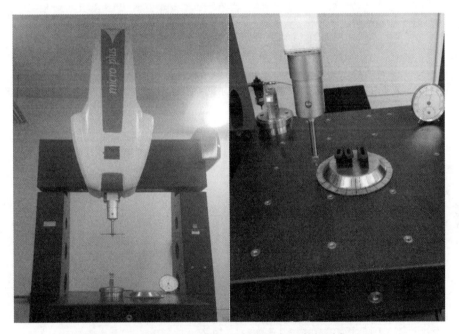

图 5-20 MICRO PLUS 型三坐标测量仪及数据采集过程

5.6.2 实验与仿真的对比分析

5.6.2.1 凸缘平直度的对比分析

1 号、4 号实验件及其对应的仿真模拟件如图 5-21 所示，其中，仿真模拟件的编号同实验件保持一致。显然，4 号实验件的凸缘平直度明显优于 1 号实验件，4 号仿真模拟件的凸缘平直度也明显优于 1 号仿真模拟件，即实验结果与仿真结果相符。

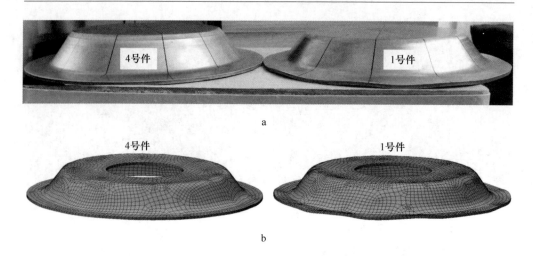

图 5-21 凸缘平直度的实验结果与仿真结果

a—1 号、4 号实验件；b—1 号、4 号仿真模拟件

关于凸缘平面度误差的实验结果和仿真结果如图 5-22 所示，其中，仿真模拟的编号同实验编号保持一致。

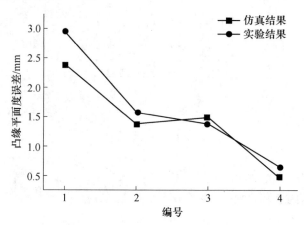

图 5-22 凸缘平面度误差实验结果与仿真结果的对比

由图可知，凸缘平面度误差的实验结果与仿真结果存在较大偏差，最小偏差约为 6%，最大偏差约为 34%，其原因在于凸缘平面度误差值本身较小，测量误差以及仿真与实验之间的误差对其影响较大。但其变化趋势较为接近，仿真结果与实验结果较为吻合。此外，第 4 组旋压实验是关于凸缘平面度误差的优化试验方案，其对应的凸缘平面度误差值最小，这说明关于凸缘平面度误差的最优工艺参数组合是可以借鉴的。

5.6.2.2　锥筒外表面圆度的对比分析

关于锥筒外表面圆度误差平均值的实验结果和仿真结果如图 5-23 所示。由图可知，实验结果与仿真结果存在较大偏差，最小偏差约为 22%，最大偏差约为 44%，其原因在于圆度误差平均值本身较小，测量误差以及仿真与实验之间的误差对其影响较大。但两者的变化趋势较为接近，仿真结果与实验结果较为相符。此外，第 2 组旋压实验是关于圆度误差平均值的优化试验方案，其对应的圆度误差平均值最小，这说明关于圆度误差平均值的最优工艺参数组合是可以借鉴的。

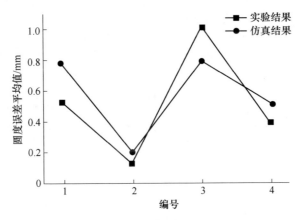

图 5-23　圆度误差平均值实验结果与仿真结果的对比

关于锥筒外表面圆度误差标准差的实验结果和仿真结果如图 5-24 所示。由图可知，实验结果与仿真结果存在较大偏差，最小偏差约为 17%，最大偏差约为 44%，其原因在于圆度误差标准差本身较小，测量误差以及仿真与实验之

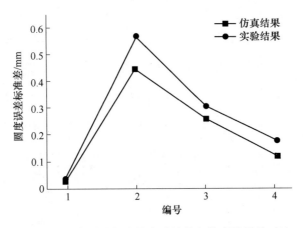

图 5-24　圆度误差标准差实验结果与仿真结果的对比

间的误差对其影响较大。但两者的变化趋势较为接近，仿真结果与实验结果较为相符。此外，第 1 组旋压实验是关于圆度误差标准差的优化试验方案，其对应的圆度误差标准差最小，这说明关于圆度误差标准差的最优工艺参数组合是可以借鉴的。

6 高温合金旋压成形旋轮轨迹与成形质量影响规律

旋压成形产品的形好性优离不开合理的旋轮轨迹，合理的旋轮轨迹使得产品成形质量好，模具受力小。但国内的大部分工业生产中旋轮轨迹的设计还依靠经验设计，凭借"老师傅"使用 CAD 设计"圆弧+直线"的复杂组合方式来实现各种产品的旋压成形；航空某所的机匣成形还采用仿形板的方式进行旋轮轨迹设计；这些都使得旋轮轨迹设计更像是一门艺术，而非科学，需要经验才能得以掌握。为此，本章先是对多道次普旋成形工艺的不同曲线旋轮轨迹进行了参数化建模及优化，基于所建立的公式开发了相应的旋轮轨迹设计软件，随后结合有限元数值模拟及实验对不同曲线旋轮轨迹的旋压成形效果进行了对比分析。

6.1 多道次旋压渐开线旋轮轨迹的设计

6.1.1 多道次渐开线旋轮轨迹的参数化建模

关于渐开线的旋轮轨迹，最早由 Hayama 等[12] 提出，但由于当时没有数控技术，旋压机还使用模板进行轨迹设计，故渐开线的旋轮轨迹并没有参数化。本节所使用的渐开线轨迹起点选在了 P_0 处，即筒形件的折弯处，初始的渐开线轨迹为 P_0P_1，后续道次的旋轮轨迹的设计通过逆时针旋转 P_0P_1 合适的角度并沿 y 方向移动合理的靠模量 m 来实现，大大简化了旋轮轨迹的设计计算，其余曲线轨迹的后续设计也采用相同的方法。对比陈嘉等[36] 选用旋轮和筒形件圆角相切点作为起点的方法，本方法的设计更简单，更适用于小圆角的筒形件旋轮轨迹设计。

如图 6-1 所示，由渐开线的式 (1-1) 和式 (1-2)，可以得到 P_1 点的坐标如式 (6-1)、式 (6-2) 所示，r_0 为基圆半径，θ 为渐开线展角：

$$P_{1'x} = r_0\cos\theta + r_0\theta\sin\theta - r_0 + OP_0 \tag{6-1}$$

$$P_{1'y} = r_0\theta\cos\theta - r_0\sin\theta \tag{6-2}$$

将 P_1 点逆时针旋转 α 角得到 P_2 点，此轨迹为渐开线旋轮轨迹的第一道次，记为 1，轨迹坐标如式 (6-3)、式 (6-4) 所示：

$$P_{1x} = r_0(\cos\theta + \theta\sin\theta - 1)\cos\alpha + r_0(\sin\theta - \theta\cos\theta)\sin\alpha + OP_0 \tag{6-3}$$

$$P_{1y} = r_0(\cos\theta + \theta\sin\theta - 1)\sin\alpha + r_0(\theta\cos\theta - \sin\theta)\cos\alpha \tag{6-4}$$

相比第一道次，第二道次再逆时针旋转 γ 角，并向 y 方向移动 m，m 即为靠模

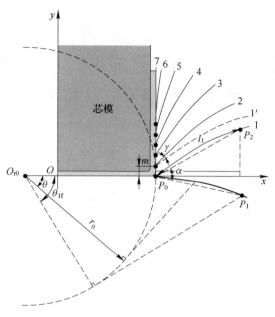

图 6-1　渐开线旋轮轨迹示意图

量，n 为道次数；得到的 n 道次（第 n 道次）的轨迹坐标如式(6-5)、式(6-6)所示：

$$P_{nx} = r_0(\cos\theta + \theta\sin\theta - 1)\cos[\alpha + (n-1)\gamma] +$$
$$r_0(\sin\theta - \theta\cos\theta)\sin[\alpha + (n-1)\gamma] + OP_0 \tag{6-5}$$

$$P_{ny} = r_0(\cos\theta + \theta\sin\theta - 1)\sin[\alpha + (n-1)\gamma] +$$
$$r_0(\theta\cos\theta - \sin\theta)\cos[\alpha + (n-1)\gamma] + (n-1)m \tag{6-6}$$

渐开线凸曲线的轨迹坐标为：

$$P_{n'x} = r(\cos\theta + \theta\sin\theta - 1)\sin[\alpha + (n-1)\gamma] +$$
$$r(\theta\cos\theta - \sin\theta)\cos[\alpha + (n-1)\gamma] + OP_0 \tag{6-7}$$

$$P_{n'y} = r(\cos\theta + \theta\sin\theta - 1)\cos[\alpha + (n-1)\gamma] +$$
$$r(\sin\theta - \theta\cos\theta)\sin[\alpha + (n-1)\gamma] + (n-1)m \tag{6-8}$$

轨迹设计中另一重要因素就是轨迹长度，轨迹过短无法成形到目标形状，轨迹过长则旋轮空刀降低生产效率，故合适的旋轮轨迹长度就显得十分必要。对于渐开线轨迹，弧长存在解析解，其微元段长度 $\mathrm{d}l$ 为：

$$\mathrm{d}l = \sqrt{\mathrm{d}P_{1x}^2 + \mathrm{d}P_{1y}^2} = r\theta\mathrm{d}\theta \tag{6-9}$$

为了得到旋轮的参数化坐标，第 n 道次的终止角 θ_{nf} 是需要求得的关键变量，第一道次的理论长度 l_1 和理论终止角 $\theta_{1'f}$ 可以通过体积不变原则[40] 求出。

因此计算可得 n 道次的旋轮轨迹长度 l_n 如下：

$$l_n = \int_{\theta_0}^{\theta_{nf}} r_0\theta\mathrm{d}\theta = l_{1'} + \Delta_0 - (n-1)m = \int_{\theta_0}^{\theta_{1'f}} r_0\theta\mathrm{d}\theta + \Delta_0 - (n-1)m \tag{6-10}$$

其中：

$$\theta_{nf} = \sqrt{\frac{2}{r_0}\left[l_{1'} + \Delta_0 - (n-1)m\right] + \theta_0^2} \qquad (6\text{-}11)$$

$$\Delta_0' < \Delta_0 = 2\pi R \frac{\eta/2}{360} = \frac{\pi R \eta}{360} \qquad (6\text{-}12)$$

式中，θ_0 为起始角度，因为本方法将旋轮轨迹起点选在 P_0，故此角度取为 0，旋轮轨迹的长度受终止角度 θ_f 控制；Δ_0 为弧长补偿量，根据弧长补偿量 Δ_0 来调整旋轮轨迹满足设计要求。图 6-2 显示的是弧长的补偿方法，其中 O 为旋轮圆角的圆心，O_r、O_r'、O_r'' 是位于不同成形阶段的旋轮中心点，η 是旋轮圆角的中心角，$O_r O_r'$ 是原本的旋轮轨迹，当旋轮位于 O_r' 位置时，与坯料在 G' 点接触，而当旋轮移动到 O_r'' 位置时，坯料发生回弹，点 H 是坯料与旋轮的最后接触点，真实长度补偿 Δ_0' 为渐开线长度 $O_r' O_r''$（同 $G'G''$）。为了简化计算，在式（6-11）中采用 Δ_0 即 GE（同 $G''E''$）作为补偿值，这一取值略长于真实长度补偿 Δ_0'。

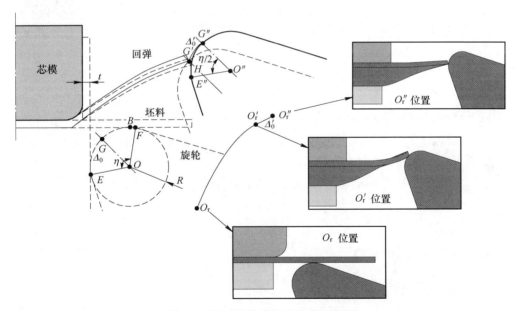

图 6-2　渐开线轨迹长度补偿示意图

根据式（6-5）、式（6-6）和式（6-11），得到代表第 n 道次的离散轨迹长度 $\Delta l_{n\theta i}$ 的式（6-13），如图 6-3b 所示。$\Delta T_{n\theta i}$ 代表第 n 道次的离散时间，f 代表旋轮进给比，因此，n 道次成形时间 $T_{n\theta i}$ 可以通过式（6-14）和式（6-15）求出。（$T_{n\theta i}$，$P_{nx[\theta i]}$，$P_{ny[\theta i]}$）是仿真中使用的轨迹坐标，而 $(f, P_{nx[\theta i]}, P_{ny[\theta i]})$ 是 CNC 代码。

$$\Delta l_{n\theta i} = \sqrt{\left(P_{nx[\theta i]} - P_{nx[\theta(i-1)]}\right)^2 + \left(P_{ny[\theta i]} - P_{ny[\theta(i-1)]}\right)^2}, \quad \theta i = 1 \sim \theta_{nf}$$

$$(6\text{-}13)$$

$$\Delta T_{n\theta i} = \frac{\Delta l_{n\theta i}}{f} \tag{6-14}$$

$$T_{n\theta i} = \sum_{i=1}^{\theta i} \Delta T_{n\theta i} \tag{6-15}$$

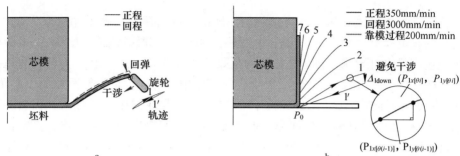

图 6-3　多道次普旋工艺的旋轮轨迹设计

a—回程中的干涉；b—回程轨迹优化

图 6-3 彩图

如图 6-3a 所示，直线回程如轨迹 1′ 所示，而轨迹 1 为旋轮正程轨迹，由于板料回弹，旋轮在回程中易与坯料发生干涉，为了避免干涉，旋轮的回程需增加一段下移量，如图 6-3b 所示。第一道次的下移量如图 6-3b 及图 6-4 所示，坐标 $P_2(P_{1x\theta 1f}, P_{1y\theta 1f})$ 可通过式 (6-3)、式 (6-4) 和式 (6-11) 取得，故第一道次的下移量可表达为式 (6-16)：

$$\Delta_{1down} = P_2 J - P_0 J \tan(\alpha_{11} - \Delta\alpha_1) = P_{1y\theta 1f} - (P_{1x\theta 1f} - OP_0)\tan(\alpha_{11} - \Delta\alpha_1) \tag{6-16}$$

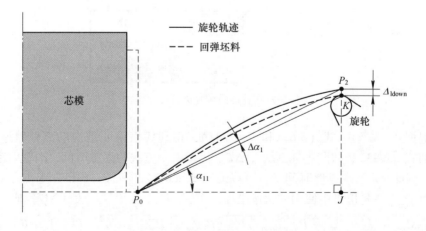

图 6-4　第一道次回程下移量示意图

其中 α_{11} 为第一道次角，可表示为：

$$\alpha_{11} = \arctan \frac{P_{1y\theta 1f}}{P_{1x\theta 1f} - OP_0}$$

$$= \arctan \frac{r_0(\cos\theta_{1f} + \theta_{1f}\sin\theta_{1f} - 1)\sin\alpha + r_0(\theta_{1f}\cos\theta_{1f} - \sin\theta_{1f})\cos\alpha}{r_0(\cos\theta_{1f} + \theta_{1f}\sin\theta_{1f} - 1)\cos\alpha + r_0(\sin\theta_{1f} - \theta_{1f}\cos\theta_{1f})\sin\alpha} \quad (6-17)$$

第 n 道次的下移量 $\Delta_{n\text{down}}$ 以及第 n 道次角度 α_{nn} 可用相同方法表示为：

$$\Delta_{n\text{down}} = [P_{ny\theta nf} - (n-1)m] - (P_{nx\theta nf} - OP_0)\tan(\alpha_{nn} - \Delta\alpha_n) \quad (6-18)$$

$$\alpha_{nn} = \arctan \frac{P_{ny\theta nf} - (n-1)m}{P_{nx\theta nf} - OP_0} \quad (6-19)$$

对于式（6-16）和式（6-18），$\Delta\alpha_n$ 是第 n 道次的回弹角，由于旋压回弹的数学模型非常复杂而难以建立，常规方法是通过实验和数值模拟取得回弹量。

6.1.2 基于间隙补偿的渐开线旋轮轨迹优化

第一道次正程结束后，旋轮回到起点 P_0，旋轮、坯料和芯模的位置关系如图 6-5 所示，此时，旋轮开始靠模，但旋轮和坯料间存在一个成形间隙 P_1Q_1。所以靠模时旋轮会有一段空刀时间，而多道次的空刀会大大增加工件生产时间，为此，需要对这段间隙进行补偿。

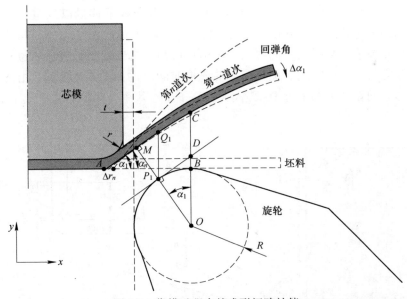

图 6-5　靠模过程中的成形间隙补偿

虽然旋轮轨迹为渐开线轨迹，但对于起始 AC 段来说，由于长度较短，仍可近似看成是直线段，其角度近似取为 α_1，而坯料回弹的角度近似取为 $\Delta\alpha_1$，对于第一道次的靠模过程而言，P_1Q_1 可由以下公式推出：

$$AB \approx r + t + R \tag{6-20}$$

式中，r 为芯模圆角半径；t 为坯料壁厚；R 为旋轮圆角半径。

$$BC = AB\tan(\alpha_1 - \Delta\alpha_1) = (r + t + R)\tan(\alpha_1 - \Delta\alpha_1) \tag{6-21}$$

$$OD = \frac{OP_1}{\cos(\alpha_1 - \Delta\alpha_1)} = \frac{R}{\cos(\alpha_1 - \Delta\alpha_1)} \tag{6-22}$$

$$P_1Q_1 = CD = OC - OD$$
$$= \frac{R[\cos(\alpha_1 - \Delta\alpha_1) - 1] + (r + t + R)\sin(\alpha_1 - \Delta\alpha_1)}{\cos(\alpha_1 - \Delta\alpha_1)} \tag{6-23}$$

根据上述原理，推导第 n 道次的间隙 P_nQ_n 如式（6-24）所示：

$$P_nQ_n =$$
$$\frac{R[\cos(\alpha_n - \Delta\alpha_n) - 1] + (r - \Delta r_n + t + R)\sin(\alpha_n - \Delta\alpha_n) - (n-1)m\cos(\alpha_n - \Delta\alpha_n)}{\cos(\alpha_n - \Delta\alpha_n)}$$
$$\tag{6-24}$$

式中，Δr_n 为 A 点位置的补偿量（随着旋轮进给，A 点沿 x 正向移动，对于小芯模圆角半径而言，Δr_n 可以忽略），随着成形道次的增加，A 点的位置也逐渐靠右移动；$\Delta\alpha_n$ 为第 n 道次坯料的回弹角。

由此得到了 $P_2(P_{1x\theta 1f}, P_{1y\theta 1f})$、$K(P_{1x\theta 1f}, P_{1y\theta 1f} - \Delta_{1down})$、$P_0(OP_0, 0)$ 和 $P_0'(OP_0, P_1Q_1)$ 的坐标，根据计算间隙补偿量及回程下移量以及重新计算靠模量后得到的旋轮轨迹如图 6-6 所示，优化后，每成形道次的实际靠模量不变，而累计成形靠模量大大提高，而由式（6-10）可知，这也减小了成形轨迹长度，从而进一步降低了成形时间。优化前后的成形时间对比如图 6-7 所示，由图可知具体的成形时间相对节约了近 10s，大大提高了生产效率，降低了生产成本。

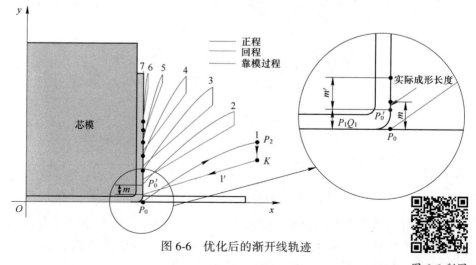

图 6-6　优化后的渐开线轨迹

图 6-6 彩图

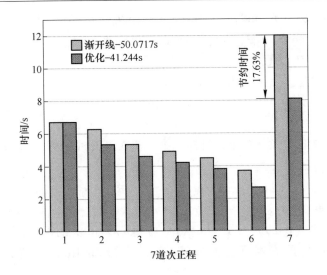

图 6-7 轨迹优化前后仿真成形时间对比

6.1.3 多道次渐开线往复式旋轮轨迹的参数化建模

除了前文所述的正程式旋轮轨迹，往复式的旋轮轨迹也是一种常用的轨迹，相比于正程式旋轮轨迹，往复式轨迹的参数化建模需要正程轨迹的起、止点坐标，模型更为复杂。本节以渐开线轨迹为例，建立往复式轨迹的数学模型，6.2 节中各曲线的往复式轨迹均可采用这种方法，包括正、回程为不同曲线的轨迹。

由图 6-8 可知，对于第一道次的正程渐开线轨迹，由式（6-11）可以求出第一道次的终止角 θ_{1f}，故由式（6-3）和式（6-4）可得其终止点的坐标为：

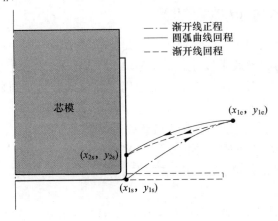

图 6-8 往复式旋轮轨迹示意图

$$x_{1e} = r_0(\cos\theta_{1f} + \theta_{1f}\sin\theta_{1f} - 1)\cos\alpha_1 + r_0(\sin\theta_{1f} - \theta_{1f}\cos\theta_{1f})\sin\alpha_1 + OP_0 \quad (6\text{-}25)$$

$$y_{1e} = r_0(\cos\theta_{1f} + \theta_{1f}\sin\theta_{1f} - 1)\sin\alpha_1 + r_0(\theta_{1f}\cos\theta_{1f} - \sin\theta_{1f})\cos\alpha_1 \quad (6\text{-}26)$$

式中，r_0、α_1、OP_0 为已知量，终止点坐标可求。

第二道次的起止点坐标为已知量，如下：

$$x_{2s} = OP_0 \tag{6-27}$$

$$y_{2s} = m + P_1Q_1 \tag{6-28}$$

由式（6-27）和式（6-28）可知，第一道次渐开线回程轨迹需满足经过以上两点，联立可得如下公式：

$$x_{1e} = r_0(\cos\theta_{1h} + \theta_{1f}\sin\theta_{1h} - 1)\cos\alpha_{1h} + r_0(\sin\theta_{1h} - \theta_{1h}\cos\theta_{1h})\sin\alpha_{1h} + x_{2s} \quad (6\text{-}29)$$

$$y_{1e} = r_0(\cos\theta_{1h} + \theta_{1f}\sin\theta_{1h} - 1)\sin\alpha_{1h} + r_0(\theta_{1h}\cos\theta_{1h} - \sin\theta_{1h})\cos\alpha_{1h} + y_{2s} \quad (6\text{-}30)$$

联立求解式（6-29）和式（6-30）可得第一道次的渐开线回程轨迹的关键参数 α_{1h}、θ_{1h}（此方程可通过 Mathematic 中的 FindRoot 求解），从而求得回程轨迹。

若回程轨迹采用圆弧曲线，则式（6-27）和式（6-28）变为：

$$x_{1e} = R\cos\beta_{0h} - R\cos\beta_{rh} + x_{2s} \tag{6-31}$$

$$y_{1e} = R\sin\beta_{rh} - R\sin\beta_{0h} + y_{2s} \tag{6-32}$$

联立上述二式可求得 β_{0h}、β_{rh}，得到圆弧回程轨迹［式（6-32）中的 y_{2s} 需根据圆弧轨迹的成形间隙求得］。

至此，通过上述推导，我们可以得到各种轨迹组合的往复式旋轮轨迹的计算方法。

6.2　多曲线旋轮轨迹参数化建模

6.2.1　圆弧曲线旋轮轨迹的参数化建模

圆弧轨迹广泛应用于实际工业生产，是业内使用最多的一种曲线轨迹，主要是由于直线轨迹的成形效果较差，而 CAD 中最简单易用的曲线轨迹就是圆弧轨迹，设计门槛低，因而被从业人员大量使用，本节则着重对圆弧曲线进行参数化建模。

如图 6-9a 所示，P_0、P_2 点为已知直线旋轮轨迹上的点，α 角为第一道次的成形角，R、R_0、R_1 为不同大小的圆弧半径；图 6-9b 中，O_r 为圆弧圆心，β_0 为起始角度，β_1 为终止角度，β_r 为圆弧上任意点所对应的角度，由此可得圆弧轨迹坐标公式如下：

$$P_{rx} = OM'_r = OP_0 + O_rM_0 - O_rM_r = OP_0 + R\cos\beta_0 - R\cos\beta_r \quad (6\text{-}33)$$

$$P_{ry} = P_rM'_r = P_rM_r - P_0M_0 = R\sin\beta_r - R\sin\beta_0 \quad (6\text{-}34)$$

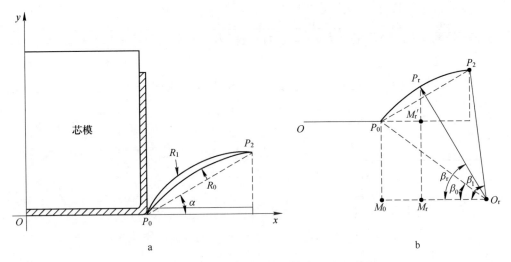

图 6-9　圆弧曲线旋轮轨迹参数化设计

a—不同半径的圆弧曲线轨迹；b—圆弧曲线坐标的示意图

弧长计算公式如下：

$$l_{cn} = \frac{\pi R(\beta_1 - \beta_0)}{180} + \Delta_0 - (n-1)m \tag{6-35}$$

6.2.2　贝塞尔曲线旋轮轨迹的参数化建模

贝塞尔曲线本是一种应用于汽车行业的样条设计曲线，用于汽车外观设计，它的优点是可以通过三个点对曲线形状进行随意调节，James 等[29] 提出了使用二阶贝塞尔曲线的旋轮轨迹，二阶贝塞尔曲线的定义如图 6-10b 所示，几何关系可表示为式（6-36）：

$$\frac{P_b D}{P_a P_b} = \frac{P_c E}{P_b P_c} = \frac{CE}{DE} \tag{6-36}$$

本书所建立的贝塞尔曲线旋轮坐标系可表示为下式：

$$B_x(t_0) = (1 - t_0^2)P_{ax} + 2t_0(1 - t_0)P_{bx} + t_0^2 P_{cx} \quad t_0 \in [0, 1] \tag{6-37}$$

$$B_y(t_0) = (1 - t_0^2)P_{ay} + 2t_0(1 - t_0)P_{by} + t_0^2 P_{cy} \quad t_0 \in [0, 1] \tag{6-38}$$

P_a、P_c 点为固定点，故 P_b 点的移动会得到不同形状的贝塞尔曲线，其中 t_0 为 0 到 1 之间的变量，P_{ax}、P_{bx} 和 P_{cx} 是三个位置点的 x 坐标，而 P_{ay}、P_{by}、P_{cy} 是 y 坐标。图 6-10a 中的两条轨迹 $P_a P_b P_c$ 和 $P_a P_b' P_c$ 为不同 P_b 点位置下的两条不同的贝塞尔曲线，为了下一章节关于轨迹参数的研究，定义 $P_{bx} = bx$ 和 $P_{by} = by$ 两个变量（见图 6-10a），通过改变 bx 和 by，得到不同形状的贝塞尔曲线旋轮轨迹。

旋轮轨迹的长度计算公式如下：

$$l_{bn} = 2\int_0^{t_f} \sqrt{[P_{bx} - (2P_{bx} + P_{ax} - P_{cx})t_0]^2 + [P_{by} - (2P_{by} + P_{ay} - P_{cy})t_0]^2}\, dt_0 +$$
$$\Delta_0 - (n-1)m \tag{6-39}$$

式（6-39）没有解析解，只能通过插值法求取近似解。

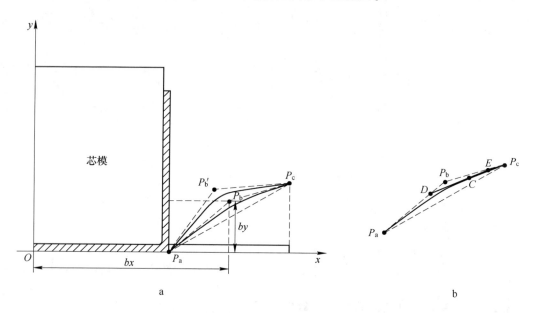

图 6-10　贝塞尔曲线旋轮轨迹参数化设计
a—不同 P_1 点坐标的贝塞尔曲线旋轮示意图；b—贝塞尔曲线原理示意图

6.2.3　蚌线旋轮轨迹的参数化建模

除了上述前人提及的旋轮轨迹，本书提出了使用尼科米迪斯蚌线的旋轮轨迹，该蚌线为直线的蚌线，原理如图 6-11 所示，从定点 O_1 引线段 $O_1P''_e$ 交直线 QM 于点 Q''，使 $|P''_e Q''| = b$，b 为一常数，当 $O_1P''_e$ 绕 O_1 点旋转时，P''_e 的轨迹即为直线 QM 的蚌线 P_0P_e，其几何关系如式（6-40）所示：

$$O_1P_e = O_1Q + QP_e = \frac{O_1M}{\cos\alpha_3} + QP_e \tag{6-40}$$

式中，$|O_1M| = a$，a 为一常数；α_3 为蚌线展开角。由此得到的蚌线 P_0P_e 的旋轮轨迹坐标如下：

$$P_{ex} = O_1M + P_eQ\cos\alpha_3 + OP_0 = a + b\cos\alpha_3 + OP_0 \tag{6-41}$$
$$P_{ey} = O_1M\tan\alpha_3 + P_eQ\sin\alpha_3 = a\tan\alpha_3 + b\sin\alpha_3 \tag{6-42}$$

第一道次的旋轮轨迹 $P_0P'_e$ 是在蚌线 P_0P_e 的基础上顺时针旋转 β 角得到的，

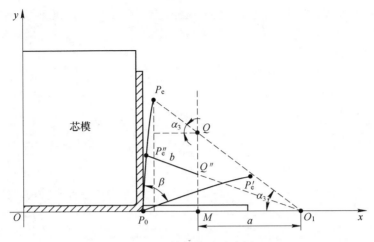

图 6-11 蚌线轨迹示意图

其坐标如式（6-43）和式（6-44）所示，其中旋转角 β 根据第一道次的成形角确定。

$$P'_{ex} = OP_0 + (a + b\cos\alpha_3)\cos\beta - (a\tan\alpha_3 + b\sin\alpha_3)\sin\beta \tag{6-43}$$

$$P'_{ey} = (a + b\cos\alpha_3)\sin\beta + (a\tan\alpha_3 + b\sin\alpha_3)\cos\beta \tag{6-44}$$

蚌线的弧长公式如式（6-45）所示，与贝塞尔曲线的弧长公式相似，同样没有解析解，通过插值方法求解近似解得到旋轮轨迹的合适长度。

$$l_{ccn} = \int_0^{\theta_f} \sqrt{b^2 + \frac{a^2}{\cos^4\alpha_3} + \frac{2ab}{\cos\alpha_3}}\,d\alpha_3 + \Delta_0 - (n-1)m \tag{6-45}$$

6.3 旋压多曲线旋轮轨迹的软件开发

6.3.1 基于 Visual Basic 6.0 的筒形件旋压多曲线旋轮轨迹软件开发

根据上述所建立的各项公式，我们在 Visual Basic 6.0 中编写了如图 6-12 所示的旋轮轨迹参数化设计软件，该软件可通过调节各项参数调整轨迹的形状，将旋轮轨迹参数化后，可以根据数值对轨迹形状进行微小调节，避免了经验设计中的模糊化，即试制后发现轨迹不符合要求而靠感觉调大调小、调凸调凹，轨迹参数化后的一个优点就是可以将轨迹参数和成形质量建立联系，记录不同轨迹参数下的产品质量，从而通过这些记录数据指导设计，将经验数据化和科学化。该软件可以根据给定的筒形件尺寸计算坯料形状及合适的旋轮轨迹，已生成的轨迹离散化后的点坐标可作为 CNC 代码直接给予数控旋压机床控制旋轮轨迹。

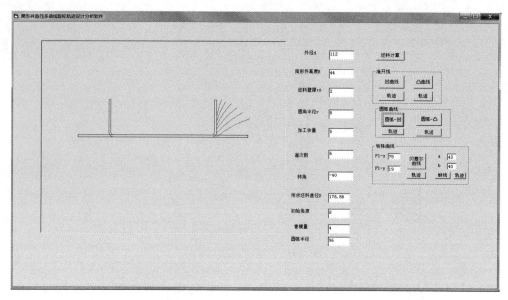

图 6-12   Visual Basic 6.0 中编写的旋轮轨迹参数化设计软件

此外，通过前述公式的详细推导，我们得到的旋轮轨迹设计及仿真、试制的流程如图 6-13 所示。

6.3.2   基于 Visual LISP 的批量选定式旋压轨迹 G 代码生成软件 AutoCAD 二次开发

尽管前述小节介绍了轨迹设计方法并开发了设计软件，但仅针对于所研究的筒形件，通用性低，而实际生产中存在大量复杂的零件需要大量复杂轨迹来完成，这也是目前 CAD 中经验轨迹设计盛行的原因之一。但目前国内旋压行业水平参差不齐，很多企业设计的旋轮轨迹还要通过手抄的方式输入 G 代码，对于复杂轨迹（如图 6-14 为 CAD 中某进风口的经验设计旋轮轨迹），代码不但行数非常多，而且容易抄错，效率非常低，某些开发的 G 代码生成方式又不能实现批量选定，只能每次单独选定某一轨迹而确定轨迹的正回程、第几道次，这些都制约了这一行业的发展，为此，基于 AutoCAD 二次开发了一款基于 Visual LISP 的批量选定式旋压轨迹 G 代码生成软件，实现批量快速选定轨迹，并自动判断轨迹的正回程，方便用于实际生产。

对于批量选定的旋轮轨迹，如何判断轨迹的道次顺序和正回程是一个难题，由于工业生产中都采用圆弧曲线和直线的组合轨迹方式，我们先通过角度来确定轨迹的起、终点坐标（各角度如图 6-14 所示，此方法的前提是规定了旋轮轨迹

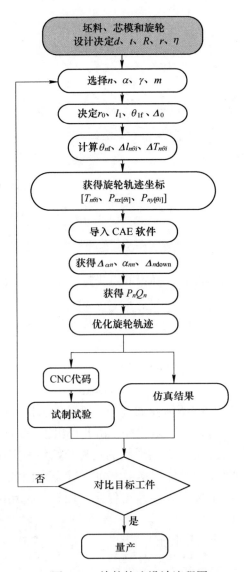

图 6-13 旋轮轨迹设计流程图

的设计方向）。

$$\Delta\alpha_{s1} = |\alpha_{s1} - \pi| \tag{6-46}$$

$$\Delta\alpha'_{s1} = \alpha_{s1} - \pi \tag{6-47}$$

当不确定起点坐标的 y 值大于或小于圆心点 y 坐标时，通过角度正负值自动确定。

$$\Delta\alpha_{e1} = \left| \alpha_{e1} - \frac{3\pi}{2} \right| \tag{6-48}$$

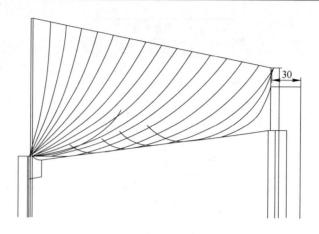

图 6-14　进风口旋轮轨迹

通过上述公式求得角度值后，确定起点坐标如下：

$$x_{s1} = O_{x1} - r_1 \cos \Delta \alpha_{s1} \tag{6-49}$$

$$y_{s1} = O_{y1} - r_1 \sin \Delta \alpha'_{s1} \tag{6-50}$$

终点坐标如下：

$$x_{e1} = O_{x1} - r_1 \sin \Delta \alpha_{e1} \tag{6-51}$$

$$y_{e1} = O_{y1} - r_1 \cos \Delta \alpha_{e1} \tag{6-52}$$

至此，我们得到了 G 代码所需要的两个关键数据，即圆弧的起点坐标和终点坐标，但还需判断该轨迹是正程还是返程，由此提出了一种自动判断方法，如图 6-15a 所示。通常的多道次成形中，同道次的正程起始角一定大于回程起始角，即 $\alpha_{s1} > \alpha_{hs1}$，而后一道次的正程起始角一定大于前一道次的正程起始角，即 $\alpha_{s2} > \alpha_{s1}$，根据这一关系在程序中判定选中轨迹是正程还是回程，选用的 G 代码坐标是 G2

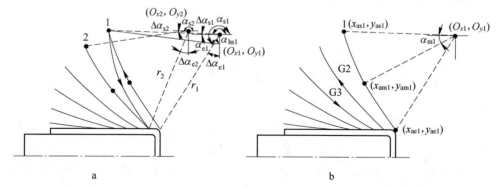

图 6-15　CAD 中正返程轨迹判定方法

a—自动判定方法；b—手动判定方法

还是 G3，即选用圆弧顺时针插补还是逆时针插补。而关于道次顺序，我们规定旋轮轨迹的设计方向为由右至左，故通过比较圆心横坐标 O_{x1}、O_{x2} 的大小即可确定顺序。

但对于某些特殊复杂零件而言，这种自动判断方法仍然不能准确判断轨迹的道次顺序和正返程，此时可通过如图 6-15b 所示的手动判断方法来确定，即先确定半圆弧中心角 α_{m1} 的取值，即式（6-53）：

$$\alpha_{m1} = (\alpha_{e1} - \alpha_{s1})/2 + \alpha_{s1} - \pi = (\alpha_{e1} + \alpha_{s1})/2 - \pi \tag{6-53}$$

得到的中点坐标如下：

$$x_{\alpha m1} = O_{x1} - r_1 \cos\alpha_{m1} \tag{6-54}$$

$$y_{\alpha m1} = O_{y1} - r_1 \sin\alpha_{m1} \tag{6-55}$$

当用鼠标选取该条圆弧轨迹时，提取选点坐标 (x_p, y_p)，规定当 $x_p < x_{\alpha m1}$ 时，将轨迹设定为 G3，当 $x_p > x_{\alpha m1}$ 时，将轨迹设定为 G2。这样，通过手动选择圆弧的上半部分或下半部分即可确定该圆弧为正程还是回程。

通过上述方法在 Visual LISP 中开发的软件界面如图 6-16 所示，输入参数并进行轨迹选定，得到的 G 代码如图 6-17 所示，可以直接导入旋压机床使用。

图 6-16　软件界面

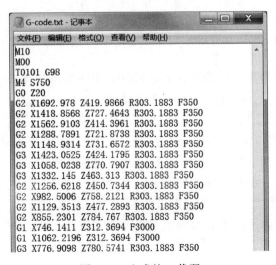

图 6-17　生成的 G 代码

6.4　不同旋轮轨迹下冷旋成形质量影响规律

6.4.1　凹凸渐开线旋轮轨迹下普旋成形数值模拟对比分析

对于不同的旋轮轨迹，Kang 等[27] 认为，凸曲线多用于封头旋压的成形，凹曲线多用于筒形件等产品的成形，为此，以一道次的渐开线凹、凸轨迹成形的仿真进行对比，图 6-18 显示的是渐开线凹、凸旋轮轨迹对产品壁厚的影响，图中的模型为一道次凹曲线成形的工件截面，其中路径点为仿真中的数据取点位置，Z 向距离以向翼缘方向记为正，可以看出，凹、凸曲线由于轨迹形状的区别，在 Z 向的成形高度相差近 4mm。渐开线凸曲线的壁厚偏差较大，渐开线凹曲线的壁厚分布更加均匀，最小壁厚值也远远高于凸曲线。

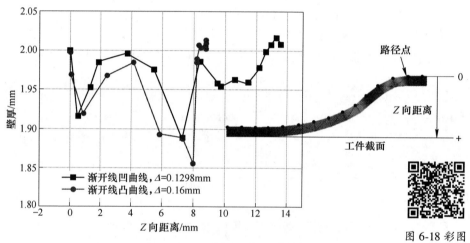

图 6-18　渐开线凹、凸曲线旋轮轨迹产品壁厚分布对比

图 6-18 彩图

关于成形力的分析，因为尾顶和芯模具有相同的转速和旋转方向，其受力大致相同，仅方向相反，故选取了旋轮和芯模作为研究对象，由于旋轮的运动轨迹为 X-Z 轴，Y 方向成形力非常小，可忽略不计，故仅对 X、Z 方向成形力进行分析。如图 6-19 所示，将图中的成形力划分为 3 个区域，区域 Ⅰ、Ⅱ 和 Ⅲ 分别代表第一道次成形阶段、旋轮回程阶段以及第一道次靠模阶段；而区域 Ⅰ′为一小段平直曲线是因为设计的旋轮轨迹比实际坯料长度长一点，造成轨迹会有一小段的空刀；区域 Ⅲ′也存在一小段平直曲线是因为靠模阶段开始时，旋轮和坯料间存在一定的间隙，这就造成旋轮在靠模过程中存在一小段时间的空刀。Z 方向上，芯模和旋轮在第一道次阶段受力均为凸曲线较小，这是由于凸曲线的成形角较小，相对更容易成形，所以成形力也较小，而在靠模阶段，芯模和旋轮的受力凸

曲线较大，凹曲线的成形力较小；X 方向上，也存在和上述 Z 方向受力相同的现象，此外，凸曲线在靠模阶段的变形也较大，综上所述，在设备力能满足要求的前提下，渐开线凹曲线的成形效果比凸曲线要好。

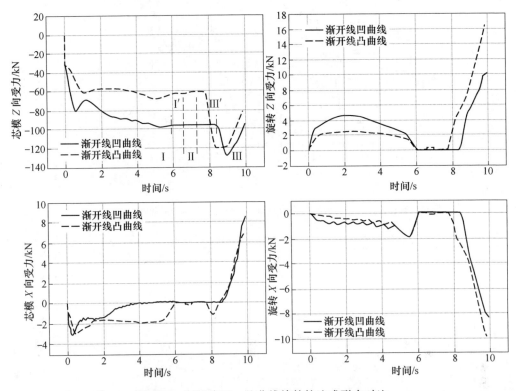

图 6-19　渐开线凹、凸曲线旋轮轨迹成形力对比

6.4.2　渐开线曲线旋轮轨迹参数对普旋成形的影响规律

不同旋轮轨迹曲线对成形产品的壁厚、设备力均有影响，但同一旋轮轨迹的不同工艺参数也对上述指标有着重要影响，本节以不同旋轮轨迹的不同工艺参数作为分析对象，对产品的壁厚分布、芯模和旋轮的轴向力和径向力进行了分析。

关于渐开线的旋轮轨迹设计，Hayama 等[26] 提到渐开线基圆半径 r_0 与芯模直径 d 的关系应为 $d/r_0 \geq 0.3$，据此选取了 $r_0 = 3.3d$、$3d$、$2.7d$ 三种基圆半径的渐开线旋轮轨迹作为研究对象，其壁厚分布如图 6-20 所示，由图可以看出，在一定范围内，基圆半径越大，得到的轨迹壁厚偏差越小，$r_0 = 3.3d$ 的渐开线轨迹壁厚偏差最小，壁厚分布的整体趋势大致相同。

图 6-21 所示的是三种渐开线轨迹在 X、Z 方向芯模和旋轮的受力，可以看出三种轨迹在第一道次的成形中受力十分接近，而在靠模过程中力的大小有所区分，在 X 方向上，无论是芯模还是旋轮，渐开线基圆半径越大，其受力也越大；

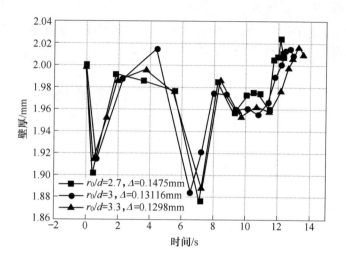

图 6-20　不同基圆半径的渐开线旋轮轨迹的产品壁厚分布

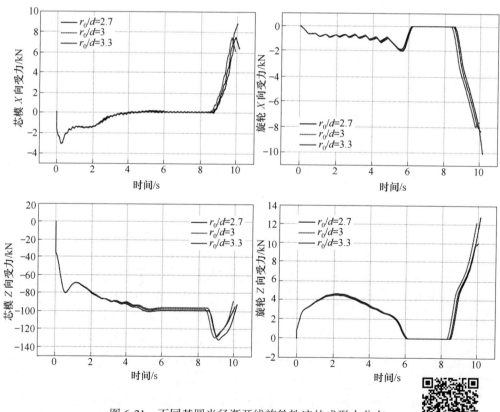

图 6-21　不同基圆半径渐开线旋轮轨迹的成形力分布

图 6-21 彩图

而在 Z 方向上，在第一道次成形过程中，渐开线基圆半径越大，芯模受力越小，相反，旋轮受力越大，但由各个模具的受力范围来看，芯模 Z 方向的受力最大，所以减小芯模 Z 方向受力也成了轨迹优化的重要指标，综上可知 $r_0 = 3.3d$ 的渐开线旋轮轨迹成形效果最好。

6.4.3 圆弧曲线旋轮轨迹参数对普旋成形的影响规律

圆弧曲线是除直线外所有复杂曲线旋轮轨迹中最简单的一种，也是工业生产中最为常用的一种旋轮轨迹，其特点是 CAD 设计简单，因此大量应用于实际生产。针对筒形件第一道次的成形，选取了半径为 86mm、96mm 和 106mm 的三种圆弧曲线轨迹为研究对象，图 6-22 显示的是这三种旋轮轨迹成形产品的壁厚分布，可以看出，圆弧半径越大，旋轮轨迹也越平缓，最大壁厚偏差越小，壁厚分布也越均匀。

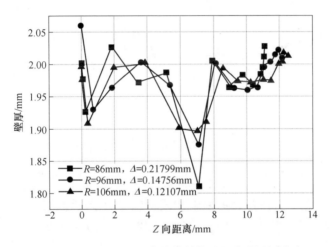

图 6-22 不同半径圆弧曲线旋轮轨迹的产品壁厚分布

对于不同圆弧半径的旋轮轨迹，芯模和旋轮在 X、Z 方向的旋压力如图 6-23 所示，可以看出，三种轨迹在芯模 Z 方向上，圆弧半径越大，芯模受力越小，而对于旋轮及芯模 X 方向，三者受力较为接近；故在设计允许的条件下，尽量选择较大半径的圆弧曲线作为旋轮轨迹。

6.4.4 贝塞尔曲线旋轮轨迹参数对普旋成形的影响规律

贝塞尔曲线的数学基础是伯恩斯坦多项式，最开始由就职于法国雪铁龙的 Paul de Castelijau 提出，得名于 1962 年就职于雷诺的法国工程师 Pierre Bezier 的宣传。贝塞尔曲线的特点是只需要很少的控制点就可以生成复杂平滑的曲线，这一方法被广泛应用于汽车设计行业。而随着旋轮轨迹设计的发展及 CNC 技术在

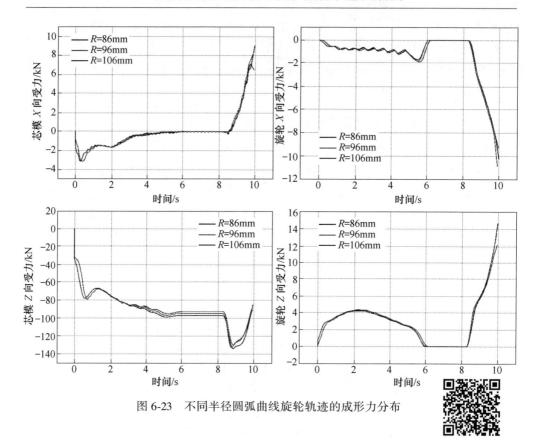

图 6-23　不同半径圆弧曲线旋轮轨迹的成形力分布

图 6-23 彩图

旋压成形中的应用，越来越多的复杂曲线得以应用于旋轮轨迹中。对于旋轮轨迹的设计，本节采用二阶贝塞尔曲线，通过控制图 6-10 中的 $P_b(x, y)$ 点坐标来控制曲线形状，为此，本节在固定 $y = 19\text{mm}$ 的前提下，针对横坐标 x 选取 70mm、75mm、80mm 三个水平，在固定 $x = 75\text{mm}$ 的前提下，对于纵坐标 y 选取 12mm、15mm、19mm 三个水平建立了仿真模型，壁厚分布如图 6-24a、b 所示，纵坐标 y 不变的前提下，横坐标 x 的值越小，最大壁厚偏差也越小，壁厚分布越均匀；而在横坐标 x 不变的前提下，纵坐标 y 的值太大或太小都会造成较大的壁厚偏差，而当 y 的坐标值接近于图 6-10 中的 P_a、P_c 的中点时，最大壁厚偏差最小，壁厚分布最均匀。

　　图 6-25 和图 6-26 显示的是不同贝塞尔曲线旋轮轨迹的芯模和旋轮在 X、Z 方向的受力分布，对于固定的 x，在 X 方向上，y 越接近 P_c 点，芯模受力越小，但旋轮的受力也越大；在 Z 方向上，y 越接近 P_c 点，芯模和旋轮受力都越大；对于固定的 y，在 X 方向上，x 越接近 P_a 点，芯模受力越小，但旋轮受力也越大；在 Z 方向上，x 越接近 P_a 点，芯模和旋轮受力都越大。因此，对于贝塞尔

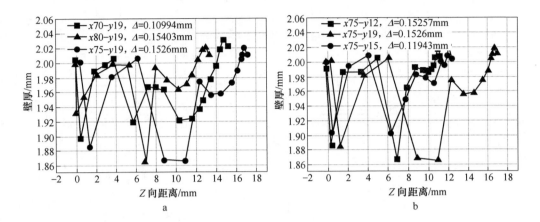

图 6-24　不同参数下贝塞尔曲线旋轮轨迹的壁厚分布

a—x 变化；b—y 变化

曲线的旋轮轨迹，在设备力满足的前提下，P_b 点的位置在横坐标上应尽量接近 P_a 点，纵坐标上尽量接近 P_a 与 P_c 的中点，得到的产品壁厚分布较为均匀。

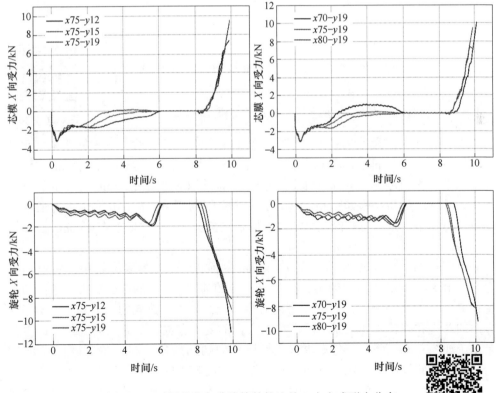

图 6-25　不同贝塞尔曲线旋轮轨迹的 X 方向成形力分布

图 6-25 彩图

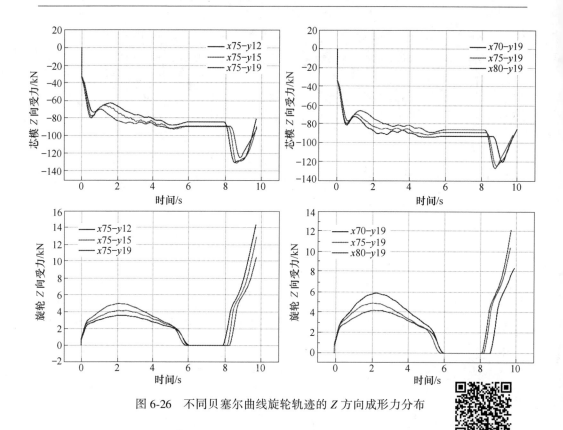

图 6-26   不同贝塞尔曲线旋轮轨迹的 Z 方向成形力分布

图 6-26 彩图

6.4.5   蚌线曲线旋轮轨迹参数对普旋成形的影响规律

直线的蚌线称为 Nicomedes 蚌线，这种蚌线的形状根据上节中标明的 a 和 b 的取值而改变，在固定 $a=43\text{mm}$ 的前提下，针对 b 选取了 40mm、43mm、45mm 三个水平；在固定 $b=40\text{mm}$ 的前提下，针对 a 选取了 38mm、43mm、45mm 三个水平，其壁厚分布结果如图 6-27 所示。a 固定的前提下，b 的取值越小，最大壁厚偏差也越小，壁厚分布越均匀；在 b 固定的前提下，a 的取值在 43mm 左右时，最大壁厚偏差最小，壁厚分布更均匀。

由图 6-28、图 6-29 可知，在 $a=43\text{mm}$ 的前提下，b 的取值越小，芯模和旋轮在 X 和 Z 方向的受力也越小；在 $b=40\text{mm}$ 的前提下，a 的取值越大，芯模和旋轮在 Z 方向的受力越小，而在 X 方向芯模的受力越大，旋轮的受力越小。对于 X 方向的芯模和旋轮受力来说，芯模在 X 方向的受力存在先负后正的现象，这主要是由于如图 6-30a 所示，在旋轮与坯料接触的初始阶段，旋轮主要进行 X 向进给，在旋轮的作用下，坯料有随旋轮沿 X 负方向移动的趋势，但仍在尾顶和芯模的夹持下保持固定，但由此使芯模在 X 负方向受力；此受力随着旋轮正向进给的完成而慢慢减小，直至旋轮回程空刀后趋于零；随后，旋轮靠模，如图 6-30b 所

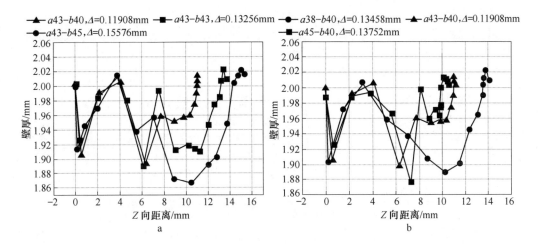

图 6-27 不同参数下蚌线旋轮轨迹的壁厚分布

a—a = 43mm；b—b = 40mm

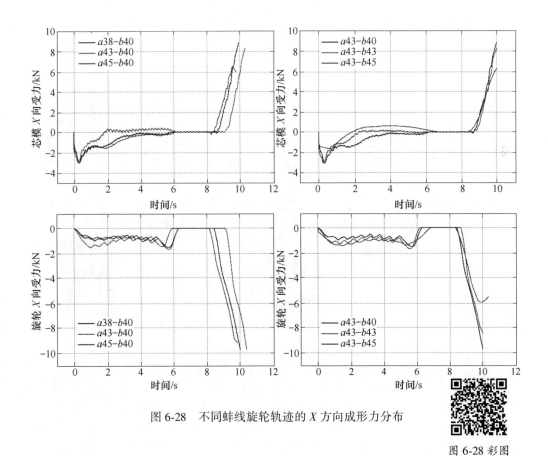

图 6-28 不同蚌线旋轮轨迹的 X 方向成形力分布

图 6-28 彩图

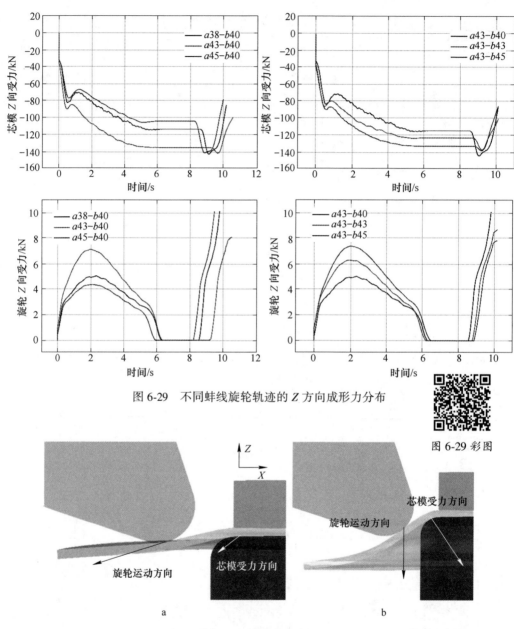

图 6-29　不同蚌线旋轮轨迹的 Z 方向成形力分布

图 6-29 彩图

图 6-30　芯模受力分析

a—成形阶段；b—靠模阶段

示，旋轮主要朝 Z 负方向运动，而由于这一阶段坯料还未与芯模完全贴合，旋轮
向 Z 负方向进给的同时会给芯模一个第二象限的力，使芯模受到 X 正向力。旋轮
由于本身具有 45°的安装角，在成形过程中 X 方向受力始终为负，Z 方向受力始

终为正。而芯模的 Z 方向也易知受到负向力。由上述工艺参数的研究可知，蚌线的参数取 $a=43\text{mm}$、$b=40\text{mm}$ 左右的时候成形效果较好。

蚌线轨迹下一道次成形的仿真结果如图 6-31 所示，在成形方向上，将坯料划分成如图 6-31a 所示的 1、2、3 三个区域，区域 1 为坯料的圆角段，壁厚减薄较小，区域 2 为坯料的腰身段，此区域材料的壁厚减薄率最大，区域 3 为坯料的翼缘，此区域壁厚增厚较大，起皱缺陷主要发生在此区域，如图 6-31b 中坯料等效应变分布的红色区域，该区域为材料易出现起皱的位置，这一现象也得到了图 6-31d 中的实验验证，而图 6-31c 显示的坯料等效应力分布云图中，应力分布呈圆环状放射，而旋轮接触区域的等效应力远大于周围环向区域，最大的等效应力也分布在翼缘位置，这些都为起皱现象的产生创造了条件（图 6-31d 为翼缘起皱样件）。

图 6-31 蚌线轨迹一道次旋压成形仿真及实验结果（$a=43\text{mm}$，$b=40\text{mm}$）
a—壁厚分布和区域划分；b—等效应变分布及起皱；
c—等效应力分布及旋轮接触区域；d—实验样品及起皱

图 6-31 彩图

6.4.6　不同曲线旋轮轨迹作用下产品的壁厚分布和成形力对比

通过前述对不同曲线旋轮轨迹不同工艺参数的分析，我们选取其中较优参数的旋轮轨迹，即渐开线 $r_0 = 3.3d$，圆弧曲线 $R = 106\text{mm}$，蚌线 $a = 43\text{mm}$、$b = 40\text{mm}$，贝塞尔曲线 $x = 70\text{mm}$、$y = 19\text{mm}$，将这些旋轮轨迹与直线轨迹进行对比，壁厚分布如图 6-32 所示。由图可知，直线轨迹的最大壁厚偏差最大，而其他几种曲线中，贝塞尔曲线的最大壁厚偏差最小，分布最均匀；X、Z 方向的芯模和旋轮的成形力分布如图 6-33 所示，直线轨迹的成形力最小，贝塞尔曲线的旋轮轨迹虽然成形产品壁厚较为均匀，但成形力也相对较大；整体来说，在设备力满足的前提下，四种曲线的旋轮轨迹都可以应用于旋压工艺且明显优于直线旋轮轨迹，但这些曲线工艺参数的选取十分重要，相比之下，二阶贝塞尔曲线旋轮轨迹的壁厚偏差最小，壁厚分布最均匀。

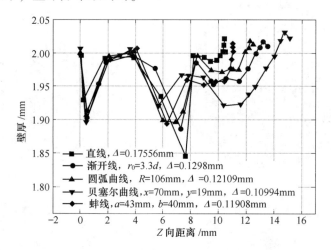

图 6-32　五种曲线旋轮轨迹的壁厚分布对比

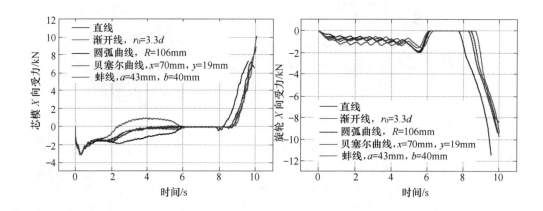

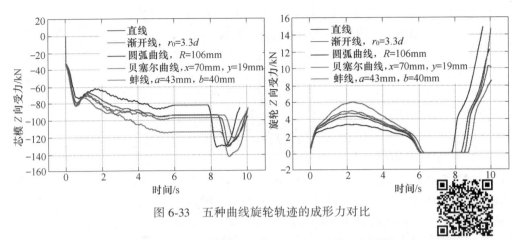

图 6-33　五种曲线旋轮轨迹的成形力对比

图 6-33 彩图

表 6-1 记录了仿真结果中各旋轮轨迹作用下的旋轮、芯模 X 和 Z 向的最大成形力以及最大壁厚偏差和部分实验测量值的对比结果，由表可知，在一定范围内，对于渐开线旋轮轨迹，渐开线的基圆半径越大，成形产品的壁厚

表 6-1　不同旋轮轨迹下的仿真和实验壁厚分布及最大成形力对比

轨迹		最大壁厚偏差 Δ/mm	实验结果 /mm	X 方向旋轮力/kN	Z 方向旋轮力/kN	X 方向芯模力/kN	Z 方向芯模力/kN
渐开线	2.7	0.14750	—	−1.861	4.598	−3.374	−82.286
	3.0	0.13116	0.14	−1.959	4.675	−3.401	−82.194
	3.3	0.12980	—	−2.001	4.733	−3.398	−82.496
圆弧曲线	86	0.21799	—	−1.695	4.251	−3.429	−79.208
	96	0.14756	—	−1.809	4.383	−3.504	−79.275
	106	0.12107	0.12	−1.887	4.377	−3.439	−79.375
贝塞尔曲线	$bx75-by12$	0.15257	—	−1.901	3.554	−3.055	−72.973
	$bx75-by15$	0.11943	0.12	−1.795	4.161	−3.101	−77.086
	$bx70-by19$	0.10994	—	−1.552	5.994	−3.117	−81.429
	$bx75-by19$	0.15260	—	−1.659	4.981	−3.145	−79.599
	$bx80-by19$	0.15403	—	−1.825	4.251	−3.096	−76.747
蚌线	$a43-b40$	0.11908	0.12	−1.512	4.912	−3.009	−82.009
	$a43-b43$	0.13256	—	−1.691	6.248	−3.081	−84.630
	$a43-b45$	0.15576	—	−1.396	7.351	−1.559	−88.527
	$a38-b40$	0.13458	—	−1.672	7.054	−2.945	−89.303
	$a45-b40$	0.13752	—	−1.458	4.333	−3.087	−76.519
直线		—	0.17556	−1.949	3.387	−2.997	−72.829

分布越均匀，芯模轴向受力也越小；对于圆弧曲线旋轮轨迹，圆弧半径越大，成形越平缓，壁厚分布越均匀，芯模轴向受力也越小；对于贝塞尔曲线旋轮轨迹，P_1 点横坐标越接近 P_0 点，纵坐标越接近 P_0 和 P_2 点的中点，产品的壁厚分布越均匀，但横坐标越接近 P_0 点，芯模轴向受力也越大；对于蚌线旋轮轨迹，a 值固定时，b 越小，壁厚分布越均匀，芯模轴向受力越小，b 值固定时，a 越大，芯模轴向受力越小，但在本节的研究中，a 取 43mm 左右壁厚分布最为均匀。对比几种旋轮轨迹，二阶贝塞尔曲线成形工件的壁厚分布最均匀。

图 6-34 显示的是在芯模转速为 310r/min、旋轮进给速度为 350mm/min、靠模速度为 200mm/min、靠模量 $m=8$mm 的工艺条件下，直线、渐开线、圆弧曲线、贝塞尔曲线以及蚌线作用下仿真和实验结果的对比结果，可以看出不同轨迹的一道次成形虽然成形高度不同，但产品的成形质量都较好，无缺陷。由实验图片可知，第一道次靠模结束后，区域 1 处的坯料仍然没有与芯模贴合，图中的 1、2、3 区域与图 6-31 所划分的区域相同，区域 2 和 3 处的坯料形状与所设计的旋轮轨迹形状相同，在下一道次的成形中，旋轮在更大的成形角作用下将使区域 2 和 3 不断贴近芯模，图中的五种轨迹成形产品主要是在成形高度上有所区别，更高的成形高度会减小后续道次的旋轮轨迹长度，特别是矫直道次的长度，成形高度受成形角的影响较大。

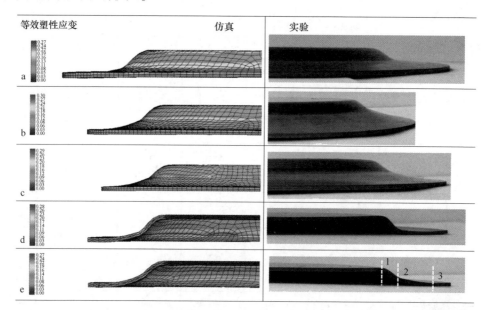

图 6-34　不同轨迹成形产品仿真与实验对比

（芯模转速 310r/min，旋轮进给速度 350mm/min，
靠模速度 200mm/min，靠模量 8mm）

a—直线；b—渐开线；c—圆弧曲线；d—贝塞尔曲线；e—蚌线

图 6-34 彩图

6.5 靠模过程对多道次普旋成形质量影响规律

对于多道次普旋成形，无论旋轮轨迹为单程还是往复的，靠模过程都显得十分重要，特别对于有较长母线的产品，而靠模量（pass pitch）一词也最早在 Hayama[26] 的论文中提出，但关于旋压成形靠模过程的研究少之又少。

如图 6-35a 所示为一道次的旋压成形过程示意图，图中轨迹 1 为旋轮正程轨迹，箭头显示了旋轮的运动方向；图 6-35b 中轨迹 2 为靠模过程的旋轮轨迹，其中箭头表示坯料在旋轮靠模的作用下开始反向变形；图 6-35c 中示意的是当靠模量过大时，反向变形严重，坯料发生反向翘曲，严重的翘曲会产生起皱甚至破裂，且由于坯料的反向变形易使得旋轮在回程中与坯料发生干涉。而当靠模量较小时，坯料沿芯模方向的贴模量非常小，使得这一道次成形中获得的变形分配量较小，增加了后续道次的成形压力，但前几道次的靠模量都过小时，会使得最后的矫直道次变形过大，从而产生更为严重的回弹；由此可以看出，选择合理的靠模量显得十分重要。

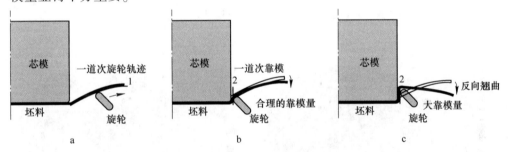

图 6-35 旋压成形及靠模过程示意图
a—筒形件一道次成形；b—靠模过程；c—靠模量过大

图 6-36 显示的是成形过程中不同区域的应力状态，旋轮接触区域的材料受到挤压，这一区域内的坯料主要是径向受压，轴向受拉，使坯料在壁厚减薄的同时向两侧流动，而接触区域的前部和后部则在从接触区域流动来的金属作用下，径向受拉，轴向受压，这一现象在图 6-36 中也得到了印证。

图 6-37a 显示的是图 6-36 中接触区域及其前部和后部在仿真中的位置与等效应变分布，由图可以看出等效应变在旋轮接触区域的值小于其前部和后部的值，图 6-37b 显示的是坯料的主应变分布云图，由图可知，旋轮接触区域应变值为负，主要受到压应变，这也验证了图 6-37 分析的正确性。图 6-37c 中等效应力云图的分布与图 6-31c 相似，在旋轮接触区域，等效应力值大于周围环向区域。图 6-37d 中显示的是当靠模量过大时（接近 20mm），坯料在反向翘曲严重的同时还会发生起皱，此时旋轮与坯料接触的环形区域壁厚最薄，接近 1mm，最大壁厚减

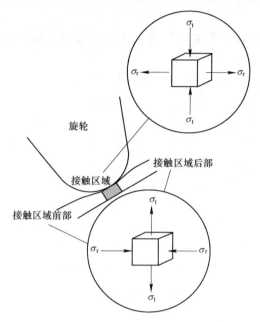

图 6-36　成形过程中不同区域的应力状态

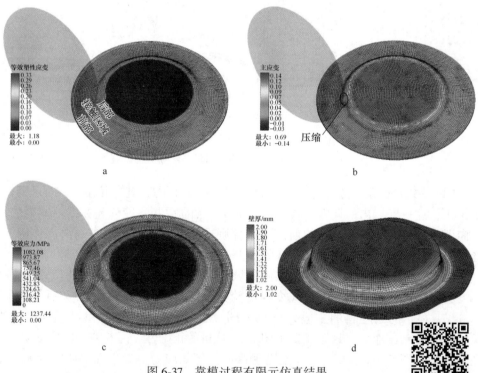

图 6-37　靠模过程有限元仿真结果

a—等效塑性应变分布；b—主应变分布；c—等效应力分布；d—壁厚分布及起皱　　图 6-37 彩图

薄率仅 50%，以此区域为中心，壁厚呈环状递增。

靠模过程中，除了靠模量外，靠模速度也对成形质量产生影响，为此依据表 6-2 中的方案，选取靠模量 6mm、8mm、10mm、12mm、14mm，靠模速度 100mm/min、200mm/min、400mm/min 为工艺参数进行仿真实验，得到的最大壁厚偏差 Δ 的结果如表 6-2 所示。定义靠模比 n_v 如式（6-56）、靠模量比 n_m 如式（6-57）所示，其中靠模比为靠模速度与芯模转速之间的比值，靠模量比为靠模量与坯料变形长度（坯料半径–芯模半径）的比值。

表 6-2　靠模工艺参数对最大壁厚偏差的影响

靠模量/mm	8	8	8	6	10	12	14
靠模速度/mm·min⁻¹	100	200	400	200	200	200	200
靠模比	1/3	2/3	4/3	2/3	2/3	2/3	2/3
靠模量比	0.239	0.239	0.239	0.179	0.299	0.358	0.418
Δ/mm	0.13969	0.12205	0.12535	0.12400	0.16828	0.29491	0.45008

由表 6-2 可知，在靠模比保持 2/3 不变时，靠模量比由 0.179 到 0.418 递增过程中，最大壁厚偏差明显增加，由靠模量比为 0.179 时的 0.124mm 增加到图 6-37 中靠模量比近 0.597 时的 0.98mm 左右。而当靠模量比固定为 0.239、靠模比由 1/3 增加到 4/3 时，坯料的壁厚偏差呈现了先减小后增大的趋势，在靠模比为 2/3 时壁厚偏差较小，为 0.12205mm。由此可以看出，靠模量比越小，坯料在靠模过程中的变形量也越小，坯料的最大壁厚偏差也越小；而靠模比并不是一个伴随最大壁厚偏差的同增同减量，在方案所选取的范围 1/3～4/3 之间，存在较优解。

$$n_v = \frac{v_{\text{attach}}}{v_{\text{mandrel}}} \tag{6-56}$$

$$n_m = \frac{m}{r_{\text{blank}} - r_{\text{mandrel}}} \tag{6-57}$$

图 6-38 显示的是靠模过程仿真中旋轮与坯料接触各阶段的坯料壁厚变化值，如图 6-38b 和图 6-38d 所示，当旋轮与坯料接触时，材料由旋轮接触区域向两侧流动，且前端金属流动较多，而当靠模量过大时，坯料发生反向变形，如图 6-38c 所示，此时坯料形状同图 6-35c。

图 6-39 显示的是不同靠模量、不同靠模速度作用下靠模过程中旋轮和芯模 X 和 Z 方向的成形力，其中芯模的 Z 方向受力远远大于其他分力，由图中 $m=6$mm 和 $m=8$mm 两点可知，最大的成形力并不在最大靠模量位置处，而是在靠模的起始阶段，由于起始阶段坯料还未在贴模方向上产生变形，材料抗力较大，所以此阶段旋轮进给过程中芯模在 Z 方向受到的成形力越来越大，而当旋轮进给到一定程度，坯料也变形到一定程度并开始反向变形，此时材料抗力会减小，旋轮继续

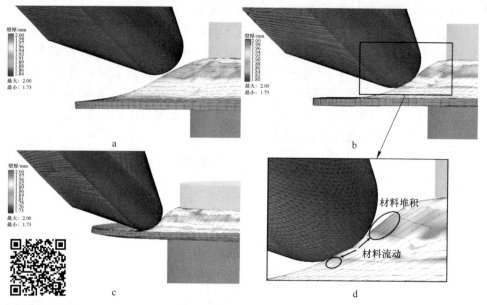

图 6-38 彩图

图 6-38　靠模过程有限元仿真结果

a—旋轮与坯料未接触；b—合理的靠模量；c—过大的靠模量；d—靠模过程中的材料流动

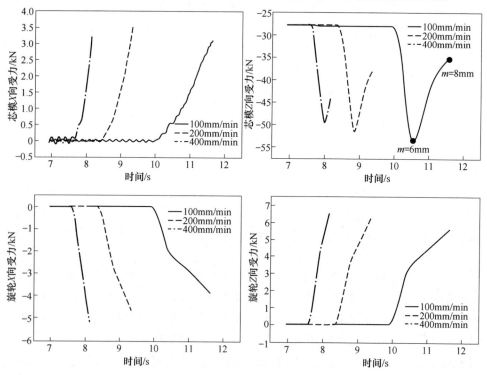

图 6-39　不同工艺参数下的成形力

进给，芯模受到的 Z 向力逐渐减小。而对于靠模速度来说，除芯模 Z 方向外，其余三方向的成形力由于本身较小，故相差不大，而对于芯模 Z 方向受力来说，靠模速度越大，峰值成形力越小，从这一点来看，靠模速度越大越有利于成形。

晶粒结构在坯料的塑性变形下会产生结构变化，而前述关于靠模过程的研究表明，靠模量的大小会对产品成形质量产生关键影响。为此选取了靠模量分别为 6mm、8mm、14mm 的产品对其 1、2、3 区域进行实验分析，不同靠模量实验下的坯料截面形状如图 6-40 所示。图 6-41 和图 6-42 为区域 1 在光镜和电镜下不同靠模量的微观组织结构，区域 1 为折弯区域，也是整个产品在第一道次中结构变形最大的区域。由图 6-41c 和图 6-42c 可以看出，随着靠模量的增大，晶粒朝旋轮作用方向的变形也逐渐增大，14mm 靠模量下的晶粒结构已发生明显的改变。区域 2 为折弯位置的金相图，如图 6-43 和图 6-44 所示，随着靠模量的增大，晶粒逐渐细化，晶粒尺寸越来越小，且晶粒沿旋轮作用方向滑移变形；在旋轮的作用下，金属沿旋轮作用方向不断向区域 3 流动，但在一道次的旋轮作用下这种流动现象还并不明显。从图 6-45c 和图 6-46c 中可得，在 $m=14\text{mm}$ 的靠模量下，晶粒细化明显，且孪晶也越来越多，而这一部分孪晶并不是坯料在加工前本身存在的退火孪晶，而是在大变形量驱动下产生的形变孪晶。因此，不同靠模量下的晶粒变形程度不同，靠模量为 14mm 时等轴晶的数量更少，非等轴晶的数量更多，"混合"状态更明显，这对工件的残余应力也产生了巨大影响。

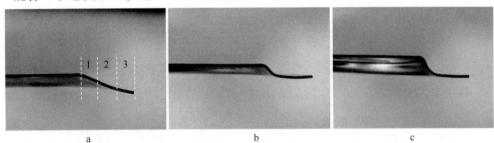

图 6-40　不同靠模量下成形坯料形状

a—$m=6\text{mm}$；b—$m=10\text{mm}$；c—$m=14\text{mm}$

图 6-41　光镜下区域 1 金相图

a—$m=6\text{mm}$；b—$m=10\text{mm}$；c—$m=14\text{mm}$

图 6-42　SEM 下区域 1 金相图

a—m = 6mm；b—m = 10mm；c—m = 14mm

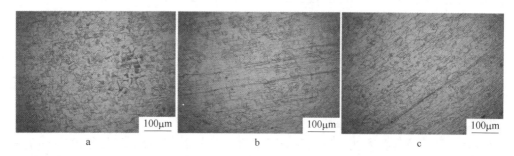

图 6-43　光镜下区域 2 金相图

a—m = 6mm；b—m = 10mm；c—m = 14mm

图 6-44　SEM 下区域 2 金相图

a—m = 6mm；b—m = 10mm；c—m = 14mm

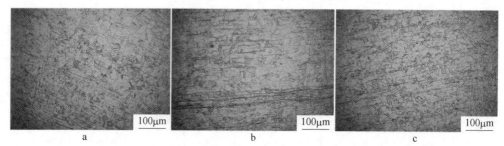

图 6-45　光镜下区域 3 金相图

a—m = 6mm；b—m = 10mm；c—m = 14mm

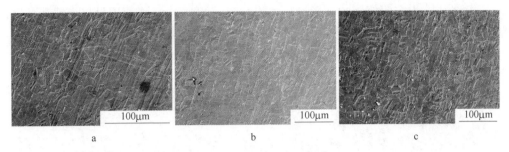

图 6-46 SEM 下区域 3 金相图

a—m = 6mm；b—m = 10mm；c—m = 14mm

6.6 多道次普旋成形宏微观结果验证分析

6.6.1 多道次普旋成形实验及仿真实验对比结果分析

高温合金筒形件的冷旋成形实验在如图 6-47 所示的 QX 800 强力旋压机上进行，芯模、尾顶、旋轮和坯料的工装如图所示，旋压实验的基本步骤为：（1）将旋轮轨迹导入数控机床中并设置好相关工艺参数；（2）把圆形平板坯料固定在芯模和顶紧块之间，应保证坯料和芯模主轴处于对心状态，以避免实验件凸缘由于偏心引起的尺寸不均匀现象；（3）调整并确定旋轮进给的初始位置；（4）将润滑油涂于坯料和模具上，以改善润滑条件；（5）开启机床，进行旋压加工。

图 6-47 QX 800 强力旋压机

　　图 6-48a 为实验使用的圆形坯料，图 6-48b 和图 6-48c（使用材料为铁基高温合金 GH1140）显示的是坯料采用 5 道次和 6 道次成形时出现的严重的开裂现象，开裂大面积地出现在壁厚减薄区中，开裂范围近半圆，图 6-48d 为轨迹和工艺参

图 6-48　实验结果

a—初始坯料；b—三道次开裂；c—六道次开裂；d—轻微裂痕；e—直线轨迹下的翼缘开裂；f—成品

数改善后，出现轻微开裂的筒形件，可以看出，开裂都规律地出现在壁厚最薄的区域处；图 6-48e 显示的是采用 7 道次直线轨迹成形时在翼缘出现的轻微开裂现象，而采用优化后的渐开线、贝塞尔曲线或蚌线进行成形时，成品如图 6-48f 所示，无开裂和起皱缺陷。工艺参数、旋轮轨迹以及成形道次数与产品成形质量的部分关系见表 6-3，由表可知，成形道次数的选取，换言之，每道次的变形量分配对产品是否开裂具有关键作用，而旋轮进给速度和芯模转速及靠模转速的大小，或者说旋轮进给比和靠模进给比的大小以及轨迹的选取都影响缺陷的形成；旋轮轨迹对开裂也有着重要影响。旋轮进给比过大易产生起皱，过小则会造成开裂，道次数少于 7 次会出现严重开裂，直线轨迹的成形效果较差，多道次成形更应该选用曲线轨迹。

表 6-3 工艺参数对成形缺陷的影响

道次数	旋轮轨迹	芯模转速/r·min⁻¹	旋轮进给速度/mm·min⁻¹	靠模速度/mm·min⁻¹	状态
6	渐开线	545	230	150	开裂
7	渐开线	310	350	200	无缺陷
7	渐开线	310	500	200	起皱
7	渐开线	545	230	150	开裂
7	直线	310	350	200	开裂

图 6-49a 显示的是强旋实验过程，其中选用的模具为旋轮 E3，上台阶面的成形效果如图 6-49b 所示，由于旋轮圆角半径较小，强旋轮接触区域的筒形件外表面存在一定的螺旋压痕，针对外表面压痕缺陷，采取具有压光带的旋轮可有效改善筒形件的表面质量。

a b

图 6-49 强旋实验结果
a—强旋成形过程；b—单台阶面工件

　　根据上述实验结果，为了验证仿真结果的准确性，先是对筒形件的几何尺寸进行测量对比，如图 6-50 所示，由图可知仿真和实验在尺寸上差距不大，其中，壁厚的最大偏差约为 7.8%，成形高度的偏差约为 6%，翼缘直径的偏差约为 1.2%，所有误差均小于 10%。在误差带的范围以内，成形高度上的偏差主要是由于实验坯料壁厚与理想坯料壁厚的较大误差导致。然后采用如图 6-51 所示的带表卡规对实验样件进行壁厚测量，在样件的高度上间隔 5mm 选取壁厚测量点，并在周向上选取多条路径进行测量，测得的试验结果和有限元仿真中的壁厚值对比如图 6-52 所示，可见仿真模型很好地预测了产品的壁厚分布趋势，这也验证了仿真模型的可靠性。由图可以看出，实验和仿真的结果之间存在一定的偏差。我们认为主要有以下原因：（1）实验所使用的坯料在厚度上的误差，实验所购买的板材厚度并不是理想状态下的 2mm，厚度在 1.8mm 上下波动；（2）旋压成形实际工艺中的摩擦系数由于受温度的影响变得十分复杂，常规的摩擦系数方法难以表征实际工况，所假设的摩擦系数存在误差；（3）样件的测量误差。

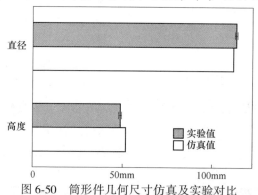

图 6-50　筒形件几何尺寸仿真及实验对比

图 6-51　卡规测量实验件壁厚

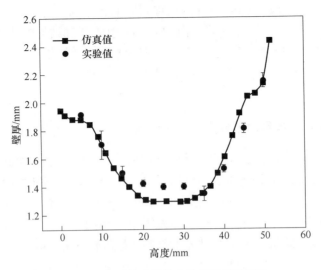

图 6-52　筒形件壁厚分布仿真及实验对比

此外，对比成形带法兰边的筒形件实验和仿真结果如图 6-53 所示，由图 6-53a 和图 6-53b 可知，仿真结果很好地预测了实验样品的截面，翼缘上部的腰

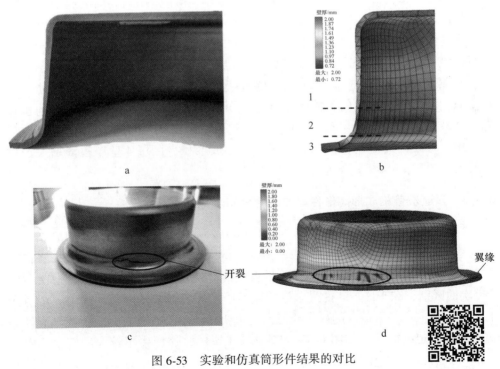

图 6-53　实验和仿真筒形件结果的对比

a—未开裂样件；b—未开裂仿真；c—开裂样件；d—开裂仿真　　　　图 6-53 彩图

身位置（即图中区域 2）为筒形件的壁厚最薄位置；而图 6-53c 和图 6-53d 则对筒形件的开裂进行了很好的预测，由图 6-53d 中的仿真结果最小壁厚为 0 可知，腰身位置靠近翼缘处已发生破裂，而对比图 6-53c 中的结果可知，实验样品在相同位置发生了破裂。由此实验仿真结果对比可知，仿真模型能较好地预测实验中包括起皱和开裂的各种缺陷。

6.6.2　多道次普旋成形筒形件壁厚分布规律

7 道次成形的产品壁厚分布如图 6-54a 所示，以第七道次为例，壁厚分布的所选取的节点也如图中截面所示，可以看出，随着旋轮的不断进给，壁厚分布逐渐呈现出区域差异化现象，径向上呈环状分布，为此，将坯料划分成 4 个区域 1~4，各区域所对应的壁厚以第七道次为例划分在图 6-54a 中，其中区域 1 为筒形件的圆角区域，此区域由于经过圆角折弯，壁厚沿 Z 方向上先减小后增大，区域 2 为直壁段，该区域的壁厚一直处于减小，区域 3 是接近底部的最大减薄段，最薄的壁厚位于此段，区域 4 为筒形件的翼缘区域，通过旋轮作用将区域 2 和区域 3 的料不断赶到区域 4，导致区域 4 出现金属堆积，壁厚最大。由图 6-54b~e 可以看出，筒形件区域 1 的减薄量较小，但随着旋轮不断地进给导致坯料的金属不断流动，筒形件外壁的金属不断地向翼缘流动，导致翼缘不断堆料，而在靠近翼缘的区域 3 处，料却不断地减薄，最薄位置达到了约 1.2mm，而这一部位也最易产生裂纹（见图 6-53c）；由图 6-54a 也可以看到，从第一道次开始，筒形件边缘区域 4 就已经出现了堆料现象，随着成形道次的增加，这一现象越发明显，在第七道次，即矫直道次上，壁厚差异更为明显，最大壁厚超过了近 2.4mm，观察第七道次的整体壁厚分布云图及点线图可知，壁厚在 Z 方向呈现先逐渐减小至腰身最薄位置，即区域 3，然后由区域 1、2 和 3 处的金属在旋轮作用下继续向前流动，而达到翼缘位置形成堆积，区域 4 壁厚逐渐增大至翼缘最大。

6.6.3　多道次普旋成形筒形件等效应变分布规律

7 道次成形的产品等效应变分布如图 6-55a 所示，壁厚分布最薄和最厚的地方也是等效应变分布的峰值，以第七道次为例，应变在区域 1 和区域 2 一直在沿 Z 方向增大，到区域 3 的峰值，即为最大减薄量所在位置，而观察第七道次与前 6 道次的区别，在于区域 4 的最末端的应变值大于区域 3 的峰值，而前 6 个道次的最大应变值都是区域 3 的最大峰值，这主要是由于第七道次的矫直使筒形件的边缘出现一定的褶皱，如图 6-55e 和图 6-55f 所示，这产生了较大的应变。由图 6-55b 可以看出，芯模与尾顶夹紧部位几乎不存在变形，在后续的仿真中可以忽略这部分网格，加快计算时间，图 6-55c、d 中，最大应变主要集中在区域 3 的

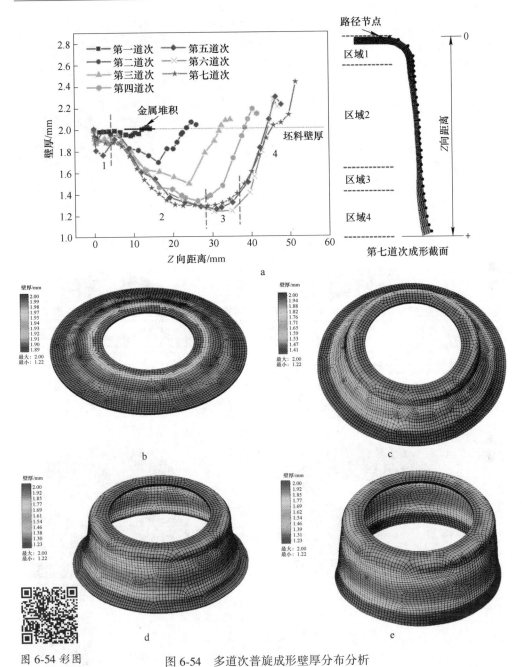

图 6-54 彩图

图 6-54 多道次普旋成形壁厚分布分析

a—7 道次壁厚分布及取点位置、壁厚分布云图；b—第一道次；c—第三道次；d—第五道次；e—第七道次

最大减薄位置。由图 6-55e、f 可知，区域 4 即筒形件的边缘存在一定的褶皱，且由于金属回弹现象，此处的直径大于区域 1 处的直径。整体来看，各道次成形的

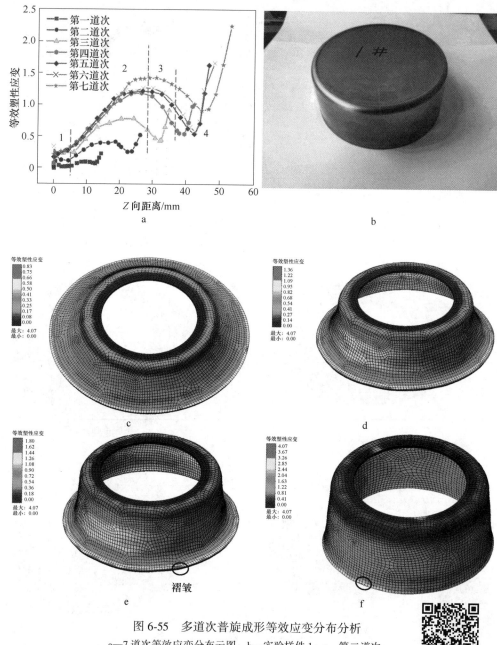

图 6-55　多道次普旋成形等效应变分布分析

a—7 道次等效应变分布云图；b—实验样件 1；c—第二道次；
d—第四道次；e—第六道次；f—第七道次

图 6-55 彩图

等效应变都存在先逐渐增大，再趋于平缓，再逐渐减小后又逐渐增大的趋势。最终完整的高温合金 GH3030 7 道次冷旋成形的实验样件如图 6-55b 所示。

6.6.4 芯模及旋轮力能参数分布规律

在实际生产中，成形力的大小十分重要，较大的成形力会对设备产生损耗，挑战设备刚度，特别是镍基高温合金作为难变形金属进行冷旋成形，对旋压设备的力能参数要求非常高，对筒形件多道次冷旋成形过程中的成形力进行分析，减小成形力就显得十分必要。

图 6-56 显示的是芯模在 X（径向）、Y（切向）、Z（轴向）方向的受力，由第 2 章中提到的回程时间的假设，可以看出图 6-56 中的旋轮回程受力即为不同的波谷点，其中，Y 方向上芯模受力非常小，相比较于 X 和 Z 方向，可以忽略，这一结果也在 Wang 等[33-35] 的工作中得到验证，而在 Z 方向上受力远大于 X 方向，Z 方向上较大的受力主要集中在前两个道次以及第七道次（矫直道次），前两个道次主要是由于坯料由圆板开始发生大塑性变形，材料抵抗变形，而需要较大的力，第三至第六道次都是在塑性变形且沿坯料变形的形状上进行的成形，成形力相对较小，而第七道次由于矫直的原因，坯料形状发生较大改变，而受力也较大，综上可知，芯模的最大受力主要集中在轴向上，特别是在前两道次上。

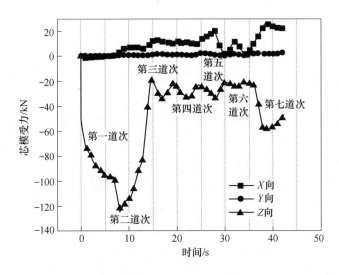

图 6-56 7 道次成形过程中芯模在 X、Y、Z 方向的受力分布

7 道次旋轮的受力分布如图 6-57 所示，由图同样可以看出，Y 方向上的受力可以忽略不计，不同于芯模，旋轮在 X、Z 方向上的受力分布差异不大，轴向力略大于径向力，每个道次的旋轮受力基本呈"山峰"形，在旋轮进给过程中，无论 X 还是 Z 方向，受力先增大，当旋轮位于坯料的 G 区域时旋轮受力最大，此区域减薄量也较大，当过了这一区域，旋轮轨迹趋于平坦，轨迹形状

也与坯料形状渐渐相似，旋轮受力又逐渐减小，直到回程后进入下一个靠模阶段，旋轮受力又开始增大；由图可以看出，各道次受力较为平均，由于轨迹设计的原因第六道次的旋轮行程较短，这也造成了第六道次芯模和旋轮受力都较小的现象。

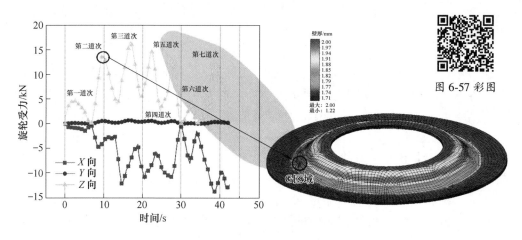

图 6-57 彩图

图 6-57   7 道次成形过程中旋轮在 X、Y、Z 方向的受力分布

6.6.5 高温合金多道次冷旋成形微观组织演变规律

工件金属材料在旋轮压力作用下产生塑性变形，材料的外形发生改变，壁厚发生改变，其内部的晶粒形状也发生改变；因此，材料在冷旋成形后金相组织有较大变化，需要对其进行详细的研究，对前述实验中的各类零件切割镶样抛光后进行腐蚀，对于高温合金 GH3030，选用王水作为腐蚀液，将试验腐蚀 6~10s 用酒精冲洗，随后在热水中放置 2min，用吹风机吹干。

试样分别在光学和电子显微镜上进行观察，初始坯料厚度方向上的晶粒尺寸可划分为外层、中层和内层三层（初始坯料不区分正反面，定义与尾顶接触的表面为外层，与芯模接触的表面为内层），如图 6-58 和图 6-59 所示，可见坯料的微观组织完全奥氏体化，根据国标《金属平均晶粒度测定方法》（GB/T 6394—2017），采用截点法测量各层晶粒尺寸，确定的壁厚方向上外、中、内层的晶粒度为外层 7~7.5 级、中层 9~9.5 级、内层 7~7.5 级。由此可知薄板的中层晶粒度尺寸最小，晶粒最细，且此处的孪晶也较多，而外、内层的晶粒尺寸基本一致，在旋压成形时无需区分坯料的正反面；造成内、外层与中层坯料晶粒度不一致的原因主要与高温合金板材的制备工艺有关。

冷旋时金相组织的一个最明显的变化是晶粒被压扁拉长，在旋压方向上形成了连续的纤维状组织，这一现象根据不同区域的变形量不同纤维状组织的明显程

图 6-58　光镜下初始坯料的晶粒尺寸分布

a—外层；b—中层；c—内层

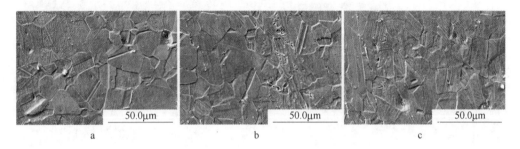

图 6-59　SEM 下初始坯料的晶粒尺寸分布

a—外层；b—中层；c—内层

度也不同，以筒形件为例，其各部位的金相组织变化如图 6-60 所示。区域 1 为芯模与尾顶夹持部位，基本没有变形，该区域的晶粒为等轴晶状态，GH3030 在常温下的稳定结构为等轴晶 γ 奥氏体晶粒，晶内及晶界中存在颗粒状细小 $M_{23}C_6$ 相，可见未变形的晶粒中存在大量退火孪晶，区域 2 为筒形件的圆角部位，材料产生一定的弯曲变形，该区域的晶粒沿材料变形方向有一定的拉长，但并不是十分明显；区域 3 为筒形件的拉长减薄区域，该区域极易产生破裂，也是整个零件壁厚最薄的位置，该处的晶粒变形严重，沿旋轮作用方向完全被拉长，晶粒尺寸在宽度上不断减小，长度上越来越长，且晶界变得模糊，晶内也难以辨认；这主要是由于晶粒内部在一定的滑移面上沿一定方向产生滑移，由此引起晶粒形状的改变，同时部分晶粒发生转动，使其滑移面趋近于与金属流动方向一致；当晶粒拉长时，模糊晶界上产生孔洞并随着变形量的增大不断长大，导致该区域的断裂，这也从微观上解释了筒形件冷旋成形该区域 3 极易发生断裂的原因；区域 4 为筒形件的末端，该处壁厚最厚，区域 3 处的金属大部分流动到此处，产生堆积，同时该区域也是回弹最严重的位置，可以看出，此处的晶粒发生转动，沿旋轮作用方向堆积并细化，但仍为等轴晶。图 6-61 显示的是光镜下四区域的晶粒结构变化。从图 6-62 中可知，材料本身存在一定的褶皱，在折弯处褶皱明显增多。

图 6-63 和图 6-64 是分别在 GH3030 和 GH1140 筒形件的成形方向截面按一定距离选取的晶粒结构图片，可以明显看出上述的旋压成形微观组织演化规律，在图 6-64g、f 中可以看出晶界的模糊和清晰的纤维状晶粒，对比图 6-63a、f 和图 6-64a、f 可以看出，与无变形区域相比，大塑性变形区域晶界形状明显沿变形方向拉长，且铁基高温合金 GH1140 在晶界上析出了大量黑色颗粒物，分析为析出的碳化物，并有大量的孔洞产生，图 6-65 为晶界孔洞及黑色碳化物颗粒的放大图。

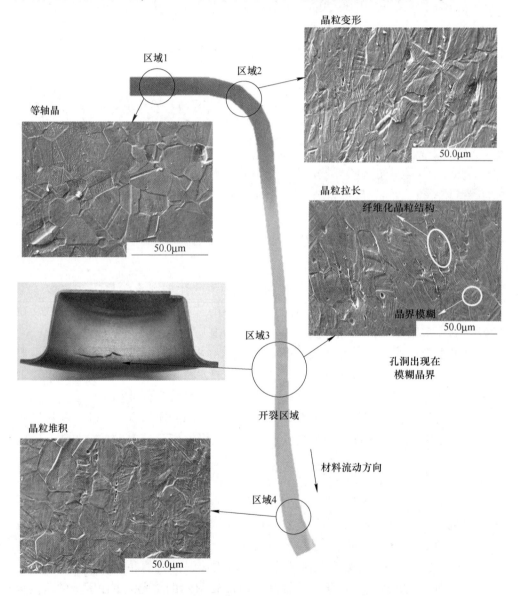

图 6-60　筒形件不同部位的晶粒结构分布图

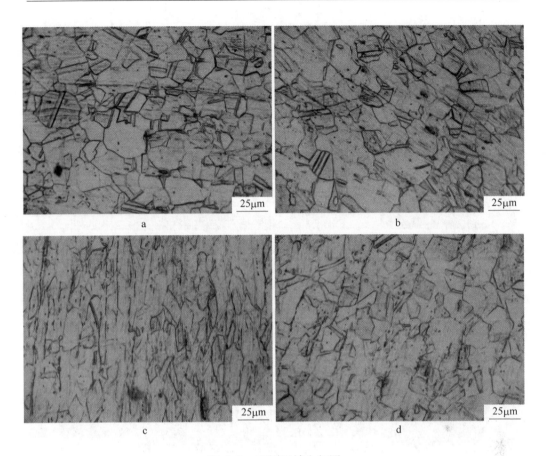

图 6-61　不同区域金相图

a—区域 1；b—区域 2；c—区域 3；d—区域 4

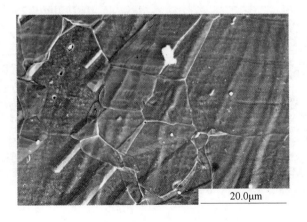

图 6-62　坯料的褶皱

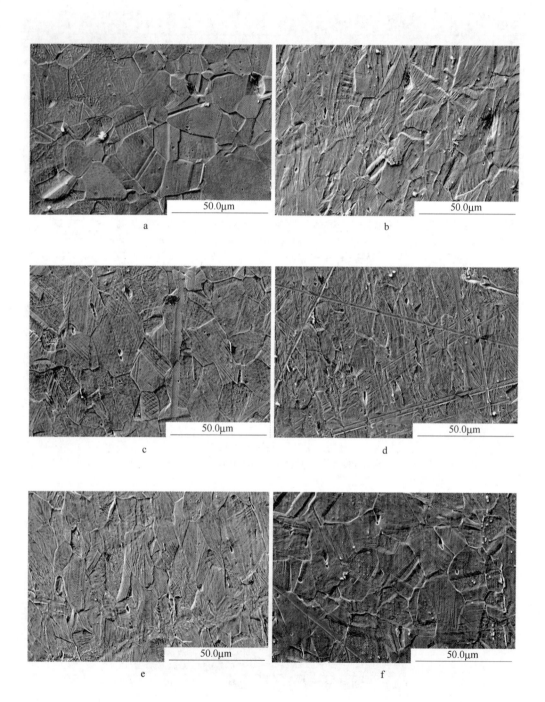

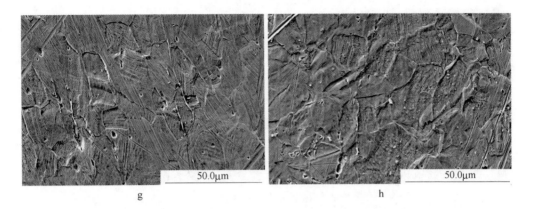

图 6-63　GH3030 筒形件成形方向上各部位晶粒结构

a—初始未变形区；b—圆角区；c—筒形直壁区 1；d—筒形直壁区 2；

e—减壁区 1；f—减壁区 2；g—靠近翼缘区；h—翼缘区

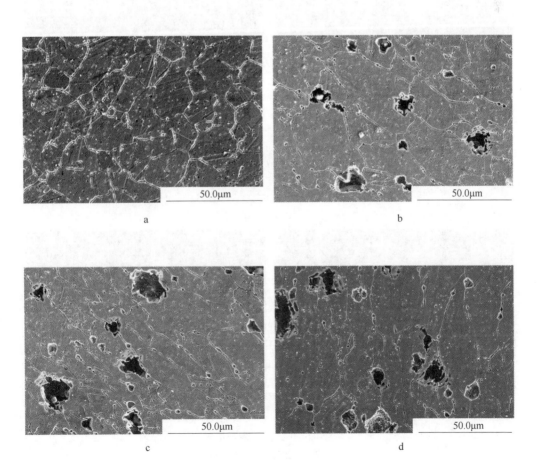

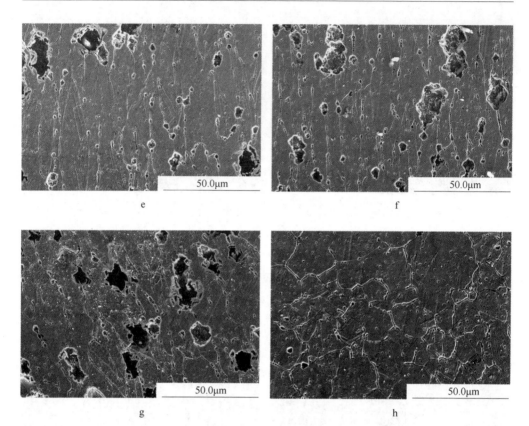

图 6-64   GH1140 筒形件成形方向上各部位晶粒结构

a—初始未变形区；b—圆角区；c—筒形直壁区 1；d—筒形直壁区 2；
e—减壁区 1；f—减壁区 2；g—靠近翼缘区；h—翼缘区

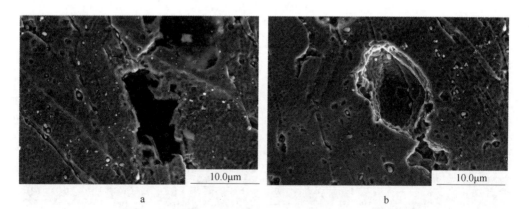

图 6-65   GH1140 微观形貌

a—晶界孔洞；b—析出颗粒

7 高温合金旋压成形质量工艺参数优化与控制

试验设计方法（design of experiment），即 DOE，在产品质量控制的过程中扮演着至关重要的角色，已广泛应用于制造业领域。通过对产品关键质量指标、工艺参数的量化分析，探明各因素的影响规律及重要程度，进而提升产品质量，优化工艺流程。为此，本章以多道次普旋筒形回转件、强旋锥形回转件作为主要研究对象，采用响应面法、均匀设计等试验设计方法对工艺参数进行了优化与分析。

7.1 基于 Box-Behnken Design 方法的单道次普旋成形工艺参数优化

7.1.1 基于 BBD 的单道次普旋成形试验方案设计

响应面法（response surface methodology），即 RSM，是一种将数学和统计学方法应用于建模和分析问题的方法，其本质是多元非线性回归。以本章所研究的旋压工艺参数为例，如式（7-1），x_1，x_2，$\cdots$，x_n 为 n 个旋压成形过程中的变量参数，包括工艺参数（芯模转速、旋轮进给率、旋轮轨迹等）、坯料参数（坯料厚度、半径、材料的弹性模量等）以及模具参数（旋轮半径、旋轮圆角半径、芯模圆角半径、旋轮形状等）；其中 ε 代表响应中的噪声或误差，y 为响应，即优化目标，在本试验设计中，它可以是最大壁厚偏差、最大旋轮力、最大芯模力等显著影响成形过程和成形质量的指标。

$$y = f(x_1, x_2, \cdots, x_n) + \varepsilon \tag{7-1}$$

如果我们用 η 来表示期望响应，如式（7-2）所示：

$$E(y) = f(x_1, x_2, \cdots, x_n) = \eta \tag{7-2}$$

那么式（7-3）所表示的就是响应面。

$$\eta = f(x_1, x_2, \cdots, x_n) \tag{7-3}$$

由于工艺参数众多，且对目标响应的影响各不相同，它们之间也存在着交互作用，且各自与响应的关系尚不明确。为此，先要找到各变量和响应之间存在的近似函数关系，主要采用一阶（first order model）和二阶（second order model）两种模型。

如果响应与变量间的关系能用线性函数近似表示，则采用一阶模型，如式 (7-4) 所示：

$$y = \beta_0 + \beta_1 x_1 + \beta_2 x_2 + \cdots + \beta_k x_k + \varepsilon \tag{7-4}$$

如果模型中存在曲率，则采用二阶模型表示，如式 (7-5) 所示：

$$y = \beta_0 + \sum_{i=1}^{k} \beta_i x_i + \sum_{i=1}^{k} \beta_{ii} x_i^2 + \sum \sum_{i<j} \beta_{ij} x_i x_j + \varepsilon \tag{7-5}$$

通常的问题中会用到以上一种或两种模型，虽然这些模型不能保证在变量和响应真实函数关系中做到全局拟合，但可以做到在局部范围内，即在研究需要考虑的变量参数范围内，进行高精度拟合。

响应面法涉及的设计方法众多，如 Spherical CCD、Center Runs in the CCD、Box-Behnken Design[125]、Cuboidal Region of Interset 等，而对于有限元仿真的试验设计，由于一组仿真已包含电脑计算的该设计点上的全部信息，所以对设计点的重复试验显得没有意义，为此衍生出了空间填充设计 (space-filling design)、拉丁超立方设计 (Latin hypercube)、高斯过程模型 (Gaussian process model) 等，本章采用 Box-Behnken Design 方法 (如图 7-1 所示，为三因素的 BBD 模型)，BBD 设计方法是一种球面设计方法，所有设计点都在球的半径 $\sqrt{2}$ 上，该方法不存在立方体顶点 (变量上下极限位置) 上的设计点[126,127]。通过该法设计了旋轮进给速度、旋轮安装角、圆角半径、旋轮形状、芯模转速、旋轮轨迹的 6 因素三水平试验，选取最大旋轮力 R1、最大芯模力 R2 和最大壁厚偏差 R3 三个指标作为响应，所设计的试验参数如表 7-1 所示。

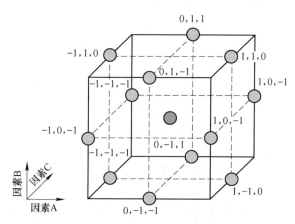

图 7-1　Box-Behnken 设计方法[128]

对于本节中的模型，与传统的响应面法模型最大的区别在于存在两个并非连续变化的因素，即旋轮形状和旋轮轨迹，这两项指标对于响应 R1、R2、R3 十分重要，但以传统的试验设计方法理论，无法量化这类因素，旋轮形状无法用大小来衡量，旋轮轨迹也无法精确地变量化表达。为此，本章尝试将这两项参数加入到响应面法的设计当中，试验设计因素及水平如表 7-2 所示，其中，R1 为最大旋轮力（kN），R2 为最大芯模力（kN），R3 为最大壁厚偏差（mm）。研究上述关键工艺参数的综合作用规律。对于旋轮形状，将咬入角和退出角作为量化指标进行参数设计，三种咬入角和退出角的组合对应三种不同的旋轮形状；而对于旋轮轨迹，第 2 章的旋轮轨迹设计和第 3 章的轨迹仿真对比中，我们得到了不同曲线较优的旋压轨迹参数，选取其中蚌线、渐开线和贝塞尔曲线最优参数的轨迹作为试验设计因素。由于是在仿真中建立的试验设计方案，每一组仿真包含了结果需要的全部信息，因而不需要重复试验，为此，得到的 6 因素 3 水平 3 响应的 BBD 试验设计方案共 49 组，方案及结果如表 7-2 所示。如上文所述，表 7-2 中 -1、0、1 意为表 7-1 中的水平因素-1、0、1。

表 7-1　Box-Behnken 设计中的试验参数

水平	A 旋轮进给速度 /mm·min⁻¹	B 安装角 /(°)	C 旋轮圆角 半径/mm	D 旋轮形状	E 芯模转速 /mm·s⁻¹	F 旋轮轨迹
-1	200	45	6	30°/60°	210	蚌线
0	350	52.5	8	45°/45°	310	渐开线
1	500	60	10	60°/30°	410	贝塞尔曲线

表 7-2　Box-Behnken 试验设计方案和结果

试验号	A	B	C	D	E	F	R1/kN	R2/kN	R3/mm
1	0	0	-1	1	0	-1	12.239	128.209	0.213
2	0	0	-1	1	0	1	14.515	147.593	0.169
3	0	-1	0	0	-1	1	14.783	143.726	0.184
4	0	1	0	0	-1	-1	13.396	136.719	0.311
5	1	1	0	-1	0	0	11.834	135.208	0.214
6	0	0	1	-1	0	1	13.547	142.542	0.214
7	0	-1	0	0	1	-1	11.656	138.780	0.184
8	1	0	1	0	0	1	13.583	142.365	0.179
9	0	-1	1	0	-1	0	11.120	129.550	0.170
10	0	0	1	1	0	-1	11.412	129.665	0.160
11	1	0	0	-1	-1	0	12.967	133.518	0.185
12	0	-1	1	0	1	0	11.018	135.777	0.147
13	0	0	0	0	0	0	12.591	135.149	0.159
14	0	-1	-1	0	-1	0	15.015	141.281	0.285

试验号	A	B	C	D	E	F	R1/kN	R2/kN	R3/mm
15	1	−1	0	1	0	0	12. 369	137. 009	0. 212
16	0	−1	0	0	1	1	13. 989	120. 973	0. 225
17	1	−1	0	−1	0	0	12. 001	135. 871	0. 207
18	1	0	−1	0	0	−1	13. 816	140. 244	0. 271
19	0	1	−1	0	1	0	13. 128	140. 328	0. 272
20	0	1	0	0	1	−1	11. 634	137. 558	0. 188
21	0	1	1	0	−1	0	11. 259	130. 425	0. 177
22	0	1	0	0	1	1	14. 193	145. 861	0. 219
23	0	0	−1	−1	0	1	17. 234	154. 212	0. 308
24	−1	−1	0	−1	0	0	12. 266	134. 080	0. 167
25	−1	0	0	−1	1	0	11. 679	135. 046	0. 151
26	0	0	1	1	0	1	13. 246	142. 307	0. 218
27	0	1	−1	0	−1	0	14. 433	140. 718	0. 289
28	−1	1	0	1	0	0	12. 311	132. 609	0. 166
29	1	0	0	1	−1	0	13. 002	133. 940	0. 187
30	0	−1	−1	0	1	0	13. 099	141. 363	0. 274
31	1	0	0	−1	1	0	12. 199	104. 448	0. 227
32	−1	0	−1	0	0	1	16. 837	151. 289	0. 300
33	1	0	0	1	1	0	12. 034	136. 552	0. 165
34	−1	0	0	1	−1	0	12. 417	132. 247	0. 199
35	0	0	−1	−1	0	−1	14. 286	137. 241	0. 286
36	−1	1	0	−1	0	0	11. 646	132. 596	0. 168
37	−1	−1	0	1	0	0	11. 541	152. 248	0. 135
38	−1	0	−1	0	0	−1	13. 144	127. 253	0. 258
39	0	1	1	0	1	0	10. 893	136. 222	0. 142
40	−1	0	1	0	0	1	13. 261	144. 466	0. 157
41	0	−1	0	0	−1	−1	12. 739	137. 959	0. 267
42	0	1	0	0	−1	1	14. 840	144. 180	0. 219
43	1	1	0	1	0	0	11. 460	135. 318	0. 217
44	−1	0	1	0	0	−1	10. 777	134. 988	0. 164
45	1	0	1	0	0	−1	11. 124	133. 685	0. 137
46	−1	0	0	1	1	0	11. 682	133. 516	0. 238

试验号	A	B	C	D	E	F	R1/kN	R2/kN	R3/mm
47	1	0	−1	0	0	1	17. 335	158. 025	0. 293
48	−1	0	0	−1	−1	0	12. 402	132. 912	0. 199
49	0	0	1	−1	0	−1	11. 469	130. 062	0. 150

7.1.2 基于最大旋轮力的普旋工艺参数的影响规律及交互作用分析

根据表 7-2 中的结果，进行因素和响应的拟合分析，对于响应 R1 最大旋轮力，对比线性函数、2FI 模型、二阶模型、三阶模型的拟合结果后，发现二阶模型的拟合优度最高，达 0.8932，选取该模型进行拟合，得到的回归方程如下：

$$R1 = 12.59 + 0.16A - 0.027B - 1.35C - 0.22D - 0.47E + 1.24F -$$
$$0.15AB - 0.063AC - 5.925 \times 10^{-3}AD - 0.035AE - 0.025AF +$$
$$0.061BC + 0.081BD - 6.494 \times 10^{-3}BE - 0.047BF + 0.55CD +$$
$$0.33CE - 0.22CF - 0.027DE - 0.11DF + 0.18EF -$$
$$0.059A^2 - 0.3B^2 + 0.15C^2 - 0.3D^2 + 0.066E^2 + 1.05F^2 \qquad (7-6)$$

对该模型进行方差分析和显著性检验，结果如表 7-3 所示，其中，Pr>F 项的值小于 0.05 表明该变量是显著的，若大于 0.1 则表明不显著，由此可知，圆角半径、旋轮形状、芯模转速、旋轮轨迹，特别是旋轮轨迹这一项，对最大旋轮力的影响十分显著，这也验证了我们在前述章节对轨迹进行优化以改善成形质量的正确性。

表 7-3 响应 R1 的回归方程的方差分析表

类型	SS	DF	MS	F	Pr>F	显著性
模型	114. 203	27	114. 203	15. 868	<0. 0001	显著
A	0. 589	1	0. 589	2. 211	0. 152	
B	0. 018	1	0. 018	0. 066	0. 800	
C	43. 451	1	43. 451	163. 001	<0. 0001	显著
D	1. 173	1	1. 173	4. 400	0. 048	显著
E	5. 270	1	5. 270	19. 772	0. 0002	显著
F	36. 684	1	36. 684	137. 618	<0. 0001	显著
AB	0. 188	1	0. 188	0. 704	0. 411	
AC	0. 031	1	0. 031	0. 118	0. 735	
AD	0. 0005	1	0. 0005	0. 002	0. 964	
AE	0. 010	1	0. 010	0. 0361	0. 851	
AF	0. 005	1	0. 005	0. 019	0. 893	
BC	0. 030	1	0. 030	0. 112	0. 742	

类型	SS	DF	MS	F	Pr>F	显著性
BD	0.052	1	0.052	0.197	0.662	
BE	0.0007	1	0.0007	0.003	0.960	
BF	0.018	1	0.018	0.066	0.800	
CD	2.429	1	2.429	9.112	0.007	显著
CE	0.894	1	0.894	3.353	0.081	
CF	0.800	1	0.800	3.001	0.098	
DE	0.006	1	0.006	0.021	0.886	
DF	0.105	1	0.105	0.393	0.538	
EF	0.246	1	0.246	0.923	0.348	
A^2	0.018	1	0.018	0.068	0.796	
B^2	0.484	1	0.484	1.817	0.192	
C^2	0.122	1	0.122	0.459	0.505	
D^2	0.474	1	0.474	1.778	0.197	
E^2	0.023	1	0.023	0.086	0.772	
F^2	5.814	1	5.814	21.809	0.0001	显著

注：SS—变差平方和，DF—自由度，MS—均方，Pr>F—无显著性影响的概率。

对该回归方程进一步进行误差统计分析，计算其精密度、多元相关系数、可信度和精确度，如表 7-4 所示，其中多元相关系数 R-Squared 的值越大，说明相关性越好；Adj R-Squared 和 Pred R-Squared 这两个值高且接近，则回归模型能充分说明工艺过程；若两值不高则需要考虑其他具有显著的影响因子。对于 C.V. <10%，表明实验的可信度和精确度高；Adeq Precision 精密度是有效信号与噪声的比值，大于 4 视为合理[126]。

表 7-4 响应 R1 的回归方程误差统计分析

统计项目	值	统计项目	值
Std. Dev.	0.516	R-Squared	0.953
Mean	12.888	Adj R-Squared	0.893
C.V./%	4.006	Pred R-Squared	N/A
PRESS	N/A	Adeq Precision	16.641

注：Std. Dev.—标准差，Mean—平均值，R-Squared—多元相关系数，Adj R-Squared—调整自由度的多元相关系数，Pred R-Squared—预测的多元相关系数，C.V.—实验精确度，PRESS—预测残差平方和，Adeq Precision—精密度。

对于响应 R1，由表 7-4 可知 R-Squared 的值高达 0.95，模型的相关性较好，

Adj R-Squared 较高，达 0.89，但 Pred R-Squared 的值未知，考虑其他对最大旋轮力有显著影响的因素，主要是材料参数（弹性模量、屈服强度等），但由于本节主要针对高温合金的冷旋成形进行研究，材料参数确定，故未对此因素进行试验设计；C. V. 约为 4%，Adeq Precision 达 16.6，实验的可信度和精确度高，较为合理。

通过残差的正态规律分布图、预测值与实际值分布图、残差与预测值分布图可以判断模型的适应性，残差的正态规律分布图位于一条直线上则模型的适应性较好，如图 7-2a 所示；残差的实际值与预测值也应尽可能地分布在同一条直线上，如图 7-2b 所示；残差与预测值分布无规律，如图 7-2c 所示。满足以上几点的模型适应性较好。通过上述各项指标的验证，我们认为对于响应 R1 的拟合结果较好，可以用于下述因素影响规律的分析。

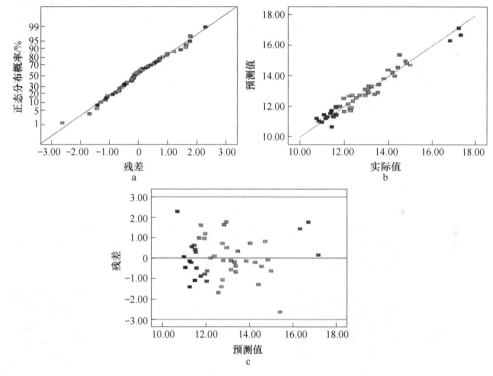

图 7-2　残差模型

a—残差的正态概率分布图；b—预测值与实际值分布图；c—残差与预测值分布图

响应面法关于因素间交互作用的影响可以直观地通过三维立体图和等高线图来表示（以下所有交互作用影响图中图 a 为三维立体图，图 b 为等高线图）。等高线的形状为椭圆形时表示因素的交互作用显著，圆形则表示交互作用不显著。对于响应 R1 最大旋轮力，各因素间的交互作用分析如下。

图 7-3 所示的是旋轮进给速度和旋轮圆角半径的交互影响，由图 7-3b 可知该

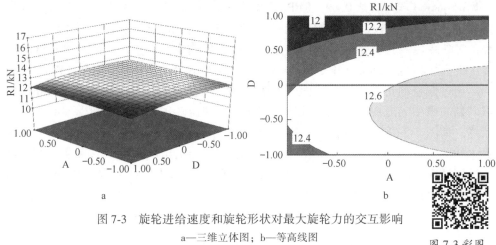

图 7-3　旋轮进给速度和旋轮形状对最大旋轮力的交互影响

a—三维立体图；b—等高线图

图 7-3 彩图

等高线为椭圆形，交互作用明显，椭圆顶点存在于图的右下角位置，即旋轮进给速度在 0.75~1.0，旋轮形状在 -0.5 左右位置，为 R1 顶点，深蓝色区域为 R1 的较小值，此时旋轮进给速度为 -1.0~0.5，旋轮形状位于 0.8~1.0 附近。对于图中的因素旋轮形状而言，真实的旋轮形状为离散变量，故该图中显示的响应面及等高线并不是真实的交互影响关系，但 -1、0 和 1 三点处对应的 R1 值是准确的，如图 7-4b 中红线位置所示，且由于三种旋轮形状并不存在联系，通过四舍五入把接近 0.8~1.0 处的数值近似认为取为 1.0 对应的轨迹。

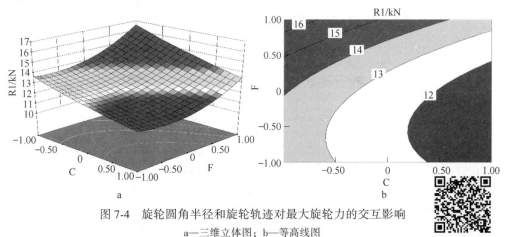

图 7-4　旋轮圆角半径和旋轮轨迹对最大旋轮力的交互影响

a—三维立体图；b—等高线图

图 7-4 彩图

将各因素进行交互作用分析后可知，旋轮圆角半径和旋轮轨迹是对最大旋轮力影响最大的两个因素，由图 7-4a 可知随着这两因素的变化，最大旋轮力的波动十分剧烈（12~16kN），且由图 7-5b 中的等高线图可知两者的交互作用十分明显，针对降低最大旋轮力的改进方案应主要针对这两项参数的影响而设计，图中清晰可知,当旋轮圆角半径位于 0.5~1.0,旋轮轨迹位于-1.0 和-0.5 范围内时,响应 R1 较小。

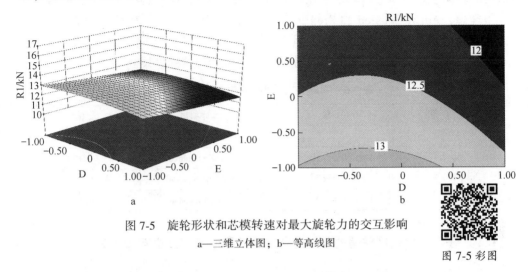

图 7-5 旋轮形状和芯模转速对最大旋轮力的交互影响

a—三维立体图;b—等高线图

图 7-5 彩图

7.1.3 基于最大芯模力的普旋工艺参数的影响规律及交互作用分析

对于响应 R2,对比 7.1.2 节中的各种模型之后选择线性模型,拟合得到的回归方程如下:

$$R2 = 137.1 - 0.71A - 0.036B - 3.15C + 1.39D - 1.28E + 5.22F \quad (7-7)$$

运用前述相同的方法,对该模型进行方差分析和显著性检验,结果如表 7-5 所示,其中,区别于旋轮受力中的各因素影响作用,对于最大芯模受力,仅旋轮轨迹这一项影响显著,可见旋轮轨迹对改善成形过程中受力的重要性。由于 R2 采用线性模型拟合,故不存在对各因素交互作用的影响分析。根据式(7-7)的拟合结果可以看出,6 因素的影响作用大小排序为旋轮轨迹>圆角半径>旋轮形状>芯模转速>旋轮进给速度>旋轮安装角。

表 7-5 响应 R2 的回归方程的方差分析表

类型	SS	DF	MS	F	Pr>F	显著性
模型	989.925	6	164.988	2.734	0.025	显著
A	12.137	1	12.137	0.201	0.656	
B	0.032	1	0.032	0.0005	0.982	
C	238.783	1	238.783	3.957	0.053	
D	46.696	1	46.696	0.774	0.384	
E	39.401	1	39.401	0.653	0.424	
F	652.876	1	652.876	10.820	0.002	显著

对该回归方程进一步进行误差统计分析，计算其精密度、多元相关系数、可信度和精确度，如表 7-6 所示，由于该响应采用线性模型拟合，拟合多元相关性并不理想；Adj R-Squared 和 Pred R-Squared 这两个值不高，但差值小于 0.2，较为接近，考虑到其他的显著影响因子主要是材料参数，如上所述。对于 C. V. <10%、Adeq Precision 大于 4，表明实验的可信度和精确度较高。

表 7-6　响应 **R2** 的回归方程误差统计分析

统计项目	值	统计项目	值
Std. Dev.	7.77	R-Squared	0.281
Mean	137.10	Adj R-Squared	0.178
C. V. /%	5.67	Pred R-Squared	0.016
PRESS	3468.86	Adeq Precision	6.652

7.1.4　基于最大壁厚偏差的普旋工艺参数的影响规律及交互作用分析

对于响应 R3，对比之后选择二阶模型，拟合得到的回归方程如下：

$$R3 = 0.16 + 7.995 \times 10^{-3}A + 5.224 \times 10^{-3}B - 0.05C - 8.318 \times 10^{-3}D -$$
$$9.92 \times 10^{-3}E + 4.007 \times 10^{-3}F - 2.486 \times 10^{-3}AB - 1.502 \times 10^{-3}AC -$$
$$6.555 \times 10^{-3}AD + 3.654 \times 10^{-3}AE + 3.57 \times 10^{-3}AF - 8.5 \times 10^{-3}BC +$$
$$3.401 \times 10^{-3}BD - 6.166 \times 10^{-3}BE - 2.332 \times 10^{-3}BF + 0.028CD -$$
$$3.7 \times 10^{-3}CE + 7.249 \times 10^{-3}CF + 2.881 \times 10^{-3}DE -$$
$$9.063 \times 10^{-3}DF + 0.031EF + 8.603 \times 10^{-3}A^2 + 0.014B^2 +$$
$$0.023C^2 + 3.563 \times 10^{-3}D^2 + 0.023E^2 + 0.029F^2 \tag{7-8}$$

对该模型进行方差分析和显著性检验，结果如表 7-7 所示，旋轮圆角半径、旋轮圆角半径和旋轮形状的交互作用、芯模转速和旋轮轨迹的交互作用影响显著，由于本节中的仿真试验设计针对的是旋压成形第一道次的结果，旋轮轨迹、旋轮进给速度等参数对壁厚的影响作用通过成形道次累积更为明显，在本次实验的方差分析中并未突显，而旋轮圆角半径是对成形壁厚影响最为明显的一个因素，圆角半径越小，旋轮在进给过程中的撵料效果越好，壁厚偏差也会越大。

表 7-7　响应 **R3** 的回归方程的方差分析表

类型	SS	DF	MS	F	Pr>F	显著性
模型	0.097	27	0.0036	2.7824	0.0095	显著
A	0.0015	1	0.0015	1.1887	0.2880	
B	0.0007	1	0.0007	0.5074	0.4841	
C	0.060	1	0.060	46.6528	<0.0001	显著

类型	SS	DF	MS	F	Pr>F	显著性
D	0.0017	1	0.0017	1.2867	0.2694	
E	0.0024	1	0.0024	1.8298	0.1905	
F	0.0004	1	0.0004	0.2985	0.5906	
AB	$4.95×10^{-5}$	1	$4.95×10^{-5}$	0.0383	0.8467	
AC	$1.81×10^{-5}$	1	$1.81×10^{-5}$	0.0140	0.9070	
AD	$6.87×10^{-4}$	1	$6.87×10^{-4}$	0.5327	0.4735	
AE	$1.07×10^{-4}$	1	$1.07×10^{-4}$	0.0828	0.7764	
AF	$1.02×10^{-4}$	1	$1.02×10^{-4}$	0.079	0.7814	
BC	$5.78×10^{-8}$	1	$5.78×10^{-8}$	$4.48×10^{-5}$	0.9947	
BD	$9.25×10^{-5}$	1	$9.25×10^{-5}$	0.0717	0.7915	
BE	$6.08×10^{-4}$	1	$6.08×10^{-4}$	0.4714	0.4999	
BF	$4.35×10^{-5}$	1	$4.35×10^{-5}$	0.0337	0.8561	
CD	0.006	1	0.006	4.9495	0.0372	显著
CE	$1.1×10^{-4}$	1	$1.1×10^{-4}$	0.0849	0.7737	
CF	$8.41×10^{-4}$	1	$8.41×10^{-4}$	0.6514	0.4287	
DE	$6.64×10^{-5}$	1	$6.64×10^{-5}$	0.0515	0.8227	
DF	$6.57×10^{-4}$	1	$6.57×10^{-4}$	0.5091	0.4834	
EF	0.008	1	0.008	5.9579	0.0236	显著
A^2	$3.9×10^{-4}$	1	$3.9×10^{-4}$	0.3021	0.5884	
B^2	$1.08×10^{-3}$	1	$1.08×10^{-3}$	0.8334	0.3717	
C^2	0.003	1	0.003	2.2502	0.1485	
D^2	$6.69×10^{-5}$	1	$6.69×10^{-5}$	0.0518	0.8221	
E^2	0.0027	1	0.0027	2.0934	0.1627	
F^2	0.0043	1	0.0043	3.3194	0.0827	

对该回归方程进一步进行误差统计分析，计算其精密度、多元相关系数、可信度和精确度，如表 7-8 所示，该项中 C.V. 值较高，C.V. 值是用于推断试验数据离散程度的指标，其值越小表明数据的离散程度越小，离散程度越小的数据，越容易拟合，拟合精度也就更高，但 C.V. 值仅为描述性统计，不能精确表征数据的波动性，因此，虽然表 7-8 中该值为 17.21%大于 10%，但仍需通过图 7-6 对拟合模型做进一步判断。此外，存在其他影响最大壁厚偏差的因素，主要考虑为坯料初始厚度，由于本研究只针对坯料壁厚为 2mm 的某种产品，故未考虑坯料厚度因素。

表 7-8　响应 **R3** 的回归方程误差统计分析

统计项目	值	统计项目	值
Std. Dev.	0.036	R-Squared	0.782
Mean	0.21	Adj R-Squared	0.501
C.V./%	17.21	Pred R-Squared	N/A
PRESS	N/A	Adeq Precision	6.732

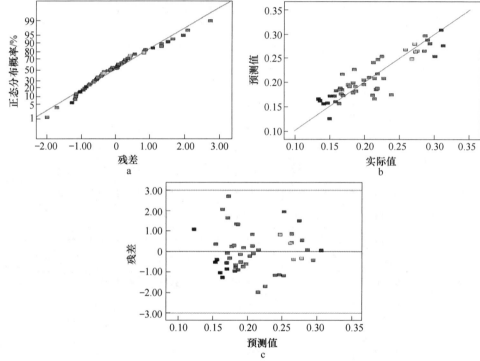

图 7-6　残差模型

a—残差的正态概率分布图；b—预测值与实际值分布图；c—残差与预测值分布图

由图 7-6a 可知，残差的正态规律分布图位于一条直线上，模型的适应性较好，残差的实际值与预测值也尽可能地分布在同一条直线上，如图 7-6b 所示，残差与预测值分布无规律，如图 7-6c 所示，满足以上三点，证明模型可以较为准确地表达出各参数的拟合规律。

对于响应 R3 最大壁厚偏差的交互因素影响规律研究，根据因素影响显著性、经验和前述章节的研究，仅选取了重要因素进行交互作用的研究。

由图 7-7a、b 可知，两因素对于最大壁厚偏差的影响均较小，两因素交互作用

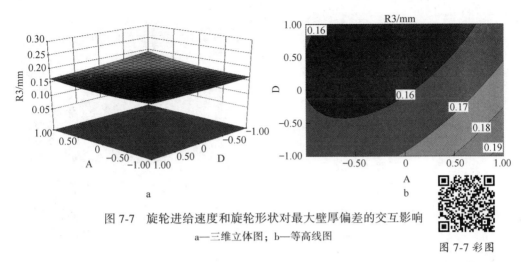

图 7-7　旋轮进给速度和旋轮形状对最大壁厚偏差的交互影响

a—三维立体图；b—等高线图

图 7-7 彩图

明显，较小的壁厚偏差位于旋轮形状在 0~1.0、旋轮进给速度在 -1.0~0 的范围内。

由图 7-8a 可知，红色部分的最大壁厚偏差已超过 0.25mm，远远超过前述各图中的最大值，由图 7-8b 可知旋轮圆角半径和旋轮形状的交互作用明显，且旋轮圆角半径对于最大壁厚偏差的影响较大。

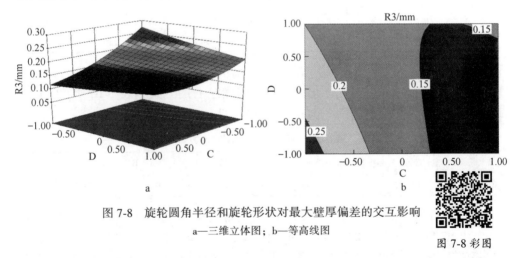

图 7-8　旋轮圆角半径和旋轮形状对最大壁厚偏差的交互影响

a—三维立体图；b—等高线图

图 7-8 彩图

由图 7-9a 可知，该响应面模型中存在最低点，且由等高线图可知两因素的交互作用较为明显，当芯模转速位于 0.5、旋轮轨迹位于 -0.5 左右时存在最大壁厚偏差的极小值。

7.1.5　模型的优化及仿真验证

前述三小节进行了因素的影响规律和交互作用的详细分析，现对前述三个响应的结果权衡后进行优化，根据实际情况选定三响应的重要程度为 R3>R1>R2，

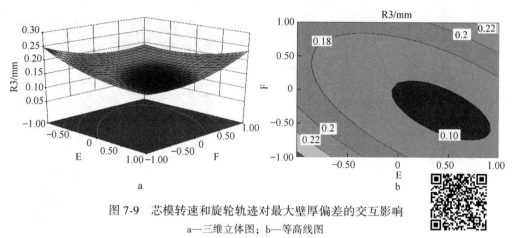

图 7-9　芯模转速和旋轮轨迹对最大壁厚偏差的交互影响

a—三维立体图；b—等高线图

图 7-9 彩图

并根据仿真和经验确定三响应优化的取值范围。由于因素 F 为旋轮轨迹，实际只存在-1、0、1 三个离散水平非连续变量，经过优化计算得到的试验设计方案如表 7-9 所示。

表 7-9　未确定 F 的优化设计方案

A	B	C	D	E	F	$R1_{pre}$	$R2_{pre}$	$R3_{pre}$
-0.84	-0.09	1	-1	1	-0.94	10.297	126.992	0.0943

其中 $R1_{pre}$、$R2_{pre}$、$R3_{pre}$ 为三响应的优化预测值，根据此方案，我们将 F 设为最接近其值的-1，再进行优化设计，得到确定 F 的方案如表 7-10 所示，以该方案进行了仿真模拟得到的结果如表 7-10 中 $R1_{act}$、$R2_{act}$、$R3_{act}$ 所示。

表 7-10　确定 F 的优化设计方案

A	B	C	D	E	F	$R1_{pre}$	$R2_{pre}$	$R3_{pre}$	$R1_{act}$	$R2_{act}$	$R3_{act}$
-0.99	0.05	1	-1	1	-1	10.334	126.754	0.0950	9.132	131.738	0.111

由表 7-10 可知，响应 R1、R2、R3 的预测值和实际值的误差分别为 11.6%、3.9% 和 16.8%，该方案的 Desirability 达 0.845，方案中的误差也与三响应的体量大小有关，但该优化方案中的仿真结果明显优于前述表 7-2 中的各组仿真结果，这也进一步验证了通过该方法优化工艺参数的可行性。

7.2　考虑分类因素的 RSM 强旋成形工艺参数优化

7.2.1　考虑分类因素的 RSM 强旋成形试验方案设计

对于上节使用的试验设计方法虽然起到了优化作用，但若 F 因素位于 0 和-1

水平中间位置时, 轨迹的选取会变得没有倾向性。针对这一情况, 宝洁公司 (P&G) 的 Brenneman 等[127]针对该公司产品的密封工艺提出了一种考虑分类因素的 RSM 设计方法, 其针对密封机器存在三个连续因素温度、压力和速度, 以及一个离散因素 supplier, 本部分内容所研究的强旋工艺的旋轮种类就是类似于 supplier 的一个离散因素。针对前一小节对强旋旋轮的优化, 选取壁厚的最大减薄率、旋轮的进给速度、旋轮安装角、旋轮半径四个连续因素和旋轮形状一个离散变量进行试验设计, 选取各因素的详细参数如表 7-11 所示, 其中, 旋轮形状作为离散变量是一个分类参数, 我们将其分成 E1、E2、E3 三种类别的旋轮 (即图 3-3 中旋轮 a、b 和 c), 分别对应三种拥有不同形状参数的旋轮, 图中各参数的取值见表 7-12。

表 7-11　考虑分类因素的 RSM 设计试验中的参数

水平	A 最大减薄率 /%	B 进给速度 /mm·s^{-1}	C 安装角 /(°)	D 旋轮半径 /mm	E 旋轮形状	R4 最大旋轮力/kN
-1	25	30	-5	62	E1	—
0	30	90	0	68.5	E2	—
1	35	150	5	75	E3	—

表 7-12　旋轮形状参数

旋轮形状	旋轮宽度 a/mm	旋轮圆角半径 r/mm	旋轮半径 R/mm	咬入角 α/(°)	退出角 β/(°)
E1	20	1.2	62~75	25	25
E2	9.6	0.5	62~75	30	60
E3	44	2	62~75	—	—

根据文献 [128] 选用 D-optimal 的设计方法, 对于有限元仿真实验, 不需要重复试验来验证模型扰动和误差, 设计试验以最大旋轮力 R4 为响应, 以 4 个连续变量最大减薄率、旋轮进给速度、旋轮安装角、旋轮半径和 1 个离散变量旋轮形状为因素的试验方案共 30 组, 如表 7-13 所示。由于强旋的三维仿真为多工步仿真, 计算时间长, 为此以二维仿真为实验设计对象, 建立试验方案。

表 7-13　考虑分类因素的 RSM 试验设计方案

试验号	A	B	C	D	E	R4
1	-1	-1	-1	1	E2	3.016
2	0	1	1	1	E3	3.856
3	1	-1	-1	-1	E2	2.496
4	-1	-1	-1	-1	E1	3.069

试验号	A	B	C	D	E	R4
5	1	1	-1	1	E2	4.013
6	1	1	1	1	E1	3.607
7	1	-1	1	-1	E1	3.15
8	-1	-1	1	-1	E2	3.061
9	1	-1	0	1	E3	3.542
10	1	-1	0	-1	E3	3.565
11	1	0	0	0	E2	3.288
12	1	1	-1	-1	E1	3.834
13	0	-1	-1	-1	E3	3.765
14	-1	1	-1	-1	E2	2.448
15	-1	1	1	1	E2	3.309
16	0	0	-0.5	0	E3	3.775
17	1	1	-1	0	E3	3.979
18	0	-1	0	0	E1	3.373
19	-1	1	0	-1	E3	3.553
20	1	-1	-1	1	E1	3.066
21	-1	-1	1	1	E1	3.19
22	0	1	-1	-1	E3	3.756
23	-1	0	-1	1	E3	3.78
24	1	0	1	-1	E3	3.777
25	-0.5	0.5	0.5	0	E1	3.609
26	-1	1	1	-1	E1	3.173
27	-1	1	-1	-1	E1	3.048
28	-1	-1	1	0	E3	3.549
29	1	-1	1	1	E2	3.324
30	1	1	1	-1	E2	3.289

7.2.2   模型的构建及可靠性检验

对表 7-13 的结果进行分析整理，图 7-10 显示的是各因素的扰动分布图，由图可知，对于尽可能小的 R4，在 E1 旋轮作用下，A、B 因素取靠近 -1 水平，C、

D 因素取靠近 1 水平时，R4 在 3.2kN 左右；在 E2 旋轮下，A、B、C、D 因素取靠近-1 水平时，R4 降为 3kN 左右；在 E3 旋轮下，A、B 因素取靠近-1 水平，C、D 因素取靠近 1 水平时，R4 位于 3.7kN 左右。

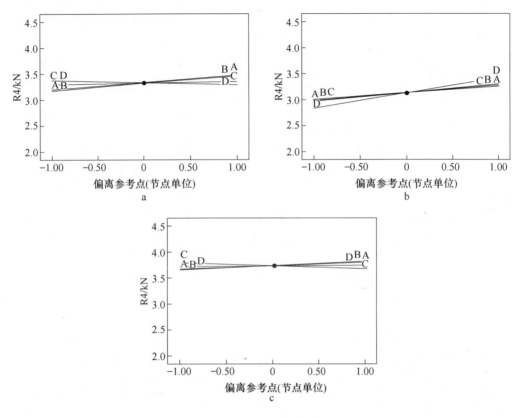

图 7-10　各因素扰动分布图

a—E1 旋轮；b—E2 旋轮；c—E3 旋轮

通过对试验数据的拟合，采用 2FI 模型，得到的考虑 E1、E2、E3 三种旋轮的拟合方程为：

$$R4 = 3.39 + 0.12A + 0.12B + 0.035C + 0.092D - 0.063E1 - 0.27E2 +$$
$$0.16AB - 0.045AC - 0.017AD + 8.38 \times 10^{-3}AE1 + 0.041AE2 -$$
$$0.022BC + 0.04BD + 0.02BE1 + 0.022BE2 - 0.033CD -$$
$$3.509 \times 10^{-3}CE + 0.092CE2 - 0.13DE1 + 0.2DE2 \tag{7-9}$$

各因素的方差分析如表 7-14 所示，其中最大减薄率、进给速度、旋轮半径和旋轮形状、最大减薄率和旋轮进给速度的交互作用、旋轮半径和旋轮形状的交互作用都是强旋工艺中影响最大旋轮受力的显著因素。经过验证，模型的拟合程度较好，可靠性较高。

表 7-14   响应 **R4** 的回归方程的方差分析表

类型	SS	DF	MS	F	Pr>F	显著性
模型	4.173	20	0.208649	5.735	0.0053	显著
A	0.341	1	0.341	9.369	0.0136	显著
B	0.407	1	0.407	11.180	0.0086	显著
C	0.037	1	0.037	1.005	0.3422	
D	0.211	1	0.211	5.795	0.0394	显著
E	1.984	2	0.992	27.266	0.0002	显著
AB	0.526	1	0.526	14.463	0.0042	显著
AC	0.039	1	0.039	1.077	0.3265	
AD	0.0057	1	0.0057	0.157	0.7012	
AE	0.032	2	0.016	0.435	0.6600	
BC	0.0097	1	0.0097	0.267	0.6179	
BD	0.0329	1	0.033	0.905	0.3662	
BE	0.020	2	0.010	0.279	0.7628	
CD	0.022	1	0.022	0.617	0.4523	
CE	0.119	2	0.0596	1.637	0.2475	
DE	0.511	2	0.255	7.022	0.0145	显著

7.2.3   基于最大旋轮力的强旋工艺参数的影响规律及交互作用分析

对于 A、B、C、D 四因素，其中 A 最大减薄率、B 旋轮进给速度两因素可归类为工艺参数，C 旋轮安装角和 D 旋轮半径可归类为模具参数，以下只对该两组不同因素进行最小 R4 分布的分析。

如图 7-11 可知，当使用 E1 旋轮研究 A、B 因素对最大旋轮受力影响的作用时，根据前述各因素的扰动分布图，可以确定 C、D 因素对于最大旋轮受力的影响是同增同减的，故对以上两因素进行水平调节得到不同的 A、B 因素的影响分布图如下，当 C、D 均位于 1 水平时，图中的蓝色区域分布最多，此区域内最大旋轮受力较小，这也符合扰动图中的因素影响规律；而 C、D 位于 0 水平时，蓝色区域分布最少，且 R4 的分布范围较宽，故 C、D 在此水平下，R4 对 A、B 因素的变化更敏感。

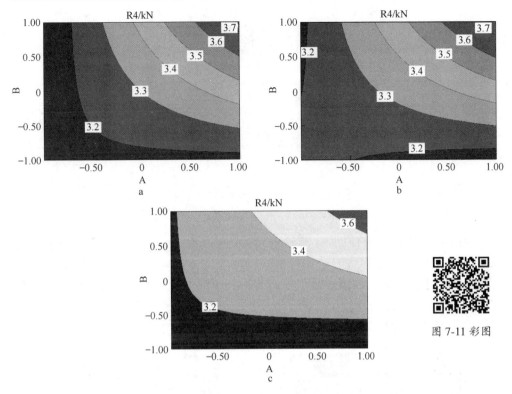

图 7-11 E1 旋轮作用下 A、B 因素对响应 R4 的交互影响

a—C、D 位于−1 水平；b—C、D 位于 0 水平；c—C、D 位于+1 水平

由图 7-12 可知，当使用 E2 旋轮研究 A、B 因素对最大旋轮受力影响的作用时，根据前述各因素的扰动分布图，可以确定 C、D 因素位于−1 水平时对于最大旋轮受力最小，故对两因素进行水平调节得到不同的 A、B 因素的影响分布图如下，当 C、D 均位于−1 水平时，图中全为蓝色区域，此区域内最大旋轮受力较小，这也符合扰动图中的因素影响规律；而 C、D 位于 1 水平时，无蓝色区域分布，且 R4 的分布范围较宽，故 C、D 在此水平下，R4 对 A、B 因素的变化更敏感。

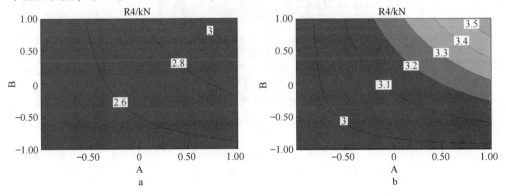

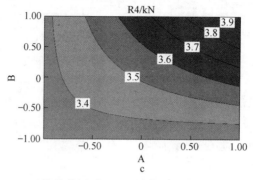

图 7-12 彩图

图 7-12　E2 旋轮作用下 A、B 因素对响应 R4 的交互影响

a—C、D 位于-1 水平；b—C、D 位于 0 水平；c—C、D 位于+1 水平

　　由图 7-13 可知，当使用 E3 旋轮研究 A、B 因素对最大旋轮受力影响的作用时，根据前述各因素的扰动分布图，可以确定 C、D 因素位于 1 水平时对于最大旋轮受力最小，故对两因素进行水平调节得到不同的 A、B 因素的影响分布图如下，由图可知无论 C、D 均位于哪一水平时，图中几乎全为红色区域，区域内最大旋轮受力较大。故该旋轮形状并不适用于强旋工艺的使用。

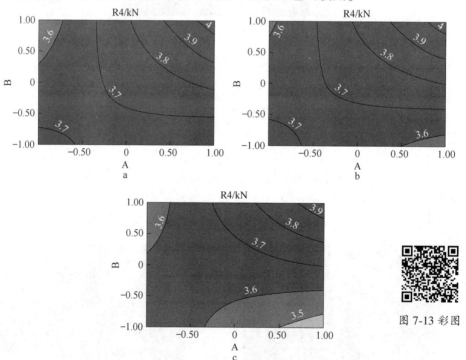

图 7-13 彩图

图 7-13　E3 旋轮作用下 A、B 因素对响应 R4 的交互影响

a—C、D 位于-1 水平；b—C、D 位于 0 水平；c—C、D 位于+1 水平

由图 7-14 可知，当 C、D 位于 1 水平时，旋轮 E1、E3 具有较小的 R4，此水平下，旋轮 E2 并不具备优势，但当 C、D 因素位于 −1 水平时，即对旋轮的安装角和旋轮半径进行调整之后，旋轮 E2 下的 A、B 因素的影响分布如图 7-14d 所示，对比图 7-14a 与图 7-14d 可知，E2 旋轮在强旋工艺下是具有明显优势的，其形状更利于在相同的轨迹和减薄率下，降低旋轮的最大受力，提高设备性能。

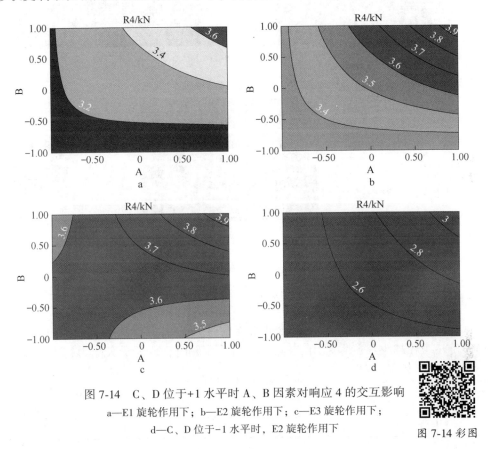

图 7-14　C、D 位于+1 水平时 A、B 因素对响应 4 的交互影响
a—E1 旋轮作用下；b—E2 旋轮作用下；c—E3 旋轮作用下；
d—C、D 位于−1 水平时，E2 旋轮作用下

图 7-14 彩图

由前述扰动分布图可知，对于三种形状的旋轮，A、B 位于−1 时 R4 较小，故图 7-15 显示的是三种旋轮的 C、D 因素对 R4 的影响分布图，为了清晰显示分布，图中采用了不同标尺，对比数值可知，E2 旋轮的受力最小，蓝色区域分布最多。

7.2.4　模型的优化及仿真验证

采用上一小节中类似的优化方法对该模型进行优化，结果显示，表 7-13 中方案 14 即为模型中的最优方案，如表 7-15 所示，此方案下的最大旋轮受力较小，预测值为 2.44018kN，仿真值为 2.448kN，仿真值误差约为 0.3%。由优化方案可知，本实验方案选定的仿真范围内各因素对最大旋轮受力的影响都是呈单增

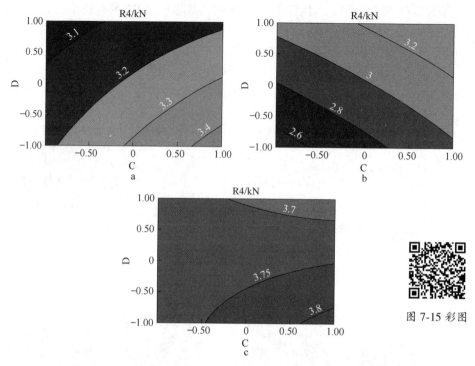

图 7-15 彩图

图 7-15   A、B 位于−1 水平时 C、D 因素对响应 R4 的交互影响

a—E1 旋轮作用下；b—E2 旋轮作用下；c—E3 旋轮作用下

单减式，即最大减薄率越小，旋轮进给速度越大，旋轮安装角（呈负度角）越小，旋轮半径越小，旋轮采用 E2 过渡台阶式旋轮时，旋轮最大受力越小。

表 7-15   优化设计方案

A	B	C	D	E	$R1_{pre}$	$R1_{act}$
−1	1	−1	−1	E2	2.44018	2.448

　　虽然经过仿真和试验设计得到的结果显示，分类因素旋轮形状中，E2 旋轮的效果最好，但是由图 7-2 和表 7-12 中的旋轮宽度可以看出，三种旋轮由于各自用途的不同而在旋轮宽度上存在巨大差异，而这其中 E2 的旋轮宽度最小，为了进一步验证旋轮宽度对最大旋轮力的影响，基于相同旋轮宽度 9.6mm 的三种旋轮 E1、E2、E3，采用方案 14 中的工艺参数进行仿真，对比三种旋轮作用下旋轮 Z 向受力的分布图如图 7-16 所示。由图可以看出，在相同的旋轮宽度作用下，旋轮 E2 的受力分布依然最小，为此，该形状可以作为优选。

　　采用表 7-15 的工艺参数进行三维仿真并与采用 0°安装角的相同工艺的仿真结果进行对比，如图 7-17 所示，两种工艺下的壁厚分布结果类似，但在台阶面

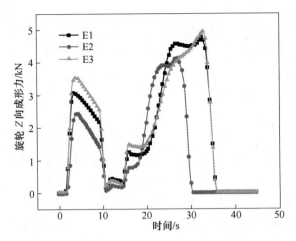

图 7-16 相同旋轮宽度下三种旋轮形状的成形力对比

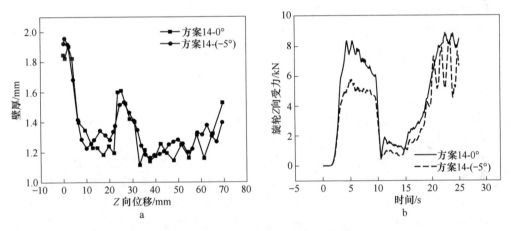

图 7-17 0°和-5°安装角下最优工艺对比

a—壁厚；b—最大旋轮力

处-5°安装角工艺的壁厚偏差更小，且在翼缘位置处的壁厚变化值较小；而最大旋轮力明显降低，最大峰值力下降近 3kN，降幅约 37.5%，受力大大降低。从而证明了该优化方法的可行性和准确性。

7.3 基于均匀设计法优化壁厚渐变锥形回转件强力旋压工艺参数

7.3.1 均匀设计方法

使用均匀设计法必须首先了解均匀设计表的相关概念。均匀设计是根据数论在多维数积分中的应用原理构造的，一般分为等水平均匀设计表和混合水平均匀设计表两种。本节采用等水平均匀设计表，所以在此仅阐述等水平均匀设计表的相关概念，关于混合水平均匀设计表的相关概念可参考相关文献。

等水平均匀设计表 $U_N(q^s)$ 适用于各因素水平数相等的情况，其中 U 表示均匀试验设计，N 表示试验次数，q 表示各个因素的水平数，s 表示设计表的列数。当均匀设计表被选定后，如何将各因素安排在均匀设计表适当的列中是首先要解决的问题。用均匀设计表安排试验时，每个均匀设计表都有对应的均匀设计使用表，该使用表提供了在因素数不同的情况下安排各因素的最佳列号信息。

采用均匀设计表安排试验的一般步骤如下：第一，明确试验目的，确定试验指标；第二，根据理论知识和实际经验，选定对试验指标影响较大的因素；第三，根据试验条件和实践经验，先确定已选定因素的取值范围，然后在其取值范围内划分出适当的因素水平；第四，合理选择均匀设计表；第五，根据均匀设计表的使用表，将各因素安排在均匀设计表相应的列中，即进行表头设计；第六，确定试验方案，并进行试验。

采用均匀设计表安排试验时应注意以下几个问题：

（1）均匀设计法选用的试验点具有均匀分散的特征，但不具备整齐可比性，所以任何一次试验产生的误差都将对后续的结果分析造成很大的影响。为了避免这个问题，试验安排时可以采取一些技巧。比如重复试验以减少误差，或者选用试验次数增加一倍的均匀设计表，又或者根据试验条件和相关要求对原有的各个因素水平进行细分。

（2）当试验次数为奇数时，如果已选均匀设计表的行数也是奇数，则各因素的最大水平相遇，这会导致所有因素的高水平或低水平相遇。如果是化学反应，这会造成反应过于剧烈或者反应太慢而得不到试验结果。为了避免上述问题的产生，可采用带"＊"的均匀设计表，或者适当调整均匀设计表中某些列从上到下的水平号码。

（3）由于均匀设计的试验结果一般通过回归分析法进行处理，所以选择均匀设计表时应该考虑分析试验结果所使用的回归模型，即确保表中的试验次数大于回归模型中的回归系数个数。

均匀设计表没有整齐可比性，所以其试验结果无法采用方差分析法进行分析，一般采取的方法有直观分析法和回归分析法。当试验目的仅仅是寻找一个较优的结果，而又缺乏相关计算工具时，可直接从试验结果中挑选一个最好的，该结果对应的因素水平组合则是要求的较优结果，试验点的均匀分散性使得较优结果和最优结果的差别不会很大，这种方法称为直观分析法。大量实践表明，直观分析法是十分有效的。

均匀设计的试验次数较少，其对应的试验结果也就较少，在多数场合下无法得到理想的结果，因此需要利用回归分析法对试验条件和结果进行分析。当采用回归分析法分析试验结果时，一般先使用多元线性回归模型。如果因素间存在交互作用时，则通常采用二次多项式回归模型。在求解回归方程时，通常采用逐步回归法，否则需要对回归方程进行显著性检验，并且对各个回归系数也要进行显著性检验。

7.3.2 试验设计方案

在各个工艺参数的研究范围内，将芯模转速 n、旋轮进给量 f、旋轮安装角 φ 和旋轮圆角半径 R_n 四个因素的水平数设置为 17。通过查询均匀设计表，发现等水平均匀设计表是合适的选择。GH3030 高温合金壁厚渐变锥形回转件强力旋压仿真模拟的因素水平如表 7-16 所示。

表 7-16 因素水平表

因素水平	$n/\mathrm{r \cdot min^{-1}}$	$f/\mathrm{mm \cdot r^{-1}}$	$\varphi/(°)$	R_n/mm
1	180	0.2	30	4
2	195	0.225	30.75	4.5
3	210	0.25	31.5	5
4	225	0.275	32.25	5.5
5	240	0.3	33	6
6	255	0.325	33.75	6.5
7	270	0.35	34.5	7
8	285	0.375	35.25	7.5
9	300	0.4	36	8
10	315	0.425	36.75	8.5
11	330	0.45	37.5	9
12	345	0.475	38.25	9.5
13	360	0.5	39	10
14	375	0.525	39.75	10.5
15	390	0.55	40.5	11
16	405	0.575	41.25	11.5
17	420	0.6	42	12

查询均匀设计表 $U_{17}^*(17^6)$ 的使用表可知，当因素个数为 4 时，应将各个因素分别放在第 1、2、3、6 列的表头上，再将表中抽象的水平换为各个因素的真实

水平，从而得到了如表 7-17 所示的仿真模拟方案。其中，表格内加括号的数值为各因素的实际水平值。

表 7-17　仿真模拟方案表

因素水平	$n/\text{r} \cdot \text{min}^{-1}$	$f/\text{mm} \cdot \text{r}^{-1}$	$\varphi/(\degree)$	R_n/mm
1	1（180）	5（0.3）	7（34.5）	17（12）
2	2（195）	10（0.425）	14（39.75）	16（11.5）
3	3（210）	15（0.55）	3（31.5）	15（11）
4	4（225）	2（0.225）	10（36.75）	14（10.5）
5	5（240）	7（0.35）	17（42）	13（10）
6	6（255）	12（0.475）	6（33.75）	12（9.5）
7	7（270）	17（0.6）	13（39）	11（9）
8	8（285）	4（0.275）	2（30.75）	10（8.5）
9	9（300）	9（0.4）	9（36）	9（8）
10	10（315）	14（0.525）	16（41.25）	8（7.5）
11	11（330）	1（0.2）	5（33）	7（7）
12	12（345）	6（0.325）	12（38.25）	6（6.5）
13	13（360）	11（0.45）	1（30）	5（6）
14	14（375）	16（0.575）	8（35.25）	4（5.5）
15	15（390）	3（0.25）	15（40.5）	3（5）
16	16（405）	8（0.375）	4（32.25）	2（4.5）
17	17（420）	13（0.5）	11（37.5）	1（4）

7.3.3　试验结果分析

依据表 7-17 中的方案进行仿真模拟，然后进行后处理分析，得到了各组仿真模拟对应的凸缘平面度误差（y_1）、锥筒外表面圆度误差平均值（y_2）与标准差（y_3）以及壁厚类标准差（y_4），如表 7-18 所示。

表 7-18　仿真模拟结果

试验号	因　　素				结　　果			
	$n/\text{r} \cdot \text{min}^{-1}$	$f/\text{mm} \cdot \text{r}^{-1}$	$\varphi/(\degree)$	R_n/mm	y_1/mm	y_2/mm	y_3/mm	y_4/mm
1	1（180）	5（0.3）	7（34.5）	17（12）	0.9974	0.4397	0.1712	0.1762
2	2（195）	10（0.425）	14（39.75）	16（11.5）	0.8060	0.4031	0.1457	0.2023

试验号	因 素				结 果			
	$n/\text{r} \cdot \text{min}^{-1}$	$f/\text{mm} \cdot \text{r}^{-1}$	$\varphi/(°)$	R_n/mm	y_1/mm	y_2/mm	y_3/mm	y_4/mm
3	3 (210)	15 (0.55)	3 (31.5)	15 (11)	1.2371	0.5165	0.1313	0.1731
4	4 (225)	2 (0.225)	10 (36.75)	14 (10.5)	0.8272	0.2735	0.0845	0.1967
5	5 (240)	7 (0.35)	17 (42)	13 (10)	1.1197	0.2319	0.0848	0.2237
6	6 (255)	12 (0.475)	6 (33.75)	12 (9.5)	1.5784	0.2168	0.0559	0.2258
7	7 (270)	17 (0.6)	13 (39)	11 (9)	1.3488	0.2403	0.0812	0.2010
8	8 (285)	4 (0.275)	2 (30.75)	10 (8.5)	1.5954	0.2576	0.0690	0.2032
9	9 (300)	9 (0.4)	9 (36)	9 (8)	1.5254	0.2619	0.0700	0.2237
10	10 (315)	14 (0.525)	16 (41.25)	8 (7.5)	1.3788	0.2430	0.0522	0.2116
11	11 (330)	1 (0.2)	5 (33)	7 (7)	1.8043	0.2629	0.0718	0.2213
12	12 (345)	6 (0.325)	12 (38.25)	6 (6.5)	2.0872	0.2223	0.0451	0.2201
13	13 (360)	11 (0.45)	1 (30)	5 (6)	1.7828	0.2240	0.0390	0.2330
14	14 (375)	16 (0.575)	8 (35.25)	4 (5.5)	1.9150	0.2050	0.0367	0.2457
15	15 (390)	3 (0.25)	15 (40.5)	3 (5)	2.5579	0.2425	0.0487	0.2856
16	16 (405)	8 (0.375)	4 (32.25)	2 (4.5)	1.8518	0.2704	0.1139	0.2623
17	17 (420)	13 (0.5)	11 (37.5)	1 (4)	2.1329	0.3828	0.0487	0.2988

本节采用二次多项式的逐步回归分析法对表 7-18 中的数据进行处理。首先，将数据以矩阵的形式导入 Matlab 软件中；然后，运行已有的二次多项式逐步回归分析函数程序，并调用该函数即可得到二次多项式的逐步回归系数、标准化逐步回归系数以及对应的相关系数 R 等重要信息；最后，根据对应相关系数 R 值的大小确定最优的回归方程，其中相关系数 R 值越接近 1，则回归方程的可靠性越高。

7.3.3.1 对凸缘平面度误差 y_1 的分析

凸缘平面度误差 y_1 的最优回归方程为：

$$y_1 = 2.9182 - 7.9046 \times 10^{-3}n + 9.3907 \times 10^{-4}nf + 2.7674 \times 10^{-4}n\varphi -$$
$$8.9623 \times 10^{-2}f\varphi + 3.2236 \times 10^{-1}fR_n - 6.293 \times 10^{-3}\varphi R_n \quad (7\text{-}10)$$

其中，回归方程中 n、nf、$n\varphi$、$f\varphi$、fR_n、φR_n 项对应的标准化回归系数 Bt 分别为 1.2413、0.0985、1.6653、0.9090、0.9447、1.2766，相关系数 R 为 0.9659。

由式（7-10）可知，芯模转速单独对凸缘平面度误差的影响较为显著，旋轮进给量、旋轮安装角和旋轮圆角半径单独对凸缘平面度误差的影响不显著，但是芯模转速与旋轮进给量、旋轮安装角之间的交互作用，旋轮进给量与旋轮安装角、旋轮圆角半径之间的交互作用以及旋轮安装角和旋轮圆角半径之间的交互作用对凸缘平面度误差的影响较为显著。标准化回归系数 Bt 越大，则对应项对试验结果的影响程度越大，据此可以确定回归方程中各项因素对凸缘平面度误差影响程度的主次顺序，即 n、φ 交互作用>φ、R_n 交互作用>n、f、R_n 交互作用>f、φ 交互作用>n、f 交互作用。

对式（7-10）求偏导并根据各偏导的单调性，可得到使凸缘平面度误差最小的最优工艺参数组合：芯模转速 $n=180\text{r/min}$、旋轮进给量 $f=0.2\text{mm/r}$、旋轮安装角 $\varphi=42°$、旋轮圆角半径 $R_n=12\text{mm}$。

7.3.3.2　对锥筒外表面圆度误差平均值 y_2 的分析

锥筒外表面圆度误差平均值 y_2 的最优回归方程为：

$$y_2 = 0.9742 - 3.0802 \times 10^{-3} nf - 2.0106 \times 10^{-4} nR_n +$$
$$3.3557 \times 10^{-2} f\varphi - 2.2372 \times 10^{-2} fR_n + 5.6383 \times 10^{-5} \varphi^2 -$$
$$2.7531 \times 10^{-3} \varphi R_n + 6.2699 \times 10^{-3} R_n^2 \tag{7-11}$$

其中，回归方程中 nf、nR_n、$f\varphi$、fR_n、φR_n 项对应的标准化回归系数 Bt 分别为 1.7275、0.4996、1.8206、0.3507、2.9874，相关系数 R 为 0.9140。

由式（7-11）可知，各工艺参数单独对 y_2 的影响都不显著，然而旋轮圆角半径与芯模转速、旋轮进给量、旋轮安装角之间的交互作用以及旋轮进给量与芯模转速、旋轮安装角之间的交互作用对其影响较为显著。回归方程中各项因素对 y_2 影响程度的主次顺序为：φ、R_n 交互作用>f、φ 交互作用>n、f 交互作用>n、R_n 交互作用>f、R_n 交互作用。

通过式（7-11）容易得到使锥筒外表面圆度误差平均值最小的最优工艺参数组合：芯模转速 $n=300\text{r/min}$、旋轮进给量 $f=0.55\text{mm/r}$、旋轮安装角 $\varphi=40°$、旋轮圆角半径 $R_n=12\text{mm}$。

7.3.3.3　对锥筒外表面圆度误差标准差 y_3 的分析

锥筒外表面圆度误差标准差 y_3 的最优回归方程为：

$$y_3 = -1.1339 + 4.0086 \times 10^{-3} n - 3.0091 \times 10^{-1} f - 1.4679 \times 10^{-3} nf -$$
$$3.0744 \times 10^{-5} n\varphi + 2.0009 \times 10^{-2} f\varphi + 5.0133 \times 10^{-3} R_n^2 \tag{7-12}$$

其中，回归方程中 n、f、nf、$n\varphi$、$f\varphi$ 项对应的标准化回归系数 Bt 分别为 7.7079、0.9644、1.8846、2.2654、2.4850，相关系数 R 为 0.9520。

由式（7-12）可知，芯模转速和旋轮进给量单独对 y_3 的影响较为显著，其他工艺参数单独对 y_3 的影响不显著。旋轮进给量与芯模转速、旋轮安装角之间的交互作用以及芯模转速与旋轮安装角之间的交互作用对其影响较为显著。回归

方程中各项因素对 y_3 影响程度的主次顺序为：$n>f$、φ 交互作用$>n$、φ 交互作用$>$ n、f 交互作用$>f$。

通过式（7-12）容易得到使锥筒外表面圆度误差标准差最小的最优工艺参数组合：芯模转速 $n=395\text{r/min}$、旋轮进给量 $f=0.4\text{mm/r}$、旋轮安装角 $\varphi=42°$、旋轮圆角半径 $R_n=4\text{mm}$。

7.3.3.4 对壁厚类标准差 y_4 的分析

壁厚类标准差 y_4 的最优回归方程为：

$$y_4 = -0.1224 + 3.8504 \times 10^{-1}f + 1.2621 \times 10^{-6}n^2 +$$
$$7.5294 \times 10^{-6}n\varphi - 1.1147 \times 10^{-2}f\varphi +$$
$$5.2447 \times 10^{-4}\varphi R_n \tag{7-13}$$

其中，回归方程中 f、$n\varphi$、$f\varphi$、φR_n 项对应的标准化回归系数 Bt 分别为 1.4241、0.6403、1.5978、1.5035，相关系数 R 为 0.9337。

由式（7-13）可知，旋轮进给量单独对 y_4 的影响较为显著，其他单个因素对 y_4 的影响不显著。旋轮安装角与芯模转速、旋轮进给量、旋轮圆角半径之间的交互作用对壁厚类偏差的影响较为显著。回归方程中各项因素对 y_4 影响程度的主次顺序为：f、φ 交互作用 $>\varphi$、R_n 交互作用 $>f>n$、φ 交互作用。

通过式（7-13）容易得到使壁厚类标准差最小的最优工艺参数组合：芯模转速 $n=180\text{r/min}$、旋轮进给量 $f=0.6\text{mm/r}$、旋轮安装角 $\varphi=42°$、旋轮圆角半径 $R_n=4\text{mm}$。

7.3.4 优化效果对比

由均匀设计法得到的各优化试验方案如表 7-19 所示。本节对各个优化方案进行仿真模拟，得到了各优化方案对应的目标值。优化方案与原试验方案的结果对比如图 7-18 所示，图中第 1~17 组指原有试验方案的仿真模拟，第 18 组指优化方案的仿真模拟。由图 7-18 可知，和原有试验方案相比，各优化试验方案对应的目标值最小。这说明，采用均匀设计法对各目标进行工艺参数优化的效果较好。

表 7-19　优化方案

工艺参数目标	$n/\text{r} \cdot \text{min}^{-1}$	$f/\text{mm} \cdot \text{r}^{-1}$	$\varphi/(°)$	R_n/mm
凸缘平面度误差	180	0.2	42	12
圆度误差平均值	300	0.55	40	12
圆度误差标准差	395	0.4	42	4
壁厚类标准差	180	0.6	42	4

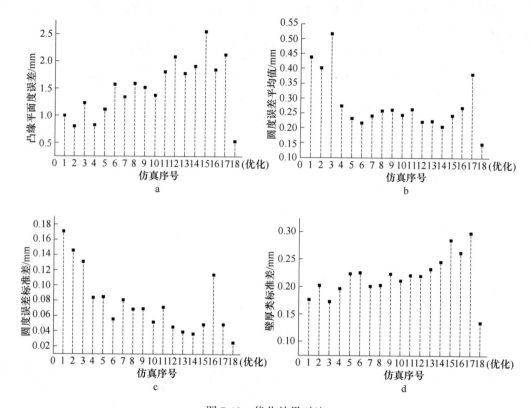

图 7-18　优化效果对比

a—凸缘平面度误差优化前后对比；b—圆度误差平均值优化前后对比；

c—圆度误差标准差优化前后对比；d—壁厚类标准差优化前后对比

8 高温合金旋压成形回弹分析与调控

旋压成形的回弹是指旋轮卸载后,由于工件内弹性应力的释放而造成的形状变化。回弹量严重影响工件的旋压成形精度,而影响回弹量大小的因素主要有屈服强度、弹性模量、坯料厚度、硬化指数等材料相关参数以及旋压工艺相关参数等。对于目标工件的高温合金的旋压成形,材料相关参数已经确定,为此,本章主要针对锥形件冷、热旋成形的工艺参数对回弹的影响规律开展研究与分析,建立了回弹预测模型及回弹补偿策略,并通过实验验证了模型的可靠性。

8.1 薄壁锥形件冷旋压成形回弹分析

8.1.1 薄壁锥形件单道次旋压回弹机理分析

8.1.1.1 回弹的定义

板料旋压回弹主要是指成形结束时工件偏离预期尺寸的形状回弹,回弹的影响因素有物理属性以及道次弯曲变形量分配等。对于钣金机匣的强力旋压来说,从宏观上分析,其回弹变形可以分为两个部分,局部回弹和整体回弹,局部与整体的回弹又与零件的成形结构高度相关。从材料特性角度分析,强力旋压过程中存在塑性减薄旋压,毛坯的变形分为两个部分。如图 8-1a 所示,金属变形的应力–应变曲线可以简化成图示的两条直线段。由材料力学的知识可以知道,应变随着变形的增大而增大,金属材料作为弹塑性材料受力变形存在弹性变形与塑性变形,工件旋压成形后的回弹只发生在弹性应变回复部分,即能够回弹的弹性应变占应变的比例如式(8-1)所示,而最终不会回复的塑性变形占比如式(8-2)所示:

$$\eta_{\mathrm{E}} = \frac{\varepsilon_{\mathrm{E}}}{\varepsilon_{\mathrm{E}} + \varepsilon_{\mathrm{P}}} \tag{8-1}$$

$$\eta_{\mathrm{P}} = \frac{\varepsilon_{\mathrm{P}}}{\varepsilon_{\mathrm{E}} + \varepsilon_{\mathrm{P}}} \tag{8-2}$$

式中,η_{E} 为弹性应变在总应变中的占比;η_{P} 为塑性应变在总应变中的占比;ε_{E} 为弹性应变;ε_{P} 为塑性应变。

图 8-1a 中，当弹性应变增量为 $\Delta\varepsilon_E = \Delta\varepsilon_{E2} - \Delta\varepsilon_{E1}$、塑性应变增量为 $\Delta\varepsilon_P = \Delta\varepsilon_{P2} - \Delta\varepsilon_{P1}$ 时，在图中可以清晰地看出弹性应变增量 $\Delta\varepsilon_E$ 远小于塑性应变增量 $\Delta\varepsilon_P$。因此，按照式（8-1）作图，其中弹性应变每增大 1.1 倍塑性应变增大 2 倍，得到弹性应变比例图如图 8-1b 所示。从图中可以看出，当总的变形量增大时，塑性应变几乎与总变形量同比增大，弹性应变增加得非常少，弹性应变所占比例也在迅速下降，对应的塑性应变占比将迅速增加。因此，当旋压成形完成后，总应变越大塑性应变占比就越高，弹性占比也就越小，回弹将受到塑性变形部分的抑制而越小。

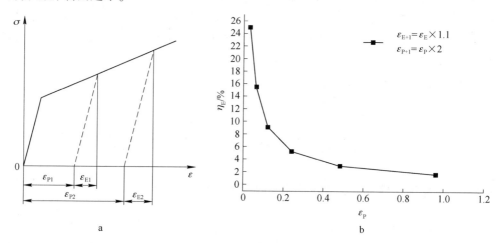

图 8-1　弹塑性应变图
a—弹性与塑性应变占比关系；b—弹性应变比例图

8.1.1.2　回弹量的表达

为了获得钣金机匣旋压回弹的数据，首先要选择适合的回弹量参数。回弹量有多种表达方式：节点位移或弧长表达法；坐标轴轴向位置表达法；角度表达法等。本节所研究的钣金机匣为薄壁锥形回转件，端面与尾顶接触区在成形时不发生材料流动，不发生塑性变形，主要变形区为锥面区域，所以弹性变形主要发生在锥筒区。在此区域，芯模半锥角固定，成形后工件的锥形面内表面直线度较好，使用角度表达法非常适合。图 8-2 为回弹角度表达示意图，图中实线部分为成形件内表面轮廓，其中一条虚线为芯模锥面母线，旋轮进行加工时毛坯沿着芯模锥母线进给，θ_k 为芯模端面与芯模锥面母线的夹角，为理论偏转角；θ'_k 为工件旋压成形结束后芯模尾顶与工件内表面锥母线的夹角，称为实际偏转角；$\Delta\theta$ 为理论偏转角与实际偏转角之差，即回弹角度。

如图 8-3 所示，Ⅰ区为工件的端面，Ⅱ区为工件的锥筒区。为了使测得的回弹角度更加准确，在旋压成形后的零件内表面选取 16 条锥母线，通过仿真软件分别测得每条锥母线所对应的实际偏转角 θ'_k，同时计算出每条锥母线相对应的理

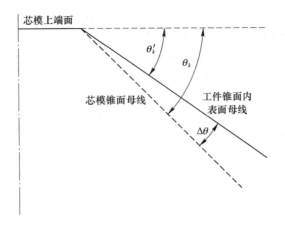

图 8-2　回弹角度表达示意图

论偏转角 θ_k，使用式（8-3）、式（8-4）进行平均回弹角度的计算：

$$\Delta\theta_k = |\theta_k - \theta'_k| \, (k \in Z, \ 1 \leqslant k \leqslant 16) \tag{8-3}$$

$$\Delta\theta = \frac{1}{16}\sum_{k=1}^{16}\Delta\theta_k \tag{8-4}$$

这样平均回弹角就可以反映某一成形件锥筒内表面实际偏转角与理论偏转角的偏离程度。平均回弹角越大则表明该成形件实际偏转角与理论偏转角相差越大，偏转角精度越低；平均回弹角越小，则表明偏转角的精度越高。

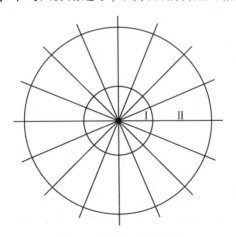

图 8-3　回弹角度采样图

8.1.2　研究方案的确定

能够对回弹产生影响的因素很多，对于薄壁锥形件单道次旋压来说，其主要的影响因素为工艺参数，包括进给比、主轴转速、旋轮安装角度、主轴转速、目标偏转角等。由于机床等旋压设备的因素已经固定，本章接下来将就一些对回弹有较大影响又可实现的工艺等因素进行具体的研究。

下文中基于仿真分析，采用单因素变量分析方法，研究芯模半锥角 α、旋轮与芯模间隙率 G、进给比 f、旋轮个数、毛坯径厚比 r 对回弹角度和成形载荷的影响。具体的单因素实验设计方案如表 8-1 所示。

这里要对其中两个参数进行说明，旋轮与芯模间隙采用与原始毛坯厚度相关的表示方法，旋轮与芯模间隙率 G（以下简称旋轮间隙率）定义如式（8-5）所示，毛坯径厚比 r 如式（8-6）所示：

$$G = \frac{t_0 - t_1}{t_0} \tag{8-5}$$

$$r = \frac{D}{t_0} \tag{8-6}$$

式中 G——旋轮间隙率；

t_0——毛坯原始厚度；

t_1——旋轮与芯模实际距离；

D——毛坯直径；

r——毛坯径厚比。

表 8-1   回弹角度单因素分析实验方案

实验组号	旋轮与芯模间隙率 G/%	进给比 f/mm·r^{-1}	芯模半锥角 α/(°)	旋轮个数	厚径比 r
1	10/15/20/25/30	0.6	45	单轮	60
2	20	0.4/0.5/0.6/0.7/0.8	45	单轮	60
3	20	0.6	35/40/45/50/55	单轮	60
4	10/15/20/25/30	0.6	45	双轮	60
5	20	0.4/0.5/0.6/0.7/0.8	45	双轮	60
6	20	0.6	35/40/45/50/55	双轮	60
7	20	0.6	35/40/45/50/55	双轮	70
8	20	0.4/0.5/0.6/0.7/0.8	45	双轮	70

8.2   工艺参数对冷旋成形回弹角度的影响

8.2.1   单旋轮旋轮间隙对回弹角度的影响

根据表 8-1 单因素设计实验第 1 组方案，保持进给比 0.6mm/r、芯模半锥角为 45°、径厚比为 60 条件不变，得到单旋轮旋压工况下旋轮间隙率对回弹角度的影响。图 8-4 中，旋轮与芯模间隙率从 10% 增大到 30% 时，工件的回弹角度呈现先减小后增大再减小的趋势。当旋轮间隙率为 10% 时，此时坯料减薄非常小，发生的塑性应变也相对较小，回弹角度相对较大。当间隙率由 10% 增大到 15% 时，工件回弹角度有所降低，因为旋轮与芯模间隙减小，旋轮倒角处塑性变形增加，回弹受塑性应变影响有所降低。间隙率由 15% ~ 25% 阶段，旋轮与芯模间隙继续减小，回弹角度呈增大趋势，这是由于随着间隙率继续增加，坯料减薄率继续增加，金属塑性流动加剧，金属塑性应变增加，相对应的回弹角度也在增加。当旋轮间隙率继续增加时，塑性变形继续增大，但回弹角度却在降低，这是由于塑性应变对回弹的抑制作用大于弹性应变的增长，导致回弹的削弱。

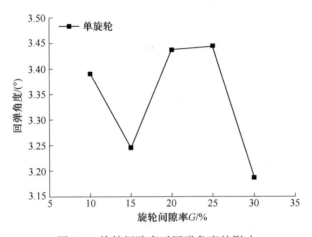

图 8-4　旋轮间隙率对回弹角度的影响

8.2.2　单旋轮进给比对回弹角度的影响

根据单因素实验表 8-1 的第 2 组参数，得到图 8-5 所示单旋轮情况下进给比对回弹角度的影响图。在旋轮进给比由 0.4mm/r 增大到 0.8mm/r 的过程中，回弹角度随着进给比的增大而呈现先增大后减小的趋势。在圆角半径不变的情况下，进给比越大就意味着旋轮在芯模转过一周的同时沿锥母线加工的距离越长。当进给比为 0.4mm/r 时，进给量相对较小，旋轮进给时重复成形区域较大，重复成形区代表旋轮在同一个区域施加旋压力的次数不止一次，重复成形区域中金属材料的变形充分，本组的旋轮间隙率为 20%，减薄量较大，塑性变形较大，弹性变形相对较小，所以此时的回弹角度是最低点。进给比从 0.4mm/r 增大到 0.6mm/r，回弹角度随着进给比的增大而增大，这是因为随着塑性变形的增加，弹性变形的回弹也有所增加。随着进给比的进一步增加，成形区域旋轮重复成形部分逐渐减小，工件整体成形区域的金属变形没有进给比较小时充分，回弹角度将会减小，所以进给比从 0.6mm/r 增大到 0.8mm/r 时，回弹角度是随着进给比的增大而减小的。

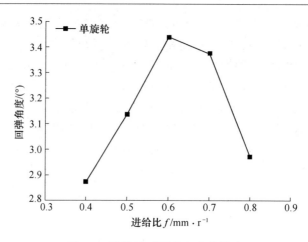

图 8-5   进给比对回弹角度的影响

8.2.3   单旋轮芯模半锥角对回弹角度的影响

图 8-6 为表 8-1 中的第 3 组实验，显示了单旋轮工况下芯模半锥角对回弹角度的影响。当芯模半锥角 35°增加至 55°时，回弹角度呈先增大再减小后增大的趋势。芯模半锥角为芯模锥母线与芯模轴线的夹角，它与理论偏转角为互余的关系，芯模半锥角越大，理论偏转角越小。当芯模半锥角处于 35°~45°时，回弹角度逐渐增大，说明在这个范围内相同的旋轮间隙率与进给比下，理论偏转角越小回弹越大，半锥角为 45°时的回弹角度最大，说明在 45°半锥角成形时金属流动较为均匀，塑性变形也较大，无论是局部回弹还是整体回弹都促使回弹角度的增加。当芯模半锥角达到 50°时，金属塑性变形减小，工件的回弹减小，并达到最小值。当芯模半锥角继续减小到 55°时，回弹角度又有所增加，这是金属流动性增强塑性应变有所增加的结果。

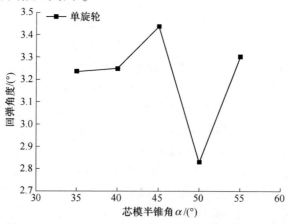

图 8-6   芯模半锥角对回弹角度的影响

8.2.4 单、双旋轮旋轮间隙对回弹角度影响的对比分析

图 8-7 为单旋轮与双旋轮关于旋轮间隙率对回弹角度影响的对比分析图，即表 8-1 中第 1 组与第 4 组实验。从图 8-7 中可以看出，双旋轮旋压成形时，随着旋轮间隙率的增大，成形件的回弹角度呈现略微减小后增大又减小的趋势。在旋轮间隙率为 10% 时，坯料减薄较小，塑性应变也相对较小，受到弹性应变对回弹贡献较大。但双旋轮比单旋轮使坯料受力更加均匀，应变较小，间隙率由 15% 增加到 25% 时，回弹角度迅速增大，因为当旋轮间隙继续减小时，坯料减薄率增加，金属塑性流动加剧，且在双旋轮加工下，金属塑性应变更为均匀，相对应的回弹角度将增加。旋轮间隙率增加至 30%，坯料的减薄较大，金属材料塑性变形继续增加，塑性应变对回弹的抑制作用大于弹性应变的增长，回弹有所降低。

双旋轮整体的变化趋势与单旋轮旋压成形时的变化趋势是相同的。双旋轮在旋压成形过程中，相比较于单旋轮旋压，与坯料接触面积更大，坯料重复成形区域更大，将使坯料在变形时受力更加均匀，所以在旋轮间隙率为 10% ~ 15% 时，工件的回弹双旋轮比单旋轮成形时要更小。旋轮间隙率在 20% ~ 30% 时，双旋轮工况回弹角度明显高于单旋轮工况，由此可见，旋轮个数对成形角度有明显的影响。间隙率小于 20% 时，建议采用双旋轮工况；间隙率大于 20% 时，则建议采用单旋轮工况。

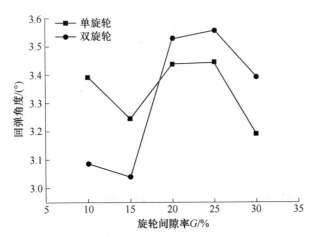

图 8-7 单、双旋轮旋轮间隙率对回弹角度的影响

8.2.5 单、双旋轮进给比对回弹角度影响的对比分析

单旋轮与双旋轮旋压成形进给比对回弹角度的影响如图 8-8 所示，此为表

8-1 中第 2 组与第 5 组的对比结果。从整体上看，双旋轮旋压成形下进给比从 0.4mm/r 增加至 0.8mm/r，呈先减小后增加再减小的趋势。在进给比为 0.4mm/r 时，进给比较小，双旋轮与芯模在进给时重复成形区域较大，回弹较大。进给比减小到 0.5mm/r 时，由于重复成形区域减小，工件回弹角度减小。进给比从 0.5mm/r 增大到 0.7mm/r 时，虽然重复成形区有所减小，但进给速度增大使得金属流动增加，成形件塑性应变增加，回弹角度呈增大趋势。当塑性应变继续增大时，弹性应变的回弹将受到塑性应变的限制，所以进给比为 0.8mm/r 时回弹角度又略有降低。

　　从单旋轮与双旋轮成形对比分析来看，成形件回弹角度随着进给比变化的整体趋势是大致相同的。回弹角的变化都有一个增大又减小的过程，但双旋轮旋压回弹角度的最大值滞后于单旋轮，即双旋轮下回弹角度的峰值在进给比更高时。工件回弹角度的大小，除了进给比 0.5mm/r 两个值几乎相等外，双旋轮工况下回弹角度要高于单旋轮工况下，证明双旋轮旋压成形会普遍增大成形件的回弹量。

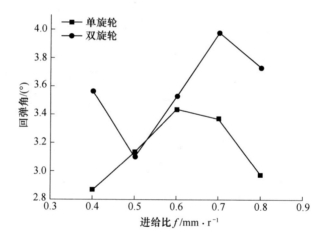

图 8-8　单、双旋轮进给比对回弹角度的影响

8.2.6　单、双旋轮芯模半锥角对回弹角度影响的对比分析

　　单旋轮与双旋轮对比下芯模半锥角对回弹角度的影响如图 8-9 所示，根据表 8-1 实验方案第 3 组与第 5 组得到。由双旋轮得到的折线图可知，随着半锥角的增大，回弹角度呈略增大后减小再增大的趋势。当芯模半锥角由 35° 增大至 40° 时，回弹角度略有增大，这是由于理论偏转角的减小使旋压成形坯料的下压变形量减小，整体回弹有所增加。芯模半锥角增加至 45° 时的回弹角度减小，说明在双旋轮工况下，45° 半锥角成形时坯料变形均匀，塑性变形减小。随着半锥角继

续增大，坯料的理论偏转角继续减小，锥面坡度更加平缓的情况下，工件的整体回弹在增加，因此直至芯模半锥角增加到55°回弹角度一直在增大。

通过单旋轮与双旋轮的对比曲线可以发现，两者在芯模半锥角增大的情况下回弹角度的变化趋势大致相同，只是两条曲线的最低峰值有错距。双旋轮旋压的最小回弹角度出现在半锥角45°，而单旋轮旋压回弹量的最小值出现在芯模半锥角50°，说明由于双旋轮成形下更加高的重叠受力区，整个成形件的塑性变形趋势发生了平移。由图8-9还可以发现，芯模半锥角在35°~55°范围内，双旋轮旋压工艺下回弹角度整体远高于单旋轮旋压，由此可见，旋轮个数在钣金机匣冷旋成形中影响很大。在双旋轮工况下推荐45°的芯模半锥角；单旋轮工况下则最优为50°芯模半锥角。

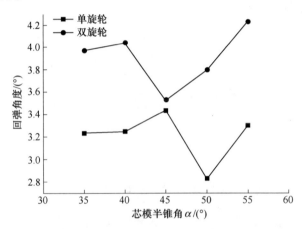

图 8-9　单、双旋轮芯模半锥角对回弹角度的影响

8.2.7　不同径厚比下芯模半锥角对回弹角度影响的对比分析

图 8-10 为不同径厚比下双旋轮工况下芯模半锥角对回弹角度影响的对比分析图，即表 8-1 实验中的第 6 组与第 7 组数据。图中径厚比 60 的曲线为图 8-9 中的双旋轮曲线，就不再赘述。从图 8-10 可以发现，径厚比 70 的回弹角度曲线，随着芯模半锥角的增大整体是在不断下降。当芯模半锥角为 35°与 40°时，毛坯成形的理论偏转角较大，金属流动与塑性变形较大，回弹角度也相对较大。芯模半锥角为 45°时的回弹角度减小，说明在双旋轮工况下，45°半锥角成形时坯料变形均匀，塑性变形减小。芯模半锥角继续增大后，虽在 50°略有增加，但直至半锥角 55°，回弹角度保持在较低水平，这是因为随着芯模半锥角的增大，理论偏转角在减小，旋压成形时金属塑性流动在减小，从而塑性应变降低。

对比径厚比 60 与径厚比 70 的回弹角度曲线图可以发现，径厚比 70 的回弹角度全部低于径厚比 60 的值。径厚比越大，说明用于旋压的坯料直径越大，从而成形件的锥面高度也就越大。锥面材料的增加，将增加成形件整体回弹的难度，且随着半锥角的增大，理论偏转角的减小，工件的整体塑性变形在降低，因此，越是大的芯模半锥角，径厚比大的工件回弹角度与径厚比小的工件差距越大，减小越多。由此可见，增加径厚比可以有效地减小锥形件旋压成形的回弹，且芯模半锥角设计得越大越好。

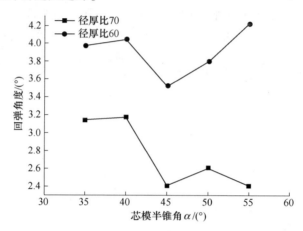

图 8-10   不同径厚比芯模半锥角对回弹角度的影响

8.2.8   不同径厚比下进给比对回弹角度影响的对比分析

不同径厚比下进给比对回弹角度的影响曲线如图 8-11 所示，为表 8-1 中第 5 组与第 8 组的实验方案。由图 8-11 可知，对于径厚比为 70 的成形件来说，进给比由 0.4mm/r 增大至 0.8mm/r 过程中，回弹角度呈现先减小再略有抬升的趋势。进给比较小时，旋轮进给过程中重复成形区域较大，金属材料变形充分，工件的弹塑性应变较大，发生的回弹也较大。随着进给比的增加，芯模每旋转一圈旋轮的进给距离增大，工件重复成形区域越来越小，金属材料变形越来越不充分，成形件回弹角度在减小，所以在进给比超过 0.5mm/r 以后，回弹角度都维持在较小值。

通过径厚比 60 与 70 的回弹角度变化对比图可以发现，当进给比在 0.4 ~ 0.8mm/r 之间变化时，回弹角的变化趋势大致相同，但径厚比较大时，成形件锥面长度增加，在半锥角不变的情况下，锥面长度越长，工件的回弹越困难，尤其在进给比增大，金属变形更加不充分的情况下，径厚比 70 的工件回弹要明显小于径厚比 60 的回弹量。由此可见，径厚比对旋压回弹影响显著。零件设计时，较大的毛坯径厚比可以减少回弹角度，且建议选择合适的进给比，太小或者太大的进给比都会增加成形件的回弹量。

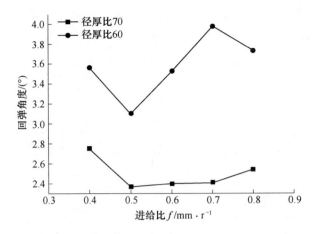

图 8-11　不同径厚比进给比对回弹角度的影响

8.3　基于正交试验的薄壁锥形件冷旋回弹的工艺优化

8.3.1　因素水平与试验指标确定

试验设计是一种通过合理安排多因素多水平试验，以最短的时间得到目标结果的方法，正交试验设计是大家使用较多的方法。

本试验旨在分析旋轮间隙率、进给比和芯模半锥角以及旋轮个数对锥形件冷旋成形回弹角度的影响。因旋轮个数只有单旋轮与双旋轮两个水平，为简化试验设计方案，将除旋轮个数以外的工艺参数作为影响因素，单旋轮与双旋轮工况下成形件的回弹角度分别作为两个目标结果，试验参数如表 8-2 所示。

表 8-2　正交试验因素水平

水平序号	旋轮间隙率 $G/\%$	旋轮进给比 $f/\mathrm{mm \cdot r^{-1}}$	芯模半锥角 $\alpha/(°)$
	A	B	C
水平一	10	0.4	35
水平二	20	0.6	45
水平三	30	0.8	55

8.3.2　正交试验方案设计

根据三因素三水平的工艺参数，选择表号为 $L_9(3^4)$ 的正交表头，为避免重复试验，正交表中设置了一列空列。表号中的各数字表示此正交设计表有 3 个水平 4 列 9 次试验，根据试验表对应的工艺参数组合进行有限元分析，以单、双旋轮回弹角度为评价指标，按图 8-3 所示方法得到回弹角度。正交试验方案与试验结果如表 8-3 所示。

表 8-3　正交试验方案和试验结果

序号	旋轮间隙率 $G/\%$	旋轮进给比 $f/\text{mm} \cdot \text{r}^{-1}$	芯模半锥角 $\alpha/(°)$	空列	单旋轮回弹角度/(°)	双旋轮回弹角度/(°)
1	1 (10)	1 (0.4)	1 (35)		3.5826	3.3130
2	1	2 (0.6)	2 (45)		3.3914	3.0851
3	1	3 (0.8)	3 (55)		2.7768	3.0127
4	2 (20)	1	2		2.8732	3.5655
5	2	2	3		3.3038	4.2283
6	2	3	1		3.1047	3.6553
7	3 (30)	1	3		2.4662	3.3179
8	3	2	1		2.7317	3.3798
9	3	3	2		2.3472	3.5835

8.3.3　极差分析

极差分析法简称 R 法，又叫直观分析法。它具有计算简便、直观形象等优点，是正交试验结果分析比较常用的分析方法。下面对表 8-3 正交试验方案中回弹角度进行极差分析，分别得到表 8-4 与表 8-5 所示的单旋轮、双旋轮回弹角度极差分析表。计算极差的方法如式 (8-7) 和式 (8-8) 所示。

$$T_i = \sum_{t=1}^{n} x_i \tag{8-7}$$

$$R = \max(T_1, T_2, T_3) - \min(T_1, T_2, T_3) \tag{8-8}$$

式中，T_i 为每列水平号为 $i(i = 1, 2, 3)$ 时所对应的试验指标和；R 是每列因素各水平的试验目标的最大值和最小值之差，又称为极差，它的大小反映了一个因素下指标变动量大小。

表 8-4　单旋轮回弹角度的极差分析

因　素	A	B	C
T_1	9.7507	8.9220	9.4190
T_2	9.2818	9.4269	8.6118
T_3	7.5451	8.2287	8.5468
最优水平	3	3	3
R	2.2056	1.1982	0.8722
主次顺序	A>B>C		

　　T_i 的值可以评估各列哪个水平下成形质量最好。因为锥形件旋压回弹角度其值越小越好，所以应该选取 T_1、T_2、T_3 指标中最小的那个水平。在表 8-4 中，A 因素中 $T_3 < T_2 < T_1$，因此水平 3 中 30% 间隙率是最优选项，相同的方法可以判断出，进给比的水平 3 及 0.8mm/r 是进给比中最优方案，芯模半锥角水平 3 即 55° 是该因素下最优方案，综上 A3B3C3 为单旋轮回弹角度最优工艺组合，即在旋轮间隙率为 30%、旋轮进给比为 0.8mm/r、芯模半锥角为 55° 时，GH3030 高温合金锥形旋压件单旋轮工况下回弹量最小，旋压成形精度最好。R 值越大说明它对所在因素的影响越大。各因素对应的 R 值排序为：$R_A > R_B > R_C$，即单旋轮成形件工艺参数对回弹角度影响由大到小排序为 A>B>C，所以旋轮间隙率对回弹角度的影响最大，旋轮进给比次之，芯模半锥角对单旋轮锥形旋压件的回弹影响最小。

表 8-5　双旋轮回弹角度的极差分析

因　　素	A	B	C
T_1	9.4111	10.1964	10.3481
T_2	11.4491	10.6935	10.2344
T_3	10.2813	10.2516	10.5590
最优水平	1	1	2
R	2.0380	0.4971	0.3246
主次顺序	A>B>C		

　　表 8-5 为双旋轮回弹角度的极差分析表，应选取 T_1、T_2、T_3 中最小值所在水平为最优选项。表中 A 因素列 $T_1 < T_3 < T_2$，因此旋轮间隙率（A）第一水平 10%（A1）是该因素的最优选项。同样的方法判断出旋轮进给比（B）的第一水平 0.4mm/r（B1）为该因素下最优选项，芯模半锥角（C）的第二水平 45°（C2）为该因素下最优选项。因此 A1B1C2 为双旋轮工况下回弹角度最优工艺组合，即在旋轮间隙率为 10%、旋轮进给比为 0.4mm/r、芯模半锥角为 45° 时，GH3030 高温合金锥形旋压件双旋轮工况下成形件回弹角度最小，成形精度更高。对于双旋轮旋压工况下，极差 R 的值由大到小的顺序为 $R_A > R_B > R_C$，说明双旋轮成形件工艺参数对回弹角度影响由大到小排序为 A > B > C，因此旋轮间隙率影响最大，其次是旋轮进给比，芯模半锥角对双旋轮锥形旋压件的回弹影响最小。

8.3.4　优化效果对比

　　根据最优工艺组合设计增加了两组试验的仿真结果进行分析，优化方案如表

8-6 所示。将优化后回弹角度与原试验方案中的结果进行对比，如图 8-12 所示，1~9 号为表 8-3 的试验方案，10 号是单旋轮工况回弹角度的优化方案，11 号是双旋轮工况回弹角度的优化方案。

表 8-6　工艺参数优化方案

序号	旋轮间隙率 $G/\%$	旋轮进给比 $f/mm \cdot r^{-1}$	芯模半锥角 $\alpha/(°)$
10	30	0.8	55
11	10	0.4	45

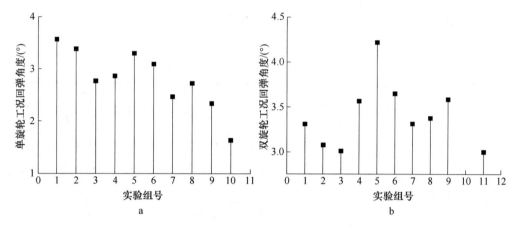

图 8-12　优化效果对比图
a—单旋轮回弹角度优化对比；b—双旋轮回弹角度优化对比

结合图 8-12 和表 8-3 的结果可知，进行工艺优化后得到的单旋轮与双旋轮工况下锥形钣金旋压成形件的回弹角度最小，证明使用正交试验方法对旋压成形件回弹角度的工艺参数优化效果较理想，得到的最优工艺参数组合能够用于指导回弹优化分析。

8.4　锥形件冷强旋实验及结果分析

前述小节是基于有限元仿真软件对 GH3030 高温合金薄壁锥形件的冷强旋过程进行的相关分析，仿真分析的过程一些参数与设置都是经过简化且为理想化模型，在实际旋压成形过程中，会存在各种误差因素，其中最大的误差就是与旋压设备的刚度与精度息息相关的加工误差，这将导致仿真分析结果与旋压实验实际加工出的旋压件结果产生一定偏差。为了验证仿真结果的可靠性，有必要使用相同的材料在相同的条件下进行冷强旋的实验验证。

8.4.1 实验设备

本实验采用 QX250-Ⅱ双旋轮数控旋压机，如图 8-13 所示，该旋压机最大加工直径为 250mm，属于小型旋压机；表 8-7 为旋压机 QX250-Ⅱ的相关参数。

图 8-13　QX250-Ⅱ双旋轮数控旋压机

表 8-7　QX250-Ⅱ双旋轮数控旋压机参数

参 数	规 格	单 位
最大加工直径	250	mm
主轴电机功率	18.5（伺服）	kW
旋轮纵向行程	500	mm
旋轮横向行程	300	mm
主轴最高转速	1800	r/min
最大尾顶力	15	kN
尾顶行程	300+200	mm

8.4.2 冷旋回弹实验方案

为探究各工艺参数对高温合金钣金薄壁锥形件冷强旋回弹角度的影响，旋压实验采用单因素实验方案，实验坯料为镍基高温合金 GH3030，尺寸为直径 120mm，中心具有直径为 $\phi 10mm$ 的小孔，厚度为 2mm，如图 8-14 所示，实验方案如表 8-8 所示。

为了验证各工艺参数下仿真分析结果的准确性，理论上应该设计不同旋轮间隙率、不同旋轮进给比与不同的芯模半锥角的试样方案进行验证，但开发不同半

图 8-14　圆形坯料

表 8-8　单旋轮单因素旋压实验方案

序号	旋轮间隙率 $G/\%$	旋轮进给比 $f/mm \cdot r^{-1}$	芯模半锥角 $\alpha/(°)$
1	10	0.4	45
2	10	0.6	45
3	10	0.8	45
4	15	0.4	45
5	15	0.6	45
6	15	0.8	45
7	20	0.4	45
8	20	0.6	45
9	20	0.8	45

锥角的芯模模具非常昂贵且需要时间，所以芯模半锥角统一采用 45°作为该因素的水平，分别以旋轮间隙率与进给比为变量设计旋压实验，采用单旋轮旋压的方式，其余主要参数为转速 200r/min，径厚比为 60。

8.4.3　实验过程

坯料中心的小孔设计是为了便于装夹时更好地定位在芯模的正确位置。主要操作步骤如下：（1）将设计好的旋轮轨迹程序导入旋压机中；（2）将坯料对好定位孔用尾顶压紧，并保证芯模、坯料、尾顶位于同一轴线上，如图 8-15a 所示,避免由于偏心在加工过程中产生误差,并涂上润滑油;(3)调整旋轮初始位置;(4)开启数控程序进行加工;(5)将旋压完成的零件进行编号,清理润滑剂以便后续测量等操作。实验过程如图 8-15 所示。

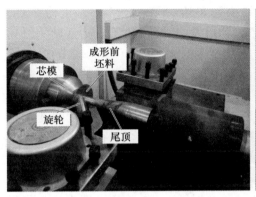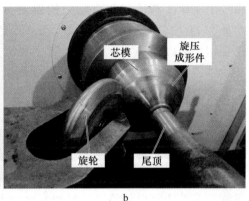

图 8-15 旋压成形实验

a—坯料的装夹;b—成形过程图

8.4.4 实验结果及回弹分析

高温合金 GH3030 薄壁锥形钣金成形件如图 8-16 所示。从图中可以看出,在合理的工艺参数范围内,9 个实验件均具有较好的表面质量,外表面光滑且无螺旋纹等问题。

图 8-16 高温合金 GH3030 薄壁锥形旋压成形件

a—9 个实验成形件;b—2 号实验成形件

根据前述相同的采样方法对锥形件旋压件进行数据分析,得到成形件的回弹角度实验真实值，与仿真得到的回弹角度一起放入表 8-9 中，并计算两者间的误差。

由表 8-9 中的数据可知，在设计的 9 个实验中，单旋轮旋压锥形钣金件回弹角度的实验实测值与仿真结果的误差，最小为 8 号，只有 0.5%，最大为 7 号，误差在 11.7%，总体来看，仿真分析结果较为可靠，以有限元软件为基础的仿真模拟结果可以作为实际旋压生产的指导。表 8-9 中的 9 个实验，又可以分成 3 组，其中 1~3 号为旋轮间隙率保持 10% 不变，不同进给比下回弹角度的变化，同样 4~6 号及 7~9 号分别为旋轮间隙率 15% 和 20% 的工况下的回弹角度分析。将 3 组数据如图 8-17 所示作图，从图中可以清晰地看出各工况下回弹角度的变化趋势及数值大小。旋压实验回弹角度的实测值普遍要低于仿真实验的值，这是因为机床本身存在各种加工误差，其中影响最大的是当机床主轴与旋轮进给系统的刚性不足时，出现的跳动及退刀，这将使旋轮进给与坯料的成形轨迹偏离预期，旋轮间隙率达不到设计值，坯料的变形小于预设变形量。纵向来看，图中仿真分析的回弹角度与实验测得回弹角度变化趋势几乎相同，说明仿真分析的结果能够较准确地展现旋压件的回弹规律；横向来看，实测与仿真回弹角度的三条曲线，都是先增大后减小的变化，这说明，无论坯料的旋轮间隙值怎么变化，随着旋轮进给比由 0.4mm/r 到 0.6mm/r 再增加至 0.8mm/r 时，回弹角度呈现先增大后减小的趋势。

表 8-9　单旋轮单因素旋压实验回弹角度

序号	回弹角度/(°)		误差/%
	实验结果	仿真结果	
1	2.718	3.064	11.3
2	3.253	3.391	4.1
3	2.915	3.241	10.1
4	3.016	3.167	4.8
5	3.150	3.245	2.9
6	3.050	3.228	5.5
7	2.537	2.873	11.7
8	3.454	3.438	0.5
9	3.114	2.973	4.7

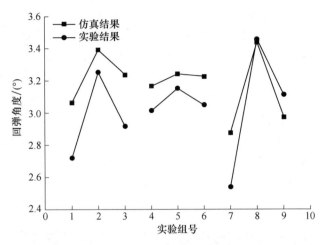

图 8-17 仿真结果与实验结果对比

8.5 锥形件热旋压成形实验及回弹分析

8.5.1 实验设备及过程

实验采用 SXY1000 双旋轮数控旋压机，该旋压机适用于中小直径产品的热旋加工成形，旋压机主要包括旋压工作部分、控制柜和传动系统三部分，如图 8-18 所示。热强力旋压过程中，需要对坯料进行加热至实验温度，以满足实验条件，提高坯料的塑性。实验采用氧气-乙炔火焰喷枪对坯料进行加热及对芯模预热，并在热强旋成形过程中对旋轮加工区域进行保温加热，避免坯料与模具、空

图 8-18 SXY1000 双旋轮数控旋压机

气等的热传导而导致温度下降，降低坯料的塑性，影响锥形回转件的成形质量。为了尽可能地保证旋压实验的准确性和实验结果的可靠性，本实验采用FlukeTi400 热成像仪对旋压件的加热温度进行测量，其温度测量范围为 -20 ~ 1200℃。实验坯料采用直径为 200mm、厚度为 3mm 的 GH4169 高温合金圆形板坯。为方便坯料定位，将坯料固定在尾顶块和芯模之间，且保证尾顶、坯料和芯模保持对心状态，预先在坯料中心打孔。

　　热旋实验具体操作步骤为：第一，将旋轮的运动轨迹导入数控机床中并设置好芯模转速、旋轮进给速度等工艺参数；第二，把 GH4169 高温合金圆形板坯按照预先画好的定位圆固定在尾顶块和芯模之间，并且应该保证坯料中心、芯模中心和尾顶块中心在同一直线，如图 8-19a 所示，以避免实验件由于偏心引起的受

图 8-19　旋压成形实验过程

a—坯料装夹；b—温度测量；c—坯料成形；d—实验样件

力不均匀现象，影响实验件的成形质量；第三，调整并确定旋轮进给的初始位置；第四，转动主轴以带动坯料旋转，用氧气–乙炔火焰喷枪对坯料和芯模进行加热，直至坯料温度满足实验方案需求，温度测量如图 8-19b 所示，并且在加工过程中持续对实验件加工部位保温，以避免坯料与空气、模具等热传导而导致温度下降，造成旋压件在热强旋过程中的精确控制成形；第五，开启旋压设备，进行旋压加工，坯料旋压成形过程如图 8-19c 所示；第六，将旋压完成件进行编号，如图 8-19d 所示，置于常温下冷却，并且在旋压完成后，用毛刷清理由于温度过高而造成部分材料黏附于旋轮表面的黏附物，避免影响旋压件的成形质量。

8.5.2　锥形件热旋成形微观组织规律

本节将探究各工艺参数对高温合金 GH4169 渐变壁厚锥形件热强旋成形件微观晶粒大小的影响。将实验件沿中心线切开按图 8-20 所示取样。

图 8-20　取样图

其中，A 区域分为两部分，一部分为坯料受尾顶芯模固定的区域 A1，一部分为渐变壁厚减薄率最大的成形面区域 A2；B 区域也分为两部分，一部分为减薄率最小的末端 B1，一部分为成形面法兰区域 B2。

GH4169 合金初始微观金相组织如图 8-21 所示，通过双氧水和浓盐酸 1∶1

图 8-21　GH4169 合金初始晶粒大小

混合的腐蚀液滴到试样表面腐蚀 2~10s，再用酒精棉球对试样进行擦拭，确认表面失去镜面光泽且均匀，代表腐蚀完毕。再用电吹风吹干。运用截线法获得平均晶粒尺寸值，其数值约为 51.8μm。

与多道次冷旋成形类似，热强旋的金相组织存在非常明显的晶粒被压扁拉长的现象，在旋压方向上形成连续的纤维状组织，实验所得 A1、A2、B1、B2 区域微观组织如图 8-22 所示。区域 A1 为芯模与尾顶加持部位，基本未发生形变，该区域的晶粒为等轴晶是 γ′ 相与 γ″ 相共存，且有少量的 δ 相存在。区域 A2 为渐变壁厚旋压件减薄率最大的地方，该区域与 A1 区域相比较晶粒明显被拉长细化，由于变形量较大，此处晶粒在旋压方向上晶粒被拉长，厚度方向上宽度变小。在图上可以发现该区域晶界有的非常模糊，有的比较粗大，部分区域有孔洞产生，在较大变形量的情况下该区域极易产生破裂缺陷。并且在厚度方向由外及里晶粒细化程度越来越小。这是因为本次热强旋旋压件的加温是采用乙炔喷枪来进行加热，坯料的外表面为主要受热区域，所以相对于内表面，外表面晶粒细化程度较大。区域 B1 为壁厚减薄程度最小的区域，该区域较 A1 区域相比，晶粒有一定

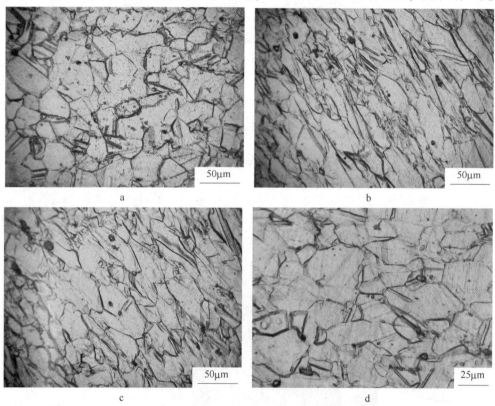

图 8-22　各区域合金相图

a—区域 A1 合金相图；b—区域 A2 合金相图；c—区域 B1 合金相图；d—区域 B2 合金相图

程度的拉长细化，但呈纤维状程度没有 A1 区域那么明显，大部分晶粒成规则地沿旋压方向排布，且厚度方向宽度小，旋压方向长度大；区域 B2 为法兰边区域金相组织，由于该部位几乎没有受到旋压力的作用，晶粒细化并不明显，但与 A1、B1 区域相同，该部位同样出现了由于喷枪加热不均匀导致的内外表面晶粒细化程度不同的现象。

　　图 8-23 分别为 950℃、1000℃、1050℃、1100℃工况下，旋压件的微观金相组织，由截线法测得平均晶粒尺寸分别为 25.5μm、23.6μm、23.9μm、20μm。随着温度的升高，晶粒大小有逐渐细化的趋势，这是由于随着温度的升高，材料的塑性变好，使得旋压力更能达到动态再结晶的临界值，同时增加了旋压件内部晶粒位错密度，为动态再结晶提供了足够的动态再结晶激活能，促进动态再结晶的发生，使得温度越高晶粒细化的效果越好。

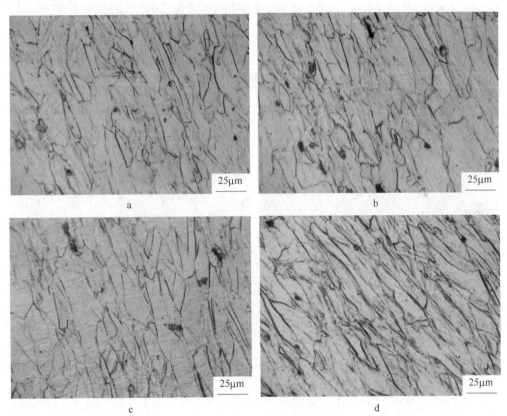

图 8-23　各坯料初始温度微观晶粒图
a—950℃工况；b—1000℃工况；c—1050℃工况；d—1100℃工况

　　图 8-24 分别为进给比 0.3mm/r、0.4mm/r、0.5mm/r 及 0.6mm/r 工况下旋压件的微观金相组织。由截线法测得平均晶粒尺寸为 29.3μm、28.7μm、

24.5μm 和 20.3μm。随着进给比的增大晶粒细化越来越明显，但随着进给比的增加晶粒尺寸的方差也越来越大，这就使得进给比越大晶粒越不均匀。大进给比及旋压力作用下，旋轮主要作用区域更加容易发生动态再结晶，同时每道次成形都会在旋轮进给的相反方向上流动一部分金属，造成了晶粒尺寸不均匀的分层现象。

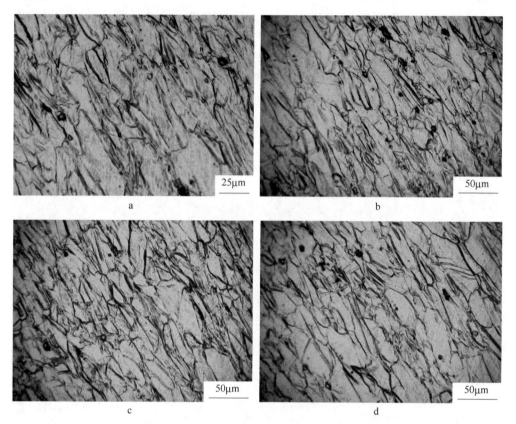

图 8-24　各进给比微观晶粒图

a—0.3mm/r 工况图；b—0.4mm/r 工况图；c—0.5mm/r 工况图；d—0.6mm/r 工况图

8.5.3　高温合金热旋压成形回弹分析

本部分内容的目的是建立钣金机匣回弹模型，为此需要分析偏转角回弹的影响因素，进而探究锥形件偏转角回弹和回弹的补偿方法，即探究理论偏转角与实际偏转角的关系；最后将各主要影响因素的关系式相联系，形成最终的回弹模型，并运用该模型建立偏转角回弹补偿公式。

8.1.1 节已经对偏转角及回弹角度等概念进行了定义，为了探究热旋成形下主要工艺参数对回弹角度的影响规律，本节设计了如表 8-10 所示的实验方案。

采用单因素分析方法研究芯模转速 n、旋轮进给比 f、旋轮圆角半径 R_n、温度 T 对回弹角度的影响规律。

表 8-10　回弹角度单因素分析实验方案

实验序号	芯模转速 $n/\text{r}\cdot\text{min}^{-1}$	旋轮进给比 $f/\text{mm}\cdot\text{r}^{-1}$	旋轮圆角半径 R_n/mm	温度 $T/℃$
1	180	0.4	6	1050
2	240	0.4	6	1050
3	360	0.4	6	1050
4	300	0.2	6	1050
5	300	0.6	6	1050
6	300	0.8	6	1050
7	300	0.4	4	1050
8	300	0.4	8	1050
9	300	0.4	10	1050
10	300	0.4	6	950
11	300	0.4	6	1000
12	300	0.4	6	1100

8.6　热旋主要工艺参数对回弹角度的影响规律

8.6.1　芯模转速对成形件回弹角度的影响

取点所得芯模转速对成形件回弹角度的影响如图 8-25 所示。芯模转速变化对回弹角度的影响在芯模转速为 180~360r/min 之间呈现出先减小后变大的趋势。芯模转速为 180~240r/min 时，回弹角度逐渐减小；芯模转速为 240r/min 时，回弹角度逐渐增加。原因是当芯模转速由 180r/min 提升到 240r/min 时，由于进给量不变，旋轮单位时间内所进给的量随着芯模转速的提升而变大，旋轮作用区域也随之变大，金属变形相对充分，所以芯模转速在该区间变化回弹角度随着芯模转速的变大而减小。当芯模转速由 240r/min 提升至 360r/min 时，芯模转速逐渐偏离最佳工艺参数区间，导致了旋轮作用区域附近材料向周向流动，从而回弹角度逐渐变大。

8.6.2　旋轮进给比对成形件回弹角度的影响

旋轮进给比对回弹角度的影响如图 8-26 所示。在旋轮进给比由 0.2mm/r 提

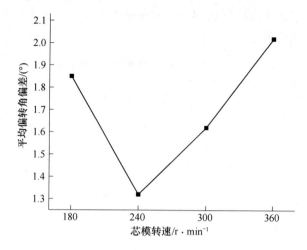

图 8-25   芯模转速对回弹角度的影响

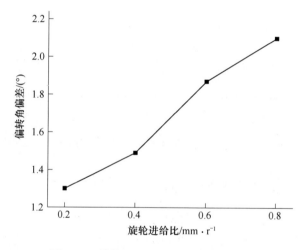

图 8-26   旋轮进给比对回弹角度的影响

升至 0.8mm/r 的过程中，回弹角度随着旋轮进给比的提升而变大。在圆角半径不变芯模转速不变的情况下，进给比越大代表着旋轮每转一圈前进的量越大，即加工的路径越长。在旋轮进给比逐渐增大的过程中，旋轮重复成形的区域越来越小，重复成形区域代表旋轮在这部分区域成形次数不止一次，重复成形区域中金属材料变形充分，所以重复成形区域的减小代表着成形件整体金属变形不充分，所以随着进给比的增大，回弹角度越来越大。但由图中可以看出，在进给比为 0.2~0.8mm/r 的区间中，回弹角度的变化大体上呈线性变化，说明进给比在该区间内回弹角度变化有很强的规律性，可通过拟合方程控制回弹角度。

8.6.3 旋轮圆角半径对回弹角度的影响

旋轮圆角半径对回弹角度的影响如图 8-27 所示。由图可知当旋轮圆角半径处于 4~10mm 的区间中变化时，回弹角度呈现先减小后增大的趋势。当旋轮圆角半径较小时，旋轮重复成形区域较小，即成形件整体金属变形不充分，金属流动不均匀，所以成形件的回弹角度较大，随着旋轮圆角半径的增大且处于 4~6mm 之间时，重复成形区域变大，金属材料变形越来越充分，且金属流动有了改善分布逐渐均匀。在旋轮圆角半径为 6mm 时回弹角度达到最小值，即半径为 6mm 为最佳旋轮圆角半径。当旋轮圆角半径由 6mm 逐渐变化至 10mm 时，旋轮圆角半径变大导致了旋压力能参数的增大，容易产生金属材料的堆积以及隆起等失效缺陷，所以在该变化范围内，回弹角度逐渐增大。

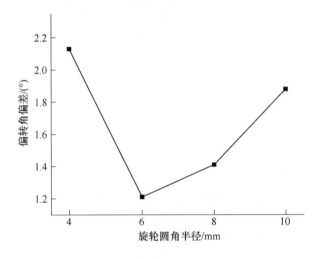

图 8-27　旋轮圆角半径对回弹角度的影响

8.6.4 坯料初始温度对成形件回弹角度的影响

坯料初始温度对成形件回弹角度的影响如图 8-28 所示。由图可知，当坯料初始温度处于 950~1050℃时，回弹角度逐渐减小，成形质量逐渐变好；当坯料初始温度处于 1050~1100℃时，回弹角度逐渐增大，成形质量逐渐变差。当温度由较低水平升高到 1050℃时，金属材料的塑性逐渐变好，金属流动性好，金属材料分布均匀。当坯料温度达到 1050℃时，金属的塑性达到适宜高温合金 GH4169 热强旋成形的温度，此时回弹角度最小为 1.41°。当温度由 1050℃继续上升时，旋压温度过大，金属材料的成形充分，但内壁与芯模紧贴产生较大的摩擦力阻碍内壁的金属流动，所以坯料温度在 1050~1100℃范围内时回弹角度逐渐增大。

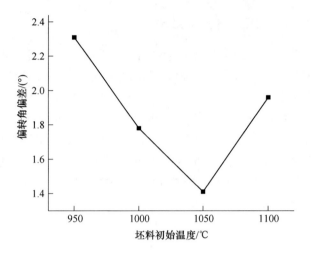

图 8-28　坯料初始温度对成形件回弹角度的影响

8.6.5　偏转角对回弹的影响

旋压偏转角是指坯料尾顶区所在平面与锥母线所成的夹角，其与锥形件的半锥角有互余的关系。回弹前的坯料偏转角称为理论偏转角，然而实际成形时材料是弹塑性的，坯料经过卸载回弹后的偏转角称为实际偏转角，实际偏转角与理论偏转角的差值即为偏转角回弹角度。

图 8-29 所示为成形温度 1050℃、进给比 0.4mm/r、芯模转速 300r/min，偏转角分别为 35°、45°、55°时测得的偏转角回弹。由图可知理论偏转角与实际偏转角基本呈线性关系。由前述图 8-1 可知，当总的变形量增大时，塑性变形占比

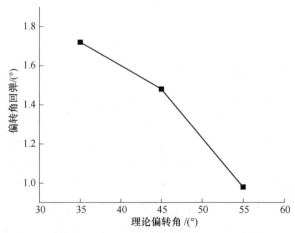

图 8-29　理论偏转角与偏转角回弹

就增大, 与之相比几乎不变的弹性变形所占比就越来越小。当旋轮卸载后总的变形量越大塑性占比越高弹性占比就会越小, 这样偏转角回弹时就会遭到塑性变形部分的抑制, 所以理论偏转角越大, 偏转角回弹越小。

8.7 高温合金热旋成形回弹模型的构建

8.7.1 理论偏转角与偏转角回弹关系方程拟合

由前述理论偏转角回弹影响因素定性可知, 偏转角回弹相关影响因素与理论偏转角和进给比有关。将旋压变形弯曲简化为理想弯曲变形得到偏转角回弹表达公式如式 (8-9) 所示:

$$\Delta\theta = -\theta \frac{\rho}{t} \frac{3S_0(1 - \nu^2)}{E} \tag{8-9}$$

式中, S_0 为材料屈服应力; E 为材料的杨氏模量; ν 为材料的泊松比; ρ 为弯曲部分的曲率; t 为板料的厚度; θ 为板料的弯曲角度 (以表示板料被弯曲形成的回弹角度 $\Delta\theta$)。由式 (8-9) 可知, 偏转角回弹 $\Delta\theta$ 与理论偏转角 θ 呈线性关系。

为此, 将锥形件的旋压偏转角回弹模型设为如式 (8-10) 所示, 用于初步构建理论偏转角与偏转角回弹的关系。

$$\Delta\alpha = k\alpha + b \tag{8-10}$$

式中, α 为坯料成形的理论偏转角; $\Delta\alpha$ 为偏转角回弹; k 和 b 为待定系数, 通过对不同理论偏转角的锥形件的热强旋成形模拟结果来标定 k 和 b 的实际数值。以理论偏转角为自变量的仿真实验结果如表 8-11 所示, 表中成形温度 1050℃、进给比 0.4mm/r、芯模转速 300r/min, 其他非变量因素均保持相同。

表 8-11 理论偏转角自变量实验

序号	理论偏转角 $\alpha/(°)$	实际偏转角 $\alpha'/(°)$	偏转角回弹 $\Delta\alpha/(°)$
1	20	17.47	2.53
2	25	22.76	2.24
3	30	27.98	2.02
4	35	33.28	1.72
5	40	38.37	1.63
6	45	43.52	1.48
7	50	48.82	1.18
8	55	54.02	0.98

将表 8-11 中数据导入 Matlab 进行拟合, 结果如图 8-30 所示, 得到锥形转件理论偏转角与偏转角回弹的关系回归方程, 如式 (8-11) 所示:

$$\Delta\alpha = -0.0449\alpha + 3.4315 \tag{8-11}$$

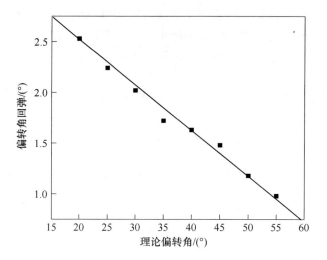

图 8-30　理论偏转角与偏转角回弹线性关系拟合

式（8-11）为锥形件的理论偏转角与偏转角回弹的线性拟合关系。为了验证拟合方程的准确性，对 SSE、R-square、Adjusted R-square、RMSE 四个相关质量分析展开分析。其中，R-square 和 Adjusted R-square 表示拟合数据是否足够接近原数据分布情况，SSE 和 RMSE 表示拟合数据同原数据之间的差异。

$$SSE = \sum_{i=1}^{n} w_i (y_i - \hat{y}_i)^2 \qquad (8-12)$$

SSE 为拟合曲线上对应横坐标各点数值与实验测得实际数据点数值的误差平方和，表示拟合曲线值与原始数值之间的误差，数值越小越趋近于零表示曲线拟合得越准确。

$$SSR = \sum_{i=1}^{n} w_i (\hat{y}_i - \bar{y}_i)^2 \qquad (8-13)$$

$$SST = \sum_{i=1}^{n} w_i (y_i - \bar{y}_i)^2 \qquad (8-14)$$

$$R\text{-square} = \frac{SSR}{SST} = \frac{SST - SSE}{SST} = 1 - \frac{SSE}{SST} \qquad (8-15)$$

式（8-15）中 R-square 表示确定系数，表征拟合系数的可靠性，该数值越接近于 1，拟合优度越好；SSR 用于表示拟合数据与原始实验数据的均值之差的平方和；SST 则表示原始实验数据与原始实验数据均值之差的平方和。

$$RMSE = \sqrt{MSE} = \sqrt{\frac{SSE}{n}} = \sqrt{\frac{1}{n} \sum_{i=1}^{n} w_i (y_i - \hat{y}_i)^2} \qquad (8-16)$$

RMSE 为均方根误差，由式（8-16）可知，RMSE 可以用来表示拟合数据与原始数据的接近程度。

对表 8-11 数据拟合结果分析发现，SSE = 0.26，R-square = 0.95，RMSE = 0.20，拟合结果较好，理论偏转角与偏转角回弹关系方程较为可靠。

8.7.2 进给比与偏转角回弹关系方程拟合

本节将探究不同偏转角下进给比对偏转角回弹的影响，将进给比对偏转角回弹的影响进一步拟合到上节得到的偏转角回弹回归方程中。为了对进给比与偏转角回弹做定量分析，本节建立关于进给比与偏转角回弹关系的系列仿真实验，为了防止坯料在成形过程中产生开裂起皱等失效形式，进给比区间选为 0.2~0.8mm/r。进给比与偏转角回弹系列仿真实验方案及实验数据如表 8-12 所示。

表 8-12　进给比与偏转角回弹关系实验方案及实验数据

序号	理论偏转角/(°)	进给比/mm·r⁻¹	实际偏转角/(°)	偏转角回弹/(°)
1		0.2	17.57	2.43
2		0.4	17.47	2.53
3	20	0.6	17.39	2.61
4		0.8	17.33	2.67
5		0.2	28.13	1.87
6		0.4	27.98	2.02
7	30	0.6	27.85	2.15
8		0.8	27.74	2.26
9		0.2	38.59	1.41
10		0.4	38.37	1.63
11	40	0.6	38.18	1.82
12		0.8	38.01	1.99
13		0.2	49.16	0.84
14		0.4	48.82	1.18
15	50	0.6	48.52	1.48
16		0.8	48.27	1.73

整理表中数据如图 8-31 所示，在同样的理论偏转角下，进给比越大偏转角回弹越显著。20°理论偏转角的折线随着进给比增大偏转角回弹增大趋势最缓，50°理论偏转角的折线随着进给比增大偏转角回弹增大趋势最快，该趋势的变化说明了进给比对于偏转角回弹的影响是与理论偏转角的大小有关的，且随着理论

偏转角的增大，进给比对偏转角回弹的影响越来越显著。进给比越大回弹偏转角越大的原因是，旋压过程中，实际上坯料与旋轮的接触轨迹应为螺旋状，旋轮成形了一部分区域后，绕坯料旋转一圈又会回到原处对已加工区域的一部分进行重复加工，进给比越小，该重复加工区域就越大；进给比越来越大的时候成形件表面会呈现出越来越明显纹路的主要原因也是进给过大，导致重复加工区域较小。重复加工区域在成形过程中多次受到旋轮的旋压力作用，较非重复加工区域其塑性应变占比较多，变形更充分，所以进给比越小回弹就越小。

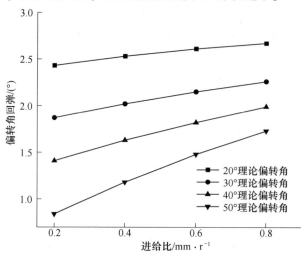

图 8-31　各理论偏转角在不同进给比下偏转角回弹趋势图

由上面论述可知，进给比对偏转角回弹有着直接的影响，为将进给比作为影响因素拟合进初步偏转角回弹关系方程中，需要选择一个进给比量为基准，来研究在一定理论偏转角下，进给比较进给比基准变化量与偏转角回弹较进给比基准所对应的偏转角回弹变化量的比值，该比值可以用作表示单位进给比对偏转角回弹的影响量，如式（8-17）所示。由于上节偏转角自变量实验，系列仿真实验进给比均采用的 0.4mm/r，故将进给比 $f = 0.4$mm/r 设为进给比基准。

$$C = \frac{\gamma_\alpha}{f_{0.4}} \qquad (8-17)$$

进给比影响回弹角表达式如式（8-18）所示：

$$\gamma_\alpha = \Delta\alpha_f - \Delta\alpha_{0.4} \qquad (8-18)$$

式中，f 表示进给比；$\Delta\alpha_f$ 表示当进给比为 f、理论偏转角为 α 时发生的偏转角回弹；同理 $\Delta\alpha_{0.4}$ 表示当进给比为 0.4mm/r、理论偏转角为 α 时发生的偏转角回弹；γ_α 表示在理论偏转角相同时进给比为 f 产生的偏转角回弹与进给比为 0.4mm/r 产生的偏转角回弹之差；C 表示进给比变化对偏转角回弹的影响程度。数据整理如表 8-13 所示。

表 8-13 进给比影响回弹角

进给比影响回弹角/(°)		进给比/mm · r⁻¹			
		0.2	0.4	0.6	0.8
理论偏转角/(°)	20	−0.1	0	0.08	0.14
	30	−0.15	0	0.13	0.24
	40	−0.22	0	0.19	0.36
	50	−0.34	0	0.3	0.55

将表中数据导入 Matlab 中进行拟合，所得进给比与进给比影响回弹角关系趋势图如图 8-32 所示。

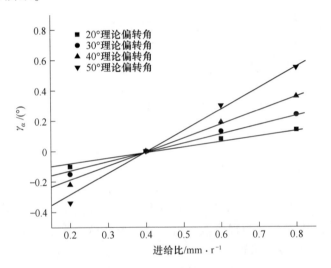

图 8-32 进给比影响回弹角关系趋势图

图 8-32 中，斜率最大到最小依次为理论偏转角为 50°、40°、30°、20°时进给比影响偏转角回弹关系所拟合的直线。各理论偏转角所拟合直线及其拟合质量如表 8-14 所示。

表 8-14 各理论偏转角所拟合直线及其拟合质量

表达式	SSE	R-square	RMSE
$\gamma_{20} = 0.3581(f - 0.4)$	0.06	0.83	0.12
$\gamma_{30} = 0.6525(f - 0.4)$	0.10	0.87	0.17
$\gamma_{40} = 0.9129(f - 0.4)$	0.13	0.89	0.19
$\gamma_{50} = 1.4005(f - 0.4)$	0.15	0.90	0.25

　　由表 8-14 可知各理论偏转角拟合所得方程关系的可靠性，当理论偏转角为 20°、30°、40°、50°时其进给比影响参数 C 的值各为 0.3581、0.6525、0.9129、1.4005，导入 Matlab 进一步拟合关于理论偏转角与进给比影响参数 C 的关系式。理论偏转角与进给比影响参数拟合关系如图 8-33 所示。

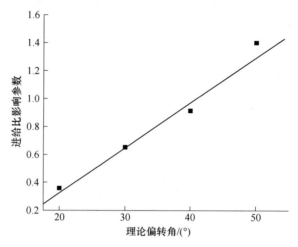

图 8-33　理论偏转角与进给比影响参数拟合

　　故进给比影响参数 C 与理论偏转角拟合关系式为：
$$C = 0.03227\alpha - 0.321 \tag{8-19}$$
　　式（8-19）的拟合质量参数各值为 SSE = 0.09，R-square = 0.81，RMSE = 0.03，即进给比影响参数与理论偏转角拟合关系式拟合质量关系符合要求。将式（8-19）代入式（8-17）可得：
$$\gamma_\alpha = (0.03227\alpha - 0.321)f_{0.4} \tag{8-20}$$
　　该式即表示当进给比为 f、理论偏转角为 α 时，对偏转角回弹产生的改变 γ_α。整合式（8-20）与式（8-11）得到锥形件偏转角回弹模型表达式如下：
$$\Delta\alpha_f = (0.03227f - 0.05781)\alpha + 3.5599 \tag{8-21}$$
式中，$\Delta\alpha_f$ 即表示当理论偏转角为 α、进给比为 f 时，旋压过程产生的偏转角回弹量。

8.7.3　锥形件偏转角回弹补偿

　　本节运用上述推导拟合所得锥形件偏转角回弹模型表达式对偏转角回弹进行补偿，以提高成形件的偏转角精度。

　　令目标需要的锥形件的偏转角为 α_d，则：
$$\alpha_d = \alpha - \Delta\alpha_f \tag{8-22}$$
　　代入式（8-21）可得锥形件偏转角回弹补偿公式如式（8-23）所示：

$$\alpha = \frac{\alpha_d + 3.5599}{1.05781 - 0.03227f} \tag{8-23}$$

8.8 热旋主要工艺参数对壁厚偏差的影响规律

基于有限元模拟仿真实验，本节设计了壁厚偏差单因素分析实验方案如表8-15所示，研究芯模转速 n、旋轮进给比 f、旋轮圆角半径 R_n、温度 T 对壁厚偏差的影响规律。

表 8-15　壁厚偏差单因素分析实验方案

实验序号	芯模转速 $n/\text{r} \cdot \text{min}^{-1}$	旋轮进给比 $f/\text{mm} \cdot \text{r}^{-1}$	旋轮圆角半径 R_n/mm	温度 $T/\text{℃}$
1	180	0.4	6	1050
2	240	0.4	6	1050
3	360	0.4	6	1050
4	300	0.2	6	1050
5	300	0.6	6	1050
6	300	0.8	6	1050
7	300	0.4	4	1050
8	300	0.4	8	1050
9	300	0.4	10	1050
10	300	0.4	6	950
11	300	0.4	6	1000
12	300	0.4	6	1100

为研究各工艺参数对工件壁厚偏差的影响，需要建立一个壁厚偏差的评价指标，本节选用壁厚标准差 Δt 来对壁厚偏差进行评价。壁厚标准差可以用来反映数据集的离散程度，标准差较大则说明工件壁厚偏离理论尺寸较大，如果标准差较小则可说明工件实际壁厚尺寸与理论壁厚尺寸较接近，即壁厚尺寸精度较好。

为使所得数据更具有可信度，在成形件锥形筒身的外表面处均匀地选取 8 条锥母线（如图 8-34 所示，图中 A 区域为尾顶区域，B 区域为旋轮成形区的锥形筒身区域，C 区域为凸缘处法兰边区域），然后在每条锥母线上等距离选取 8 个采样点（采样点避开芯模圆角区域），通过仿真软件后处理获得 64 个采样点处的实际壁厚值 t'_k，相应采样点所在处的理论壁厚值 t_k 通过旋轮轨迹与芯模距离计算得知，壁厚标准差 Δt 计算公式如式（8-24）、式（8-25）所示：

$$\Delta t_k = \left| t'_k - t_k \right| \quad (k \in Z, \ 1 \leqslant k \leqslant 64) \tag{8-24}$$

$$\Delta t = \frac{1}{8} \sqrt{\sum_{k=1}^{64} (\Delta t_k)^2} \tag{8-25}$$

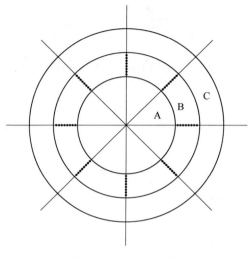

图 8-34　壁厚采点图

8.8.1　芯模转速对成形件壁厚偏差的影响

取点计算得到芯模转速对壁厚偏差的影响规律如图 8-35 所示，由图可知，在不同的芯模转速下，壁厚偏差标准差最大值为 0.185，最小值为 0.097，且呈明显的规律变化。在芯模转速由 180r/min 提高到 360r/min 时，壁厚偏差标准差先增大后减小，这说明当进给比一致、芯模转速在一个较小的水平时旋轮与成形件的接触时间长，金属变形充分，所以壁厚偏差标准差较小。当芯模转速由低水平向中水平变化后，壁厚偏差标准差逐渐变大，这是因为在进给比不变的情况下，随着芯模转速的变大，成形的时间变短，金属变形不充分。当芯模转速由中水平向高水平变化后，壁厚标准差逐渐变小，这是因为成形时间进一步缩短，但金属材料的变形更加剧烈，产生的内能将变形区域的温度升高进而改善了材料的塑性，同时由于金属剧烈的塑性变形而产生的热，相对因为空气对流而流失的热量而言较大，所以芯模转速由 240r/min 变化至 360r/min 时，壁厚偏差标准差逐渐减小，随着金属塑性的提升，成形质量逐渐变好。芯模转速为 180r/min 时，偏转角标准差为 0.097，成形质量最好；芯模转速为 360r/min 时，偏转角标准差为 0.102。

8.8.2　旋轮进给比对成形件壁厚偏差的影响

旋轮进给比对成形件壁厚偏差的影响如图 8-36 所示。由图中数据可知，在其他条件一致、旋轮进给比由 0.2mm/r 增至 0.8mm/r 的情况下，壁厚偏差标准差呈现逐渐增大再减小再增大的趋势，且壁厚偏差标准差的峰值分别在进给比为

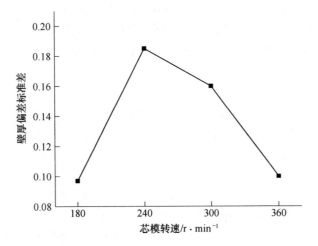

图 8-35　芯模转速对壁厚偏差标准差的影响

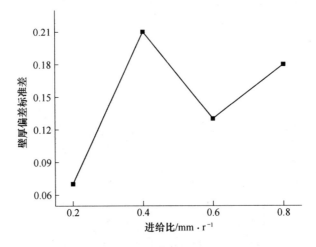

图 8-36　进给比对壁厚偏差标准差的影响

0.2mm/r 和 0.4mm/r 时，壁厚偏差标准差为最小值 0.07 和最大值 0.21。首先，在旋轮进给比由 0.2mm/r 增加至 0.4mm/r 的过程中，壁厚偏差标准差由 0.07 增大至 0.21，成形件的成形质量变差，这是因为，随着旋轮进给量的增大，金属的变形速率加快，但进给比为 0.2~0.4mm/r 时该阶段进给比仍处于较低水平，成形时间较长，此时金属变形产生的内能不足以弥补由于空气对流散失的热量，所以金属材料的塑性逐渐下降，弹性变形占比增大，壁厚偏差标准差逐渐变大。而在进给比由 0.4mm/r 增加至 0.6mm/r 的过程中，金属变形的速率加快，此时进给比维持在一个较高水平，缩短了成形的时间，金属由于变形产生的热量大于由于空气对流散失的热量，金属材料的塑性逐渐增大，弹性变形占比减小，所以壁厚偏差标准差逐渐减小。当进给比由 0.6mm/r 增加至 0.8mm/r 时，旋轮进给比的增大逐渐导致金属流动的不均匀，易在旋轮将要成形的区域产生金属材料堆积，成形质量逐渐下降，壁厚偏差标准差呈增大的趋势。

8.8.3　旋轮圆角半径对成形件壁厚偏差的影响

不同旋轮圆角半径对壁厚偏差标准差的影响如图 8-37 所示。由图中数据可知，旋轮圆角半径位于 4~8mm 的区间时，成形件的壁厚偏差标准差逐渐由 0.231 减小至 0.043；旋轮圆角半径由 8mm 增大至 10mm 的区间中，壁厚偏差标准差又递增至 0.187。在旋轮圆角半径位于 4~8mm 区间时，过小的旋轮圆角半径与变形区接触面积小，金属变形相对不充分，此时壁厚偏差标准差也相对较大，随着旋轮圆角半径的增大，其他条件不变的情况下，旋轮与变形区的接触面积变大，坯料的重复成形区域也变大，成形件变形区域金属变形充分，壁厚偏差标准差减小。在旋轮圆角半径为 8~10mm 区间时，旋轮的圆角半径过大，导致旋压的力能参数变大，坯料在成形过程中会产生金属材料的堆积隆起，此时的壁厚偏差标准差也逐渐变大。

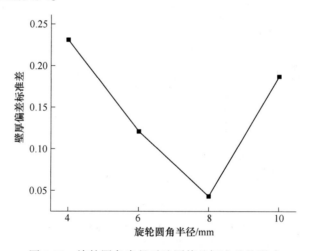

图 8-37　旋轮圆角半径对壁厚偏差标准差的影响

8.8.4　坯料初始温度对成形件壁厚偏差的影响

不同坯料初始温度对壁厚偏差标准差的影响如图 8-38 所示。由图可知，当温度为 1050℃时壁厚偏差标准差最小，略大于 0.18，而总体上壁厚偏差标准差随着坯料初始温度的提升先减小再增大。在坯料初始温度由 900℃向 1050℃改变时，壁厚偏差标准差逐渐减小，这是因为在这个温度升高的过程中材料的塑性逐渐提升，金属流动性逐渐增强，这时随着金属塑性的逐渐提升，旋压的成形质量越来越好，壁厚偏差标准差逐渐减小。当坯料初始温度由 1050℃ 向 1100℃ 改变时，壁厚偏差标准差逐渐增大，这是因为高温合金 GH4169 在温度为 1000℃ 左右就达到了良好的塑性变形阶段，1100℃ 的坯料初始温度相对 1000℃ 较高，随着金属材料塑性的进一步提升，坯料在成形过程中容易因过变形而导致产生起皱、破裂等缺陷。即在材料温度上升至 1100℃ 后成形件有了产生缺陷的趋势，此时壁厚偏差标准差必然会逐渐增大。因此，高温合金 GH4169 热强旋成形的成形温度区间选取在 1000~1050℃ 为宜。

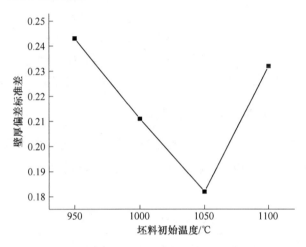

图 8-38　坯料初始温度对壁厚偏差标准差的影响

8.9　高温合金热旋成形壁厚回弹及其回弹补偿

本部分内容的目的是建立锥形件壁厚回弹的回弹模型以及回弹补偿的公式。为此需要分析主要工艺参数对壁厚回弹的影响规律，进而探究锥型件壁厚回弹的补偿方法，即理论壁厚值与实际壁厚值的关系，建立回弹模型，并运用该模型补偿壁厚回弹。

8.9.1　壁厚回弹的影响因素

在锥形件的热强旋成形中，壁厚的回弹数值不只取决于一个工艺参数的变动，而是由各种工艺参数相互影响而决定的。通过上节工艺参数对壁厚偏差影响规律的单因素分析可知，在芯模转速为 180~360r/min 时，壁厚偏差标准差先增大后减小；在旋轮进给比为 0.2~0.8mm/r 时壁厚偏差标准差先增大后减小再增大；在旋轮圆角半径为 4~8mm 的区间时壁厚偏差标准差先减小再增大；在坯料初始温度为 950~1100℃ 时壁厚偏差标准差先减小再增大。以上研究的各工艺参数对于壁厚偏差标准差的影响没有明显的线性关系，若将各工艺参数都拟合到回弹公式中，计算量过于庞大，为此本节采用正交试验设计法来探究最佳的工艺参数组合，以此来得到一组能使壁厚回弹量最小的工艺参数组合。

由前述分析可知，随着理论偏转角的增大，材料的塑性应变占比增大，弹性应变占比就会相对减小，其中的塑性应变会阻碍回弹导致偏转角回弹减小。理论壁厚是由旋轮轨迹与芯模之间的间隙决定的，实际壁厚则是由于理论壁厚应旋轮的卸载而发生回弹所得的壁厚值，壁厚的回弹也与材料的塑性占比有关，即材料发生塑性变形的程度越大，回弹越低。所以理论壁厚越小壁厚的回弹越小，实际壁厚与理论壁厚越接近。本部分内容通过正交试验法得出最优工艺参数组合，将其他工艺参数对壁厚回弹的影响因素降到最低，然后探究理论壁厚对壁厚回弹的影响；建立理论壁厚与壁厚回弹关系的模型，进而对壁厚的回弹进行补偿。

8.9.2 基于热旋壁厚偏差的正交试验设计

选取主要工艺参数芯模转速 n、旋轮进给比 f、旋轮圆角半径 R_n 和坯料初始温度 T 作为因素水平，壁厚偏差标准差为响应，开展四因素四水平的正交试验设计，如表8-16所示。

表8-16 正交试验因素水平表

因素	芯模转速 $n/r \cdot min^{-1}$	旋轮进给比 $f/mm \cdot r^{-1}$	旋轮圆角半径 R_n/mm	坯料初始温度 $T/℃$
水平一	180	0.2	4	950
水平二	240	0.4	6	1000
水平三	300	0.6	8	1050
水平四	360	0.8	10	1100

选取 $L_{16}(4^4)$ 正交表，按所设计试验方案分组在有限元仿真软件中分析计算，以壁厚偏差标准差为评价指标，所得正交试验方案和实验结果如表8-17所示。

表8-17 正交试验方案和试验结果表

试验序号	芯模转速 $n/r \cdot min^{-1}$	旋轮进给比 $f/mm \cdot r^{-1}$	旋轮圆角半径 R_n/mm	坯料初始温度 $T/℃$	壁厚偏差标准差/mm
1	1 (180)	1 (0.2)	1 (4)	1 (950)	0.132
2	1	2 (0.4)	2 (6)	2 (1000)	0.512
3	1	3 (0.6)	3 (8)	3 (1050)	0.173
4	1	4 (0.8)	4 (10)	4 (1100)	0.256
5	2 (240)	1	2	3	0.062
6	2	2	1	4	0.051

试验序号	芯模转速 $n/\text{r} \cdot \text{min}^{-1}$	旋轮进给比 $f/\text{mm} \cdot \text{r}^{-1}$	旋轮圆角半径 R_n/mm	坯料初始温度 $T/℃$	壁厚偏差 标准差/mm
7	2	3	4	1	0.212
8	2	4	3	2	0.184
9	3（300）	1	3	4	0.176
10	3	2	4	3	0.421
11	3	3	1	2	0.287
12	3	4	2	1	0.174
13	4（360）	1	4	2	0.072
14	4	2	3	1	0.125
15	4	3	2	4	0.153
16	4	4	1	3	0.201

8.9.3　热旋成形壁厚偏差的极差分析

极差分析法已在 8.3.3 节中进行了介绍，对上述试验方案进行极差分析，结果如表 8-18 所示。各旋压工艺参数的优水平由 T_i 来决定。T_i 越小，说明在该水平的工艺参数下，成形件的壁厚偏差标准差越小，即此时成形件的实际壁厚与理论壁厚越为接近。由观察表中数据可得，A 因素列中 T_3 最小为 2.128，所以 T_3 为芯模转速的最优水平；B 因素列中 T_3 最小为 1.542，所以 T_3 为旋轮进给比的最优水平；C 因素列中 T_2 最小为 2.119，所以 T_2 为旋轮圆角半径的最优水平；D 因素列中 T_3 最小为 1.325，所以 T_3 为坯料初始温度的最优水平。即芯模转速 300r/min、旋轮进给比 0.6mm/r、旋轮圆角半径 6mm、坯料初始温度 1050℃ 为壁厚偏差正交试验的最优工艺参数组合。在该组工艺参数下成形件的壁厚偏差最小，壁厚的回弹最小，尺寸精度高。由表中极差 R 的大小可以判断各因素对壁厚偏差的影响程度，即旋轮进给比>温度>旋轮圆角半径>芯模转速。

表 8-18　成形件壁厚偏差的极差分析表

因素	A	B	C	D
T_1	2.765	2.498	3.121	3.562
T_2	2.315	1.674	2.119	1.632
T_3	2.128	1.542	2.341	1.325
T_4	2.781	3.879	3.453	2.074
t_1	0.6354	0.4510	0.7421	0.8713

因素	A	B	C	D
t_2	0.6643	0.6192	0.5098	0.4023
t_3	0.7325	0.71458	0.5721	0.9125
t_4	0.7212	0.942	0.9112	0.5362
最优水平	3	3	2	3
R	0.653	2.337	1.334	2.237
主次顺序	B	D	C	A

8.9.4　理论壁厚与壁厚回弹的关系

在上一节中，通过正交试验确定了壁厚偏差的最优工艺参数组合，即当芯模转速为 300r/min、旋轮进给比为 0.6mm/r、旋轮圆角半径为 6mm、坯料初始温度为 1050℃时壁厚偏差最小。这一节采用最优工艺参数组合来进行模拟仿真，探究理论壁厚与壁厚回弹数值的关系。研究对象为钣金机匣，成形件锥形筒身区域壁厚沿锥母线成形方向逐渐增大，即理论壁厚逐渐增大。壁厚回弹的数值为实际壁厚与理论壁厚数值的差，即：

$$\Delta t = t - t' \tag{8-26}$$

式中，Δt 为壁厚回弹值；t 为实际壁厚值；t' 为理论壁厚值。

研究对象原始壁厚为 3mm，对于渐变壁厚钣金机匣，其壁厚变化范围为 1.4~2.0mm、1.6~2.2mm、1.8~2.4mm，实验方案及实验数据见表 8-19。

表 8-19　理论壁厚与壁厚回弹关系表

序号	渐变情况/mm	薄端实际壁厚/mm	回弹数值/mm	厚端实际壁厚/mm	回弹数值/mm
1	1.4~2.0	1.492	0.092	2.204	0.204
2	1.6~2.2	1.734	0.134	2.468	0.268
3	1.8~2.4	1.986	0.186	2.697	0.297

由表中数据可知，随着目标壁厚的逐渐增加，壁厚的回弹数值也逐渐增加，所以设理论壁厚与壁厚回弹数值的关系式为：

$$\Delta t = kt + b \tag{8-27}$$

式中，Δt 为壁厚回弹值；t 为理论壁厚；b 为待定系数；k 为理论壁厚影响系数。将表 8-19 中数据导入 Matlab 进行数据拟合，如图 8-39 所示，拟合方程见式 (8-28)，拟合质量参数各值为 SSE = 0.12、R-square = 0.87、RMSE = 0.08。

$$\Delta t = 0.1955t - 0.1754 \tag{8-28}$$

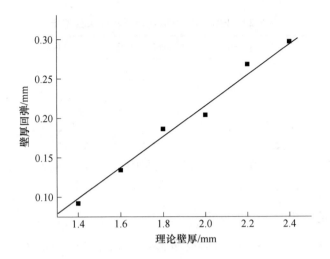

图 8-39　理论壁厚与壁厚回弹

8.9.5　锥形件的壁厚回弹补偿

本节运用上一小节中得到的理论壁厚与壁厚回弹的关系式对壁厚回弹进行补偿，以提高钣金机匣壁厚尺寸精度。

为补偿壁厚的数值，假设锥形件的目标壁厚为 t_d，目标壁厚值为理论壁厚值 t 发生壁厚回弹后的数值，壁厚回弹为 Δt，三者关系见式（8-29）：

$$t_d = t + \Delta t \tag{8-29}$$

结合式（8-28）得到经过补偿的理论壁厚表达式如式（8-30）所示：

$$t = \frac{t_d + 0.1754}{1.1955} \tag{8-30}$$

按照 t 的取值来设计旋轮轨迹与芯模的间隙即可得到壁厚为 t_d 的锥形件。

8.10　偏转角及壁厚回弹方程的实验验证

有限元仿真由于模拟条件的简化，与实际的热旋工艺过程有一定的差距，为此，本节采用热旋成形实验验证模拟仿真结果及回弹方程的可靠性。

8.10.1　偏转角回弹拟合方程的验证

偏转角回弹拟合方程验证实验数据如表 8-20 所示。其中，实际偏转角为测量所得偏转角；理论回弹是根据偏转角回弹公式得到的偏转角回弹；实际回弹为实际偏转角与理论偏转角之差。

表 8-20　偏转角回弹拟合方程验证实验数据

序号	进给比/mm·r⁻¹	实际偏转角/(°)	理论回弹角/(°)	实际回弹角/(°)	误差/%
3	0.6	42.95	1.8297	2.05	12.04
6	0.3	43.70	1.3941	1.30	6.75
7	0.4	43.62	1.5393	1.38	10.35
8	0.5	43.08	1.6845	1.92	12.27

由表中数据可知，回弹的拟合方程计算所得理论回弹角与实际回弹角误差最大为 12.27%，最小误差为 6.75%，与实际结果较为接近。

8.10.2　壁厚回弹拟合方程的验证

壁厚回弹拟合方程验证实验数据如表 8-21 所示。表中理论壁厚为旋轮轨迹设计时旋轮与芯模之间的间隙值；理论壁厚回弹为已知理论壁厚，通过式（8-29）计算可得；实际壁厚回弹为实际壁厚与理论壁厚的差值。

表 8-21　壁厚回弹拟合方程验证实验数据

序号	理论壁厚/mm		实际壁厚/mm		理论壁厚回弹/mm		实际壁厚回弹/mm		误差/%	
	小端	大端	小端	大端	小端	大端	小端	大端	小端	大端
3	1.6	1.8	1.73	1.95	0.1374	0.1765	0.13	0.15	5.4	15.0
4	1.7	1.9	1.84	2.08	0.1570	0.1961	0.14	0.176	10.8	10.2
5	1.8	2.0	1.98	2.22	0.1765	0.2156	0.181	0.22	2.5	2.0
6	1.9	2.1	2.1	2.35	0.1961	0.2352	0.2	0.25	2.0	6.3

由表中数据可知，壁厚回弹拟合公式最大误差为 15%，最小误差为 2%，实际壁厚回弹与理论壁厚回弹数值较为接近。

9 残余应力产生机制与旋压成形缺陷预测

旋压过程中，金属受到了旋轮施加的外力，旋压过程结束后，旋轮卸载，外力消失，但是在微观层次上，金属内部还存在着相互制约的残余应力[129-130]，进而导致工件内部各部分组织的浓度差和晶粒的位向差。残余应力使得金属在成形后依然受到力的作用，在加载工作载荷之后有可能产生扭曲、开裂等缺陷[131]。对于航天军工中的各类旋压产品，应具有较长的存放时间和使用寿命，因其恶劣的工作条件（高温、高压、高载荷），其必须具有稳定的力学性能才能满足服役环境的要求。为此，本章先是简述了残余应力的产生机制及无损检测原理，随后结合有限元数值模拟探究了旋压成形工艺下锥、筒形零件的残余应力分布规律；在此基础上，结合实验阐明了起皱、开裂等缺陷下的高温合金筒形零件内外表面的残余应力分布特征。

9.1 残余应力的产生机制

根据 Mura 等[132] 的定义，残余应力是指自由体在没有体力或约束作用的条件下，自平衡的内部应力。残余应力主要有三类，根据 Noyan 等[133] 对残余应力的定义，第一类内应力为宏观应力（Macrostress），主要是由于材料的不均匀的弹性及塑性变形所引起，第二类及第三类内应力为微观应力（Microstress），其中第二类内应力指材料内部各晶粒之间因为成分、结构、形状、大小及位向不同其屈服点也不尽相同，而在材料变形后各晶粒的形变不均匀一致，相互推挤所产生的应力；第三类内应力是由于晶粒内部的点阵畸变所引起的；其中微观应力难以测量，故残余应力可以认为是第一类内应力及宏观应力的工程名称。

关于残余应力的作用也主要分为以下三种情况：一是希望消除残余应力，二是希望附加残余压应力，三是附加残余拉应力，这三种情况，各有所用。多数情况下，需要消除产品中的残余应力，特别是残余拉应力，而主要的消除手段是回火等热处理方式或振动时效 VSR（vibration stress relief），VSR 是通过振动使产品内部残余应力和附加的振动应力矢量和超过材料屈服强度时，材料发生微量的塑性变形，从而使内应力得以松弛和减轻的方法。

在旋压成形过程中，单点变形的受力方式决定了旋压件各层金属的变形量不同，再加上旋轮圆角半径等形状因素和摩擦的影响，造成了旋压变形的不均匀性，进而导致变形体的各个部分无法独立改变自身的尺寸，变形量较大的区域和变形量较小的区域产生相互作用力，变形量较大的区域承受使其变小的压缩应力，变形量较小的区域承受使其变大的拉伸应力，这些应力在变形结束后就是残余应力。

根据 1912 年 Martens 和 Heyn 提出的一种弹簧模型来简述残余应力的产生，如图 9-1 所示。假设有三根弹簧，弹簧上下两端分别连接在刚性板上，图 9-1a 是弹簧的自由状态，图 9-1b 是连接后的状态，弹簧之间已经产生了相互作用力。弹簧的受力方程可以表示为式 (9-1)：

$$P_1 = c_1(L - L_1), \ P_2 = c_2(L - L_2), \ P_3 = c_3(L - L_3) \tag{9-1}$$

式中　P_i——平衡状态下的残余应力，$P_1 + P_2 + P_3 = 0$；

　　　　L_i——弹簧的原始长度；

　　　　L——压缩后的弹簧长度；

　　　　c_i——弹簧的弹性系数。

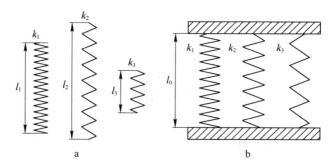

图 9-1　残余应力产生机制的弹簧模型

a—弹簧的自由状态；b—弹簧连接后的状态

残余应力对工件结构及工作稳定性都有一定的影响[134]，主要表现在：

(1) 残余应力对结构的影响。残余应力是工件还未承受载荷就已经存在工件截面上的内应力，工件进入工作状态后，残余应力和工作应力叠加，造成二次变形和残余应力重新分布。在这种情况下，工件的刚度和稳定性被降低，疲劳强度、抗脆断能力、抗腐蚀开裂和高温蠕变开裂等能力受到影响。

(2) 残余应力对刚度的影响。当工件承受工作载荷时，工件内部的残余应力与工作载荷一起作用，总载荷达到金属的强度极限时，金属就开始出现塑性变形，不能承受更多的工作载荷。因此，工件的有效截面积减小，刚度降低。

(3) 残余应力对稳定性的影响。工件刚度降低后，稳定承载力降低，不同位置的残余应力会造成不同程度的影响。工件承受工作载荷，工作载荷与残余应力共同作用，产生塑性变形；工作载荷消失，在残余应力的作用下，工件维持新的形状。因此残余应力影响工件稳定性。

（4）残余应力对疲劳的影响。工件上存在不同性质的残余应力，对材料的疲劳强度影响不同。旋压成形薄壁锥形件的工艺参数应该选择成形结束后压应力较大的一组。

因此，残余应力的分析对于预测工件的使用寿命、分析工件变形和失效的原因都非常重要。

9.2　残余应力无损检测的测量原理

常用的残余应力测量方法包括盲孔法、磁测法、X 射线衍射法等，为了保证测量工件的完整性，期望使用 X 射线衍射等无损检测方法；由于 X 射线衍射法针对弹性理论得出，仅适用于各向同性并满足胡克定律的场合，但对于高温合金的旋压成形，此成形过程属于大塑性变形，其晶粒经过变形后呈一定形状和方向规则排列，可能产生择优取向，这可能会对残余应力的测定产生影响。葛文翰[135] 对 45 钢和 40Mn2 两种材料的筒形件旋压进行了验证，发现 X 射线衍射法仍然适用。为此，本章的研究内容主要是针对 X 射线衍射法测量旋压件残余应力分布规律展开的。

下面详细推导 X 射线衍射测量方法[136] 的原理，有两个先决条件，一是一束 X 射线的照射范围内应有足够多的晶粒，二是所选定的 $\{hkl\}$ 晶面的法线在空间上均匀分布。按照倾角大小确定的晶面法线 ON_0、ON_1、ON_2、ON_3、ON_4 如图9-2a 所示，由布拉格定律 ［式（9-18）］ 所确定的晶格间距为 d_0、d_1、d_2、d_3、

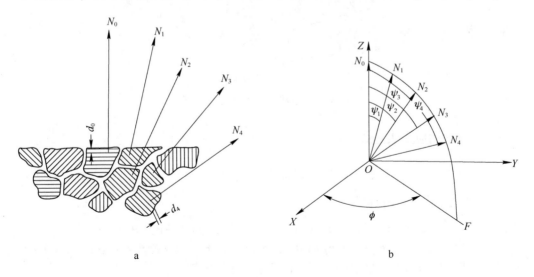

a

b

图 9-2　X 射线衍射测量原理

a—晶面法线及间距；b—衍射晶面方位角

d_4，晶格间距随着图 9-2b 中 ψ 角的增大递增或递减表明材料表面存在拉或压应力，其中，当晶格间距相等时为无应力状态，如式（9-2）所示，当晶格间距递增时，为拉应力状态，如式（9-3）所示，当晶格间距递减时为压应力状态，如式（9-4）所示。

$$d_0 = d_1 = d_2 = d_3 = d_4 \tag{9-2}$$

$$d_0 < d_1 < d_2 < d_3 < d_4 \tag{9-3}$$

$$d_0 > d_1 > d_2 > d_3 > d_4 \tag{9-4}$$

如图 9-3 所示，用 a_{ik} 表示 L_i 在 S_k 方向的分量的方向余弦，则有：

$$a_{ik} = \begin{vmatrix} a_{11} & a_{12} & a_{13} \\ a_{21} & a_{22} & a_{23} \\ a_{31} & a_{32} & a_{33} \end{vmatrix} = \begin{vmatrix} \cos\phi\cos\psi & \sin\phi\cos\psi & -\sin\psi \\ -\sin\phi & \cos\phi & 0 \\ \cos\phi\sin\psi & \sin\phi\sin\psi & \cos\psi \end{vmatrix} \tag{9-5}$$

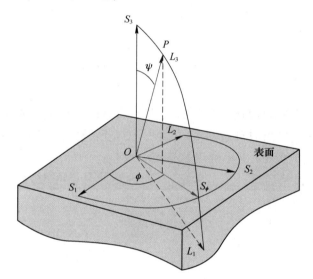

图 9-3　X 射线衍射的正交坐标系

L_3 方向的应变表达式为：

$$(\varepsilon'_{33})_{\phi\psi} = \frac{d_{\phi\psi} - d_0}{d_0} \tag{9-6}$$

由张量的坐标变化可知：

$$(\varepsilon'_{33})_{\phi\psi} = a_{3k}a_{31}\varepsilon_{kl} = a_{31}a_{31}\varepsilon_{11} + a_{31}a_{32}\varepsilon_{12} + a_{31}a_{33}\varepsilon_{13} + a_{32}a_{31}\varepsilon_{21} +$$
$$a_{32}a_{32}\varepsilon_{22} + a_{32}a_{33}\varepsilon_{23} + a_{33}a_{31}\varepsilon_{31} + a_{33}a_{32}\varepsilon_{32} + a_{33}a_{33}\varepsilon_{33} \tag{9-7}$$

将式（9-5）代入式（9-7），且由切应力互等定理得：

$$\varepsilon_{12} = \varepsilon_{21}, \quad \varepsilon_{13} = \varepsilon_{31}, \quad \varepsilon_{23} = \varepsilon_{32} \tag{9-8}$$

化简整理得到：

$$(\varepsilon'_{33})_{\phi\psi} = \varepsilon_{11}\cos^2\phi\sin^2\psi + \varepsilon_{12}\sin2\phi\sin^2\psi + \varepsilon_{22}\sin^2\phi\sin^2\psi +$$

$$\varepsilon_{33}\cos^2\psi + \varepsilon_{13}\cos\phi\sin2\psi + \varepsilon_{23}\sin\phi\sin2\psi \tag{9-9}$$

对于普通的各项同性材料，由弹性力学的基本知识可得：

$$\varepsilon_{ij} = \frac{1+\nu}{E}\sigma_{ij} - \delta_{ij}\frac{\nu}{E}\sigma_{kk} \tag{9-10}$$

其中，$\sigma_{kk} = \sigma_{11} + \sigma_{22} + \sigma_{33}$，$\delta_{ij} = \begin{cases} 1, & i=j \\ 0, & i \neq j \end{cases}$，将式（9-10）代入式（9-9），化

简整理得：

$$(\varepsilon'_{33})_{\phi\psi} = \frac{1+\nu}{E}(\sigma_{11}\cos^2\phi + \sigma_{12}\sin2\phi + \sigma_{22}\sin^2\phi - \sigma_{33})\sin^2\psi + \frac{1+\nu}{E}\sigma_{33} -$$

$$\frac{\nu}{E}(\sigma_{11} + \sigma_{22} + \sigma_{33}) + \frac{1+\nu}{E}(\sigma_{13}\cos\phi + \sigma_{23}\sin\phi)\sin2\psi \tag{9-11}$$

而这其中的 $\sin^2\psi$ 项随角度变化可正可负也是造成图 9-4 中图分裂的原因。

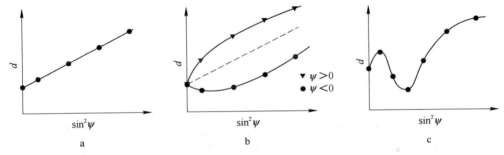

图 9-4 d 与 $\sin^2\psi$ 的关系曲线[133]

a—线性行为；b—分裂行为；c—振荡行为

设 S_ϕ 方向上的正应力 σ_ϕ 和切应力 τ_ϕ 为：

$$\sigma_\phi = \sigma_{11}\cos^2\phi + \sigma_{22}\sin^2\phi + \sigma_{12}\sin2\phi \tag{9-12}$$

$$\tau_\phi = \sigma_{13}\cos\phi + \sigma_{23}\sin\phi \tag{9-13}$$

且令 $S_1^{\{hkl\}}$、$\frac{1}{2}S_2^{\{hkl\}}$ 为 X 射线的弹性常数，则有：

$$S_1^{\{hkl\}} = -\frac{\nu}{E} \tag{9-14}$$

$$\frac{1}{2}S_2^{\{hkl\}} = \frac{1+\nu}{E} \tag{9-15}$$

将式（9-12）~式（9-15）代入式（9-9），得到 S_ϕ 方向上的应变表达式：

$$\varepsilon_{\phi\psi} = S_1^{\{hkl\}}(\sigma_{11} + \sigma_{22} + \sigma_{33}) + \frac{1}{2}S_2^{\{hkl\}}\sigma_{33}\cos^2\psi + \frac{1}{2}S_2^{\{hkl\}}\sigma_\phi\sin^2\psi + \frac{1}{2}S_2^{\{hkl\}}\tau_\phi\sin2\psi$$

$$\tag{9-16}$$

通常情况下，X射线的穿透深度仅为几微米至几十微米，故 σ_{33} 可假设为 0，则式（9-16）变为：

$$\varepsilon_{\phi\psi} = S_1^{\{hkl\}}(\sigma_{11} + \sigma_{22}) + \frac{1}{2}S_2^{\{hkl\}}\sigma_\phi\sin^2\psi + \frac{1}{2}S_2^{\{hkl\}}\tau_\phi\sin2\psi \tag{9-17}$$

下面推导应变的近似表达式。

由布拉格方程可知：

$$2d\sin\theta = n\lambda \tag{9-18}$$

则：

$$\sin\theta = \frac{n\lambda}{2d} \tag{9-19}$$

式（9-19）左右两侧同时微分，得：

$$\cos\theta\Delta\theta = -\frac{n\lambda}{2d^2}\Delta d = -\frac{n\lambda}{2d}\times\frac{\Delta d}{d} = -\sin\theta\frac{\Delta d}{d} \tag{9-20}$$

移项整理得：

$$\frac{\Delta d}{d} = \frac{d_{\phi\psi} - d_0}{d_0} = -\cot\theta\Delta\theta \tag{9-21}$$

弧度与角度转换后，得：

$$\varepsilon_{\phi\psi} = -\cot\theta\frac{\pi}{180}(\theta_{\phi\psi} - \theta_0) \tag{9-22}$$

式中，θ_0 为无应力状态对应 $\{hkl\}$ 晶面的布拉格角；$\theta_{\phi\psi}$ 由衍射装置测量得到。

平面应力状态下，$\sigma_{33} = \sigma_{13} = \sigma_{23} = 0$，则式（9-16）化简为：

$$\varepsilon_{\phi\psi} = S_1^{\{hkl\}}(\sigma_{11} + \sigma_{22}) + \frac{1}{2}S_2^{\{hkl\}}\sigma_\phi\sin^2\psi \tag{9-23}$$

令式（9-23）对 $\sin^2\psi$ 求偏导，整理得：

$$\frac{\partial\varepsilon_{\phi\psi}}{\partial\sin^2\psi} = \frac{1}{2}S_2^{\{hkl\}}\sigma_\phi \tag{9-24}$$

移项得：

$$\sigma_\phi = \frac{1}{(1/2)S_2^{\{hkl\}}}\times\frac{\partial\varepsilon_{\phi\psi}}{\partial\sin^2\psi} \tag{9-25}$$

下面将应力表达式变化为与测量角度的关系，将式（9-14）、式（9-15）、式（9-22）代入式（9-23），得：

$$-\cot\theta\frac{\pi}{180}\cdot(\theta_{\phi\psi} - \theta_0) = -\frac{\nu}{E}(\sigma_{11} + \sigma_{22}) + \frac{1+\nu}{E}\sigma_\phi\sin^2\psi \tag{9-26}$$

令式（9-26）对 $\sin^2\psi$ 求偏导，整理得：

$$\sigma_\phi = -\frac{E}{2(1+\nu)}\cot\theta\frac{\pi}{180}\times\frac{\partial2\theta_{\phi\psi}}{\partial\sin^2\psi} \tag{9-27}$$

令

$$K = - \frac{E}{2(1 + \nu)} \cot\theta \frac{\pi}{180} \tag{9-28}$$

则:

$$\sigma_\phi = K \frac{\partial 2\theta_{\phi\psi}}{\partial \sin^2\psi} \tag{9-29}$$

对斜率 $\dfrac{\partial 2\theta_{\phi\psi}}{\partial \sin^2\psi}$ 进行数据采集并用最小二乘法可求 σ_ϕ。

对于三维应力状态,如果 $\sigma_{33} \neq 0$,由 Dölle 和 Hauk[137-138] 的求解方法,设定参数 a_1 和 a_2:

$$a_1 = \frac{\varepsilon_{\phi\psi_+} + \varepsilon_{\phi\psi_-}}{2} = \frac{1}{2}\left(\frac{d_{\phi\psi_+} - d_0}{d_0} + \frac{d_{\phi\psi_-} - d_0}{d_0}\right) = \frac{d_{\phi\psi_+} + d_{\phi\psi_-}}{2d_0} - 1$$

$$= \frac{1 + \nu}{E}(\sigma_\phi - \sigma_{33})\sin^2\psi + \frac{1 + \nu}{E}\sigma_{33} - \frac{\nu}{E}(\sigma_{11} + \sigma_{22} + \sigma_{33}) \tag{9-30}$$

$$a_2 = \frac{\varepsilon_{\phi\psi_+} - \varepsilon_{\phi\psi_-}}{2} = \frac{d_{\phi\psi_+} - d_{\phi\psi_-}}{2d_0} = \frac{1 + \nu}{E}(\sigma_{13}\cos\phi + \sigma_{23}\sin\phi)\sin|2\psi| \tag{9-31}$$

其中 $\psi_- = -\psi_+$,则 $\sin 2\psi_+ - \sin 2\psi_- = 2\sin|2\psi|$。

令式 (9-30) 对 $\sin^2\psi$ 求偏导,整理得:

$$\sigma_\phi = \frac{1}{(1/2)S_2^{\{hkl\}}} \times \frac{\partial a_1}{\partial \sin^2\psi} + \sigma_{33} = \frac{1}{(1/2)S_2^{\{hkl\}}} \times \frac{\partial(\varepsilon_{\phi\psi_+} + \varepsilon_{\phi\psi_-})/2}{\partial \sin^2\psi} + \sigma_{33}$$

$$\tag{9-32}$$

令式 (9-31) 对 $\sin 2\psi$ 求偏导,整理得:

$$\tau_\phi = \frac{1}{(1/2)S_2^{\{hkl\}}} \times \frac{\partial a_2}{\partial \sin 2\psi} + \sigma_{33} = \frac{1}{(1/2)S_2^{\{hkl\}}} \times \frac{\partial(\varepsilon_{\phi\psi_+} - \varepsilon_{\phi\psi_-})/2}{\partial \sin 2\psi} \tag{9-33}$$

而关于材料无应力状态下晶面 $\{hkl\}$ 的晶格间距 d_0 的选取方法如下。

对于平面应力状态,当 $\phi = 0$ 时,式 (9-23) 可表示为:

$$\varepsilon_{\phi\psi} = \frac{d_{\phi\psi} - d_0}{d_0} = S_1^{\{hkl\}}(\sigma_{11} + \sigma_{22}) + \frac{1}{2}S_2^{\{hkl\}}\sigma_{11}\sin^2\psi \tag{9-34}$$

若令 $\psi = \psi^*$,$d_{\psi^*} = d_0$,上式可写为:

$$\sin^2\psi^* = \frac{\nu}{1 + \nu}\left(1 + \frac{\sigma_{22}}{\sigma_{11}}\right) = \frac{\nu}{1 + \nu}\left(1 + \frac{m_2}{m_1}\right) \tag{9-35}$$

式中,m_1、m_2 为 d-$\sin^2\psi$ 曲线在 $\phi = 0°$、$90°$ 时的斜率。至此,$\sin^2\psi^*$ 和 d_0 均可求。

对于三维应力状态,求解方法类似,由式 (9-30)、式 (9-31) 可将 $\sin^2\psi^*$

表示为：

$$\sin^2\psi^* = \frac{-\left(\dfrac{1+\nu}{E}\right)\sigma_{33} + \dfrac{\nu}{E}(\sigma_{11} + \sigma_{22} + \sigma_{33})}{\left(\dfrac{1+\nu}{E}\right)(\sigma_{11} - \sigma_{33})}$$

$$= \frac{\dfrac{\nu}{E}}{\dfrac{1+\nu}{E}}\left[1 + \frac{\sigma_{22} - \sigma_{33}}{\sigma_{11} - \sigma_{33}} + \frac{\left(2 - \dfrac{1}{\nu}\right)\sigma_{33}}{\sigma_{11} - \sigma_{33}}\right] \tag{9-36}$$

化简整理后上式可写为：

$$\sin^2\psi^* = \frac{\dfrac{\nu}{E}}{\dfrac{1+\nu}{E}}\left[1 + \frac{m_2}{m_1} - \frac{\left(2 - \dfrac{1}{\nu}\right)\sigma_{33}}{\left(\dfrac{E}{1+\nu}\right)m_1}\right] \tag{9-37}$$

由式（9-37）可知当 E 足够大、σ_{33} 足够小时，上式可简化为：

$$\sin^2\psi^* \simeq \frac{\nu}{1+\nu}\left(1 + \frac{m_2}{m_1}\right) \tag{9-38}$$

式中，m_1、m_2 为 d-$\sin^2\psi$ 曲线在 $\phi = 0°$、$90°$ 时的斜率。至此，$\sin^2\psi^*$ 和 d_0 均可求，对于本章所讨论的旋压成形机匣产品，经过试验验证，其大部分位置 σ_{33} 均接近于 0，且高温合金 GH3030 和 GH940 的弹性模量均在 GPa 级，泊松比 ν 取 0.3，代入得到其误差，即式（9-39）足够小，故式（9-38）的近似方法可行。

$$\Delta_{\sin^2\psi^*} = -\frac{26}{65} \times \frac{\sigma_{33}}{Em_1} \tag{9-39}$$

故式（9-38）补偿后可写为：

$$\sin^2\psi^* \simeq \frac{\nu}{1+\nu}\left(1 + \frac{m_2}{m_1}\right) - \Delta_{\sin^2\psi^*} \tag{9-40}$$

式中，$\Delta_{\sin^2\psi^*}$ 根据实际情况选取。

前述推导主要针对的是工件表面残余应力的测量，X 射线在工件深度上的穿透率很大程度上取决于材料的吸光系数，不同材料的吸光系数不同，X 射线的穿透程度也不同。根据 Noyan[133] 和 Fitzpatrick[139] 等的数据，这个穿透深度根据材料的不同在几微米到几百微米不等。材料的穿透深度 x 可以根据下式计算：

$$x = \frac{\ln\left(\dfrac{1}{1 - G_x}\right)}{u\left[\dfrac{1}{\sin(\theta + \psi)} + \dfrac{1}{\sin(\theta - \psi)}\right]} \tag{9-41}$$

式中，u 为材料参数。Noyan[133] 并没有给出参数 G_x 的具体求法，而是给出了三个 G_x 值 0.50、0.67 和 0.95 及一些材料的穿透深度。

对于材料深度上的残余应力测量，主要是采用以下两种方法：

一是逐层剥离法，通过电加工逐层腐蚀，测量深度方向上的残余应力，而由于材料腐蚀剥离所释放的残余应力可以使用 Moore 和 Evans[140] 提出的公式进行修正：

$$\sigma_i(z_1) = \sigma_{im}(z_1) + 2\int_{z_1}^t \frac{\sigma_{im}(z_1)\,\mathrm{d}z}{z} - 6z_1\int_{z_1}^t \frac{\sigma_{im}(z_1)\,\mathrm{d}z}{z^2} \tag{9-42}$$

式中，i 表示 x 和 z 方向，即轴向和切向。

二是使用中子衍射法（Neutron diffraction method）[141] 测量深度上的残余应力。

9.3 旋压成形的残余应力分布规律

本节以前述的锥形和筒形件为例，分析旋压成形表面残余应力的分布规律。对于高温合金 GH940 锥形件，根据成形后工件的截面形状，建立直角坐标系，描述不同部位的径向应力的位置及大小，如图 9-5 所示。

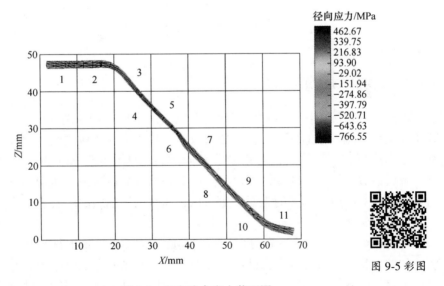

图 9-5　径向残余应力截面图

在残余应力的测量中，为了机器探头的摆动和工件不发生干扰，只能测量锥型件母线上点的切线方向残余应力，所以使用仿真软件提取出切向残余应力与实验测量数据进行对比，数据基本一致。数据 1、2 位于锥形件的顶面上，在这个位置，旋压机的尾顶块把板料固定在芯模上并传递扭矩，在此区域板料受压缩，残余应力为负值。样点 3~5 位于剪切旋压部分，在样点 3 附近，旋轮与板料接触，芯模带动板料旋转，旋压成形近似于点接触，因为接触的先后顺序不同，不同位置的残余应力不同。在旋轮进给的拉伸作用和芯模圆角的支撑作用下，金属向前流动，所以残余应力在 [−50, 130] 之间波动，拉应力和压应力同时存在。在样点 4 附近，金属硬化不明显，旋轮进给顺畅，在拉应力作用下板料减薄，而且此区域为壁厚减薄最严重的部分，残余应力为明显的拉应力。在样本点 5 附近，金属堆积开始出现，测得残余应力在拉应力和压应力之间。样点 6~9 位于普通旋压部分，样点 5 位于剪切旋压与普通旋压的交换区域，旋压力上升，壁厚减薄严重，所以拉应力作用显著，残余应力急剧上升。从样本点 7 的区域开始，成形进入后半段，金属流动变慢，硬化明显，靠模程度下降，拉应力的作用减小，压应力出现。但是由于旋轮的进给轨迹为螺旋状，在成形进程的过程中，锥形件的直径变大，当旋轮进给比较快、芯模转速较慢时，旋轮的螺旋轨迹重合度减小，金属被反复碾压的次数不同，所以样本点 8 区域同时出现拉应力和压应力。样本点 10 位于凸缘部分，进入成形后期，板料一部分已经呈现锥形。在旋轮作用下，凸缘上的材料在转矩作用下，开始沿着所在母线的切线方向移动，凸缘上开始产生挠度，但是挠曲只发生在凸缘上特定的扇形区域，在该区域外挠度为零，而且该区域的边缘上产生塑性铰链，板料被附加弯曲刚度，导致凸缘上出现波纹，所以拉应力、压应力同时出现，但是由于金属没有与旋轮接触，所以应力的数值接近 0。

9.3.1　切向残余应力的分布规律

锥形件剪切旋压成形过程中切向残余应力的形成过程如图 9-6 所示。在旋轮圆角和板料接触部分的变形区应力数值较大，拉应力和压应力交替分布，已成形部分呈现拉应力。这是因为旋轮沿着轴向进给，同时在摩擦力的作用下被动旋转，金属沿着切线方向的变形力由变形区交替出现的拉应力、压应力提供。旋轮的被动旋转对已成形区域的表面产生挤压，同时内层金属制约着表面金属的向内流动，所以整体表现出拉应力。

从图 9-6 中可以看出，在剪切旋压的起旋阶段，由于锥形件直径较小，所以旋轮的螺旋状轨迹重合较多，已成形区域表现出明显的环状拉应力，与旋轮圆角接触部分的区域表现出明显的压应力。剪切旋压部分结束后，旋轮轨迹开始不重合，压应力交错出现，已经成形区域呈现出压应力，应力极值减小。剪切旋压与普通旋压交换的区域应力变化较大，旋轮按照轨迹设定沿着芯模的法线方向退出，变换间隙再进入，必须施加较大的压应力才能让板料靠模，此时尾顶块必须施加较大的压力才能固定板料，并使得板料随着芯模旋转，所以锥形件顶部呈现

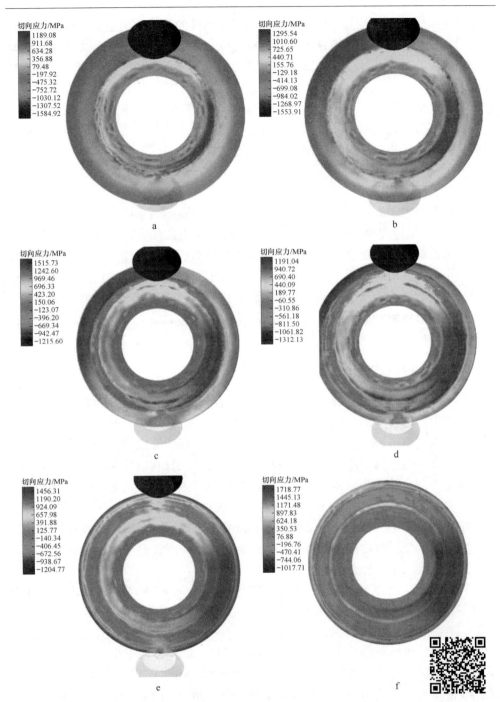

图 9-6 各成形阶段中切向残余应力分布

图 9-6 彩图

a—成形 20%；b—成形 40%；c—成形 60%；d—成形 80%；e—成形 100%；f—旋轮卸载

出较大的压应力。普旋部分后期，旋轮沿着锥形件的母线方向进给，锥形件直径变大，所以相邻金属的变形速度不同，对已成形的金属产生了拉应力，金属流动不畅，普旋与剪切旋压交接的部分出现应力集中。成形结束后，凸缘部分呈现出较大的拉应力，在这部分拉应力作用下，普旋与剪切旋压交替部分的金属被拉离芯模表面，应力集中反而不明显。旋轮卸载后，剪切旋压部分呈现环状的拉应力，普旋部分呈现环状的压应力，两者交替部分呈现环状拉应力，因为旋压成形近似点接触，所以应力分布规律不是很明显。

9.3.2　轴向残余应力的分布规律

高温合金 GH1140 锥形件剪切旋压成形过程中轴向残余应力的形成过程如图9-7 所示。成形过程中，板料与旋轮接触部位的应力值较大，表现为拉应力，已变形区域的应力值相对变形区较小，表现为压应力。在旋轮作用下，变形区金属流动较快，旋轮沿着轴向主动进给，对未变形金属进行挤压，对已成形金属进行拉伸，内层金属对表面金属的流动产生影响，所以已变形区域的表面残余应力为压应力，变形区域的表面残余应力为拉应力。旋轮卸载后，剪切旋压区域残余应力表现为压应力，普通旋压区域表现为拉应力。

9.3.3　锥形件凸缘失稳缺陷的产生及分析

凸缘失稳是金属旋压成形的缺陷之一。筒形件的失稳主要发生在第一道次的成形过程中，锥形件的失稳发生在板料具有一定的形状之后。Sebastani 等[54] 发现，在旋压成形过程中，只有不受支撑的凸缘边受到压缩应力，凸缘边出现剧烈的应力波动，但是这不能被认为是失稳的条件之一。只有旋轮移除后，凸缘所受的压缩应力没有转变为拉伸应力，才能认为失稳发生。通常认为凸缘失稳是因为金属板料发生屈曲，Kobayashi[10] 用能量方法预测了板料发生凸缘失稳的可能性。按照现有理论，凸缘失稳是由于金属流动形成挠度，金属在塑性铰链的作用下产生挠曲，受到弯曲刚度的作用，随着旋轮进给一周，金属边缘形成数个挠曲扇形，在扇形区域之外金属没有塑性变形。

根据芯模转速为 450r/min、旋轮进给比为 1.4mm/r、旋轮与芯模之间的间隙偏离率为 0 的工艺参数下旋压成形锥形件出现的凸缘失稳，把成形进程划分成4 段，详细分析不同阶段等效应力的分布，如图 9-8 所示。成形 7.32% 时，剪切旋压进入稳定成形阶段，由于旋轮入旋部位不同，圆周方向上出现了块状的应力集中，块状区域与旋轮进给前方的金属等效应力增大区域对应，旋轮的螺旋状进给路线使得前方的应力集中区域呈现为花瓣状。成形到 14.64% 时，剪切旋压成形基本完成，花瓣状的应力集中已经扩散开来，边缘部分的极值基本一致，有两块区域处于塑性铰链的边缘，应力值较小，锥形件顶部的等效应力扩散区域进一

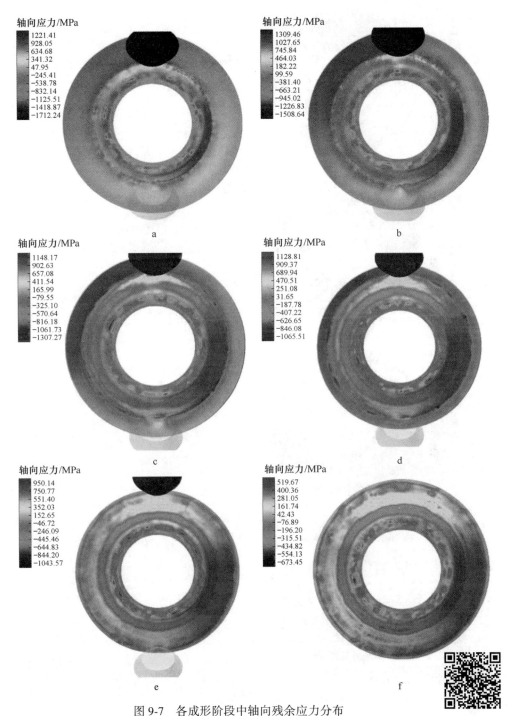

图 9-7　各成形阶段中轴向残余应力分布

a—成形 20%；b—成形 40%；c—成形 60%；d—成形 80%；e—成形 100%；f—旋轮卸载　　图 9-7 彩图

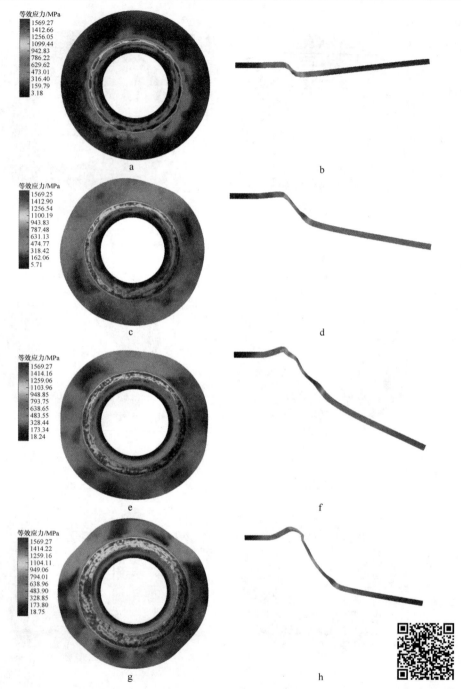

图 9-8　凸缘失稳时等效应力分布

a—成形 7.32% 时 X-Y 截面；b—X-Z 截面；c—成形 14.64% 时 X-Y 截面；d—X-Z 截面；
e—成形 21.95% 时 X-Y 截面；f—X-Z 截面；g—成形 34.15% 时 X-Y 截面；h—X-Z 截面

图 9-8 彩图

步增大。成形到21.95%时，边缘部分的等效应力呈扇形分布，扇形边缘的等效应力较小。最后，在34.15%成形阶段，开始进入普通旋压阶段，成形区域的应力值较大，凸缘部分的应力值沿着塑性铰链形成的扇形分布，扇形边缘等效应力值较小，在扇形中心，在金属流动作用下，应力值较大。

失稳过程中的应变分布如图9-9所示，旋轮与板料接触区域的应变最大，整体应变呈环状分布，在成形初期，板料被尾顶块和芯模固定，随着芯模旋转，旋轮进给相对较慢，变形均匀。随着旋压进程进行，应变环上开始出现应变集中的区域，在此区域的顶部出现金属反挤鼓包，这是因为旋轮前方未变形的区域出现靠模或者隆起，金属流动阻力变大，无法向前流动，迫使金属倒流，产生反挤，已成形部分在反挤力量的推动下脱离芯模表面形成鼓包。伴随旋压进程，在旋轮施加的拉应力作用下，已成形区的应变集中点逐渐消失，整体应变区域平均，但是鼓包的区域仍然存在。根据板料表面均匀分布点的 Z 轴位移可以推算金属流动情况。

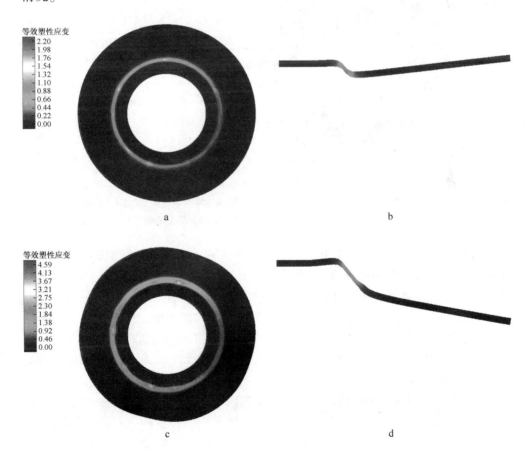

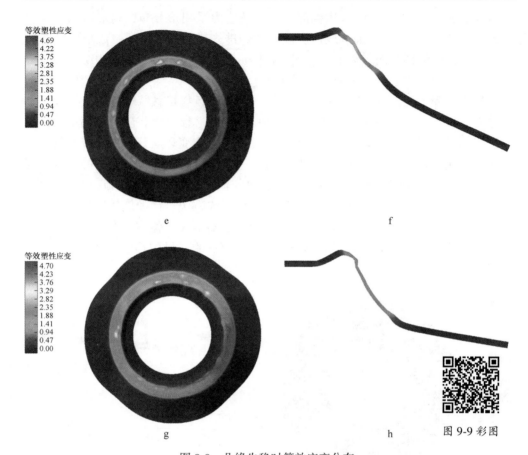

图 9-9　凸缘失稳时等效应变分布

a—成形 7.32% 时 *X-Y* 截面；b—*X-Z* 截面；c—成形 14.64% 时 *X-Y* 截面；d—*X-Z* 截面；
e—成形 21.95% 时 *X-Y* 截面；f—*X-Z* 截面；g—成形 34.15% 时 *X-Y* 截面；h—*X-Z* 截面

　　建立金属在 *Z* 轴方向的位移图，通过 *Z* 轴方向上的位移衡量锥形件顶部金属的鼓包程度，从图 9-10 和图 9-11 中可以看出，锥形顶部靠近圆心方向的金属样点 1 几乎没有流动，样点 2~4 的反方向位移说明金属发生倒流，形成鼓包，样点 4 位移最大，位于鼓包的顶点。样点 5 位于锥形件的圆角处，成形初期，金属随着旋轮的进给向前流动，之后受到已成形金属的反挤运动造成的拉伸作用，反向流动，最终位移为零。样点 6 位于剪切旋压的起始区域，金属流动最顺畅，流动曲线符合预期设定。样点 7~16 的流动曲线开始呈现规律性，与旋轮接触的起始阶段，旋轮进给方向上的金属在剪切力的作用下发生堆积，表现为壁厚增加，所以金属出现反向位移，越靠近边缘，堆积越严重，位移值越大；随着旋轮的进给，金属进入轧压和弯曲结合的变形区，轴向受拉、切向受压，变现为壁厚减薄，*Z* 向位移增加。

图 9-10 样点分布

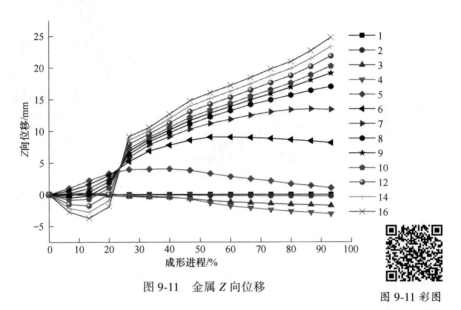

图 9-11 金属 Z 向位移

图 9-11 彩图

此外，对于强旋成形工件，在仿真模型的翼缘位置以每隔 30°取一点的频率得到的工件环向内表面 X 方向残余应力分布如图 9-12 所示，两种不同颜色分别代表残余拉应力和残余压应力，由图可知在起皱翼缘的残余应力的分布呈现拉、压共存，且不论拉、压应力，最大值近 300MPa，最小值不足 50MPa，如同第 3 章对于起皱的切应力分析，起皱件的残余应力分布拉压交错，且数值差异巨大。图 9-13 为该仿真模型在 Z 方向的内表面残余应力环向分布，对比图 9-12，其在 Z 方向的残余应力明显小于 X 方向，且以残余拉应力为主，最大峰值 130MPa 左右，残余压应力的值较小，均小于 50MPa。

对普旋成形起皱件进行的残余应力分析如下：图 9-14 ~ 图 9-17 为该起皱件内、外表面 X、Z 方向的残余应力环向分布，由图 9-14 可见，起皱件在 X 方向外表面存在较大的残余拉应力分布，最大值超过 450MPa，而外表面的 Z 方向则以残余压应力为主，但最大值不超过 75MPa（见图 9-15）。图 9-16 是起皱件在 X 方向内表面的残余应力分布，对比外表面，整体仍以残余拉应力为主，最大值约 250MPa，整体分布在 100MPa 左右。图 9-17 为起皱件在 Z 方向内表面的残余应

力分布，可以看出，在翼缘拉、压应力交错，其中残余压应力略大，但不超过
60MPa。结合上述仿真和实验结果可知，对于起皱件在起皱翼缘上的残余应力分
布为拉、压应力交错的无规律分布，起皱的凸起和凹陷处并无拉、压应力的对应
分布，凸起处可能存在残余拉应力，也可能存在残余压应力，凹陷处同理，且主
要以残余拉应力的形式分布在内外表面 X 方向，外表面受力最大；Z 方向以残余
压应力为主，但受力较小。

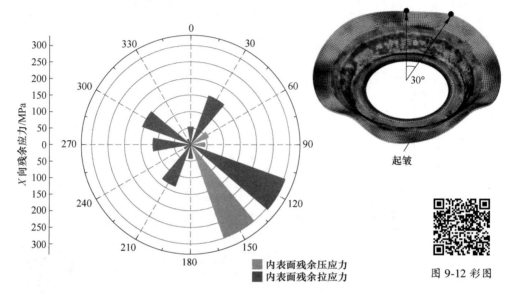

图 9-12 彩图

图 9-12　强旋件翼缘起皱 X 方向内表面残余应力环向分布

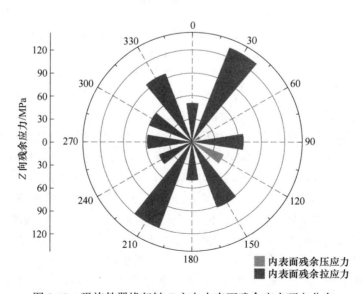

图 9-13　强旋件翼缘起皱 Z 方向内表面残余应力环向分布

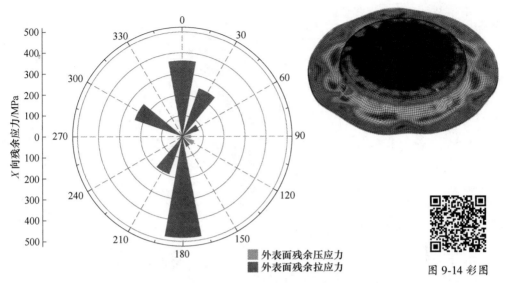

图 9-14　普旋件边缘起皱 X 方向外表面残余应力环向分布

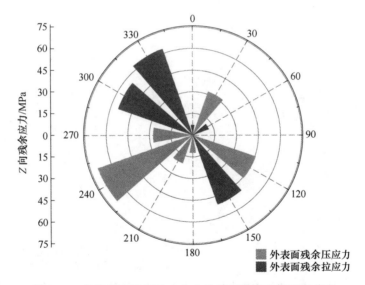

图 9-15　普旋件边缘起皱 Z 方向外表面残余应力环向分布

9.3.4　大径厚比筒形件起皱缺陷下的翼缘残余应力分布规律

对于大径厚比的筒形件成形来说，起皱缺陷十分常见且严重影响产品的成形质量，为此有必要对起皱缺陷的形成原因进行分析。Wang[56] 认为旋压产生的起皱缺陷主要是由坯料受到的切应力所引起的。图 9-18 显示的是起皱筒形件在不

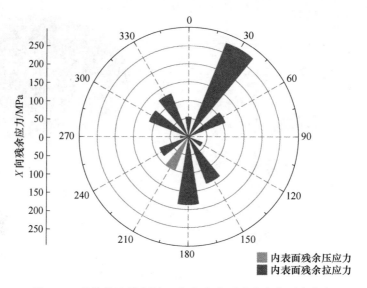

图 9-16　普旋件边缘起皱 X 方向内表面残余应力环向分布

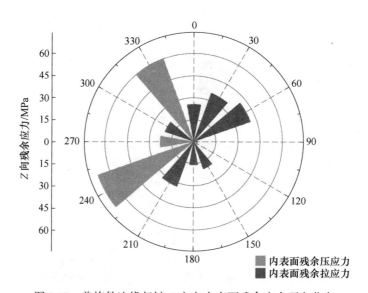

图 9-17　普旋件边缘起皱 Z 方向内表面残余应力环向分布

同道次时的切应力分布及形状，图 9-18a 为旋轮起旋阶段，坯料主要在旋轮接触区域的周向，特别是前部和后部存在一定的切向压应力，此外，芯模和尾顶夹持坯料的边缘存在少量的切向压应力分布；当第一道次旋压结束时，坯料受到的切应力如图 9-18b 所示，可以看出此时腰身存在环状的切向压应力带，而翼缘处除了旋轮接触区域的前部，也存在不均匀分布的切向压应力，可以看出翼缘的蓝色

图 9-18　起皱件不同道次的切应力分析

a—起始阶段；b—第一道次；c—第二道次；d—第五道次

图 9-18 彩图

区域分布并不均匀；而当第二道次成形结束时，如图 9-18c 所示，翼缘存在的切向压应力回复并变为切向拉应力的不均匀分布，而此时旋轮接触区域前部还保持切向压应力的状态，但此时除了旋轮接触区域及其周向区域外，翼缘周围的切向拉应力大小分布并不均匀，这一点可以从红色区域的深浅分布中得到证明；而当成形到第五道次时，最终出现如图 9-18d 所示的起皱严重的坯料，此时仿真中断，翼缘存在大量起皱变形。

　　图 9-19 是起皱件和无起皱件的切应力分布及数值对比，由图 9-19a、b 可知，无起皱件在翼缘的环向上是均匀的切向拉应力分布，而起皱件则存在着大量不均匀的切向压应力分布，中间掺杂着部分切向拉应力，对翼缘的切应力进行每隔 45°的取点分析对比，如图 9-19c、d 所示，可见无起皱件除了旋轮接触区域存在压应力外，其余位置均为数值较为接近的切向拉应力，而起皱件的翼缘则是拉压应力交错，数值相差巨大；图 9-19e 和 f 为第五道次起皱件和非起皱件的形状和

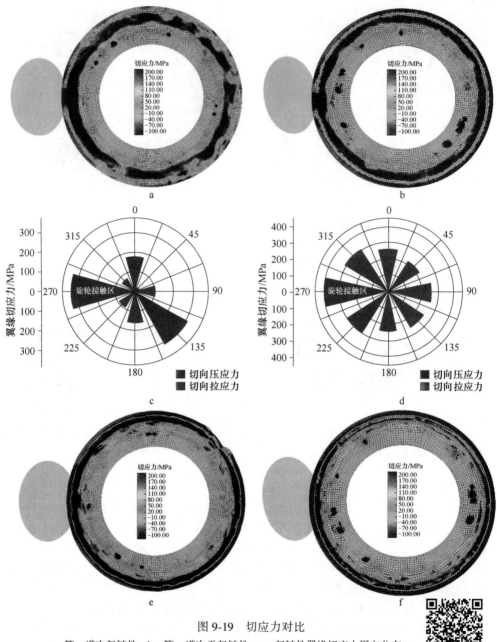

图 9-19　切应力对比

a—第一道次起皱件；b—第一道次无起皱件；c—起皱件翼缘切应力周向分布；
d—无起皱件翼缘切应力周向分布；e—第五道次起皱件；f—第五道次无起皱件

图 9-19 彩图

切应力对比，虽然此时起皱件的翼缘也大部分呈切向拉应力状态，但严重起皱区域存在明显的拉应力数值不均，而无起皱件的翼缘拉应力分布均匀，形状较为光整。

由此可知，起皱的形成主要是由于当旋轮离开原接触区域时，该区域的切向压应力回复不完全，并没有完全变为切向拉应力，而造成该区域残存切向压应力，从而使得整个翼缘的环向区域拉压应力交错，产生扭曲变形，出现起皱缺陷。

9.4 残余应力测量与缺陷预测分析

9.4.1 同倾固定 ψ_0 测量方法及基本测量参数

本节所使用的测量原理为同倾固定 ψ_0 法（双线阵探测器 w 法），同倾是指 X 射线发射管与线阵探测器在同一平面内移动。由图 9-20 可知：入射角 ψ_0 为入射线与试样表面法线的夹角；衍射角 2θ 为入射线的延长线与出现衍射峰时的反射线之间的夹角；衍射晶面方位角 ψ_1、ψ_2 为衍射晶面法线与试样表面法线夹角；η 角为入射线与衍射晶面法线的夹角。

$$\psi_1 = \psi_0 - \eta \tag{9-43}$$

$$\psi_2 = \psi_0 + \eta \tag{9-44}$$

其中：

$$\eta = \frac{180° - 2\theta}{2} \tag{9-45}$$

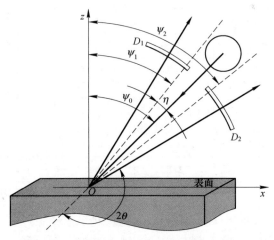

图 9-20 同倾固定 ψ_0 测量方法中 X 射线衍射的主要角度几何关系

以本测量为例，这种方法设定 9 个 ψ_0 角，如表 9-1 所示。在每个 ψ_0 角附近用探测器扫描得到衍射角 2θ，且双探头可以在同一 ψ_0 角处得到两个不同衍射晶面的数据，提高了测量效率，再结合式（9-32）和式（9-33）联立方程即可求得测量结果。

表 9-1　GH3030 筒型机匣某点双线阵探测器测量结果

ψ_0	ψ_1	$\sin^2\psi_1$	d	2θ	ε_{33}
25	10.94	0.036	1.08416	151.83	0.104
20.25	6.19	0.096	1.08415	151.84	0.096
14.06	0	0	1.08403	151.88	−0.01
9.43	−4.63	0.0065	1.08402	151.89	−0.024
2.31	−9.75	0.0415	1.08406	151.87	0.012
0	−14.06	0.059	1.0842	151.82	0.139
−2.31	−16.37	0.0794	1.08422	151.81	0.158
−9.43	−23.49	0.1588	1.08445	151.71	0.377
−14.06	−28.12	0.2221	1.08458	151.65	0.494
−20.25	−34.31	0.3177	1.0848	151.56	0.695
−25	−39.06	0.3971	1.08496	151.5	0.839
ψ_0	ψ_2	$\sin^2\psi_2$	d	2θ	ε_{33}
25	39.06	0.3971	1.08492	151.51	0.803
20.25	34.31	0.3177	1.08478	151.57	0.678
14.06	28.12	0.2221	1.08464	151.63	0.545
9.43	23.49	0.1588	1.08443	151.72	0.352
2.31	16.37	0.0794	1.08426	151.79	0.198
0	14.06	0.059	1.08415	151.84	0.098
−2.31	9.75	0.0415	1.08413	151.84	0.082
−9.43	4.63	0.0065	1.08402	151.89	−0.027
−14.06	0	0	1.08402	151.89	−0.025
−20.25	−6.19	0.096	1.0849	151.85	0.057
−25	−10.94	0.036	1.08413	151.84	0.08

　　残余应力测量仪采用 25kV 电压和 5mA 电流运行，Beta 摇摆角为 3°每步，测量峰值采用高斯函数拟合，Beta tilt 范围为 ±25°，其中选取 9 个角度采集数据。针对镍基高温合金 GH3030 和铁基高温合金 GH940 的测量参数如表 9-2 所示。关

于 XRD 测量的诸多文献中，对同一种材料的测量参数也不尽相同，以 Incoloy 718 为例，文献［142］～［144］的测量参数并不相同，故使用 X 射线衍射法进行的残余应力测量结果存在一定的误差，但不影响实验分析。

表 9-2　GH3030、GH940 的测量参数

材料	X 射线管	波长/nm	$(1/2) S_2/MPa^{-1}$	S_1/MPa^{-1}	d/nm	Bragg 角/(°)	hkl
GH3030	Mn Kα	2.10314	1.35×10^{-5}	-3.9×10^{-6}	1.0840460	151.88	39
GH940	Mn Kα	2.10314	9.13×10^{-6}	-2.9×10^{-6}	1.0819055	152.80	39

9.4.2　基于加权最小二乘法的残余应力改进测量方法

国标[136]中指出，斜率 $\dfrac{\partial \varepsilon_{\phi\psi}}{\partial \sin^2\psi}$ 实际的测量结果由表 9-1 中采集的数据通过最小二乘法拟合求出。最小二乘法由法国科学家勒让德提出，但高斯在其著作《天体运动论》中也提出了该方法，其最重要的应用在于曲线拟合，其原理是将残差平方和的总和最小化，从而使拟合方程的结果能够最接近真值。

将表 9-3 中的探头 1 的结果表示为：

$$y = \alpha + \beta x \tag{9-46}$$

设 $\sin^2\psi_1$-ε_{33} 的一个数据点为 (x_t, y_t)，u_t 为该点实际值与方程值的误差，则总体回归方程可写为：

$$y_t = \alpha + \beta x_t + u_t \tag{9-47}$$

根据最小二乘法的原理，对于线性函数模型，对式（9-52）分别对 α、β 求偏导，并令其等于 0，则 α、β 的参数解为：

$$\beta = \frac{\sum\limits_{t=1}^{T} x_t y_t - T\bar{x}\bar{y}}{\sum\limits_{t=1}^{T} x_t^2 - T\bar{x}^2} \tag{9-48}$$

$$\hat{\alpha} = \bar{y} - \hat{\beta}\bar{x} \tag{9-49}$$

式中，T 为样本容量；$\bar{x}\bar{y}$ 为 $\sin^2\psi$ 和 ε_{33} 的平均值。为此，样本回归方程为：

$$\hat{y} = \hat{\alpha} + \hat{\beta}x_t \tag{9-50}$$

式（9-47）可以写为：

$$y_t = \hat{\alpha} + \hat{\beta}x_t + \hat{u}_t \tag{9-51}$$

式中，$\hat{y}$ 为模型拟合值；$\hat{u}_t$ 为残差项。

为此，可将残差平方和 RSS（Residual Sum of Squares）写为：

$$RSS = \sum_{t=1}^{T} (y_t - \hat{y})^2 = \sum_{t=1}^{T} (y_t - \hat{\alpha} - \hat{\beta}x_t)^2 \tag{9-52}$$

表 9-3   加权最小二乘法下测量点的 $\sin^2\psi$-ε_{33} 测量数据及其方差和权重分布

数据来源	ψ_0	$\sin^2\psi_1$	ε_{33}	var ($\hat{u}_t$)	W_t
GH3030 某点，Z 方向，探头 1	25	0.036	0.104	0.000672	1487.834
	20.25	0.096	0.096	0.005005	199.8125
	14.06	0	−0.01	0.000103	9714.899
	9.43	0.0065	−0.024	0.00146	684.7072
	2.31	0.0415	0.012	0.006081	164.4473
	0	0.059	0.139	0.000124	8062.09
	−2.31	0.0794	0.158	0.000197	5085.598
	−9.43	0.1588	0.377	0.001096	912.7091
	−14.06	0.2221	0.494	0.000171	5849.361
	−20.25	0.3177	0.695	0.0000508	19670.25
	−25	0.3971	0.839	0.00043	2323.248
GH940 某点，X 方向，探头 2	25	0.3971	0.803	0.000471	2121.948
	20.25	0.3177	0.678	0.0000156	64064.44
	14.06	0.2221	0.545	0.009024	90.8205
	9.43	0.1588	0.352	0.004745	210.766
	2.31	0.0794	0.198	0.000545	1833.55
	0	0.059	0.098	0.000572	1748.039
	−2.31	0.0415	0.082	0.0925	88.88882
	−9.43	0.0065	−0.027	0.006521	153.3531
	−14.06	0	−0.025	0.000272	3678.056
	−20.25	0.096	0.057	0.00038	2628.983
	−25	0.036	0.08	0.002445	409.0381

最小二乘法中，各点之间的关系[145-146] 如图 9-21 所示。

对于普通最小二乘法（Ordinary Least Squares，OLS），估计量 $\hat{\alpha}$、$\hat{\beta}$ 的标准差计算方程如下：

$$\mathrm{SE}(\hat{\beta}) = s \sqrt{\frac{1}{\displaystyle\sum_{t=1}^{T}(x_t - \overline{x})^2}} \tag{9-53}$$

$$\mathrm{SE}(\hat{\alpha}) = s \sqrt{\frac{\displaystyle\sum_{t=1}^{T} x_t^2}{\displaystyle\sum_{t=1}^{T}(x_t - \overline{x})^2}} \tag{9-54}$$

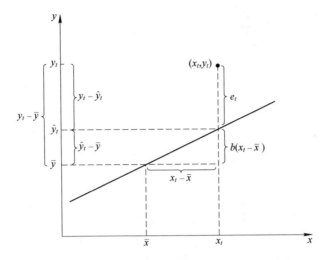

图 9-21　最小二乘法各点之间的关系

此外，为了表征拟合程度的好坏，还需引入拟合优度作为检验标准，即 y 相对于其均值的波动性，将其定义为总平方和 TSS（Total Sum of Squares）：

$$\text{TSS} = \sum_{t=1}^{T} (y_t - \overline{y})^2 = \sum_{t=1}^{T} (\hat{y}_t - \overline{y})^2 + \sum_{t=1}^{T} \hat{u}_t^2 \qquad (9\text{-}55)$$

右式中前一项为回归平方和 ESS（Explained Sum of Squares），后一项为式（9-52）提到的残差平方和 RSS。

故上式可简写为：

$$\text{TSS} = \text{ESS} + \text{RSS} \qquad (9\text{-}56)$$

定义拟合优度 R^2：

$$R^2 = \frac{\text{ESS}}{\text{TSS}} = 1 - \frac{\text{RSS}}{\text{TSS}} \qquad (9\text{-}57)$$

至此，我们可以通过式（9-53）、式（9-54）、式（9-57）定义的估计量的标准差以及拟合优度来判断最小二乘法拟合 $\sin^2\psi_1\text{-}\varepsilon_{33}$ 斜率的好坏，从而判断测量结果的准确性。

表 9-3 中探头 1 的测量数据拟合结果如图 9-22 所示，而通过我们的大量测量实验发现，在 0 点附近的测量数据更密集，波动也更大，以某测量点为例，普通最小二乘法的拟合优度 0.98066 相对来说还是较好，但为了更为精确的拟合精度，我们将测量数据残差的大小设定其可靠程度，即对数据的结果分类参考，区分重要程度，即采用加权最小二乘法（Weighted Least Squares，WLS）拟合测量结果，我们认为残差值更小的数据更为可靠，残差值较大的数据可靠度相对较低，从而对各个数据赋予权重 W，并使得带权重的残差平方和最小[147-148]，即：

$$\mathrm{RSS}_W = \sum_{t=1}^{T} W_t(y_t - \hat{y})^2 = \sum_{t=1}^{T} W_t(y_t - \hat{\alpha} - \hat{\beta}x_t)^2 \tag{9-58}$$

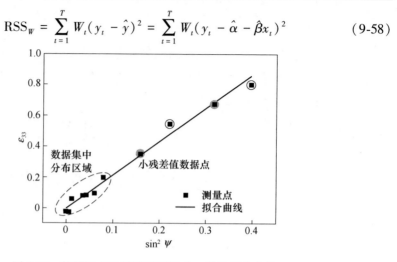

图 9-22 某测量点数据及采用最小二乘法拟合直线

将每个数据点在损失函数中的权重 W 定义为：

$$W_t = \frac{1}{\mathrm{var}(\hat{u}_t)} \tag{9-59}$$

其中 var 表示残差的方差，故可将式（9-48）、式（9-49）改写如下：

$$\hat{\beta}_W = \frac{\sum_{t=1}^{T} W_t x_t y_t - T\overline{W}\bar{x}\bar{y}}{\sum_{t=1}^{T} W_t x_t^2 - T\overline{W}\bar{x}^2} \tag{9-60}$$

$$\hat{\alpha}_W = \bar{y} - \hat{\beta}_W \bar{x} \tag{9-61}$$

$$\overline{W} = \frac{1}{T}\sum_{t=1}^{T} W_t \tag{9-62}$$

表 9-3 显示的是某两测量点的 $\sin^2\psi$-ε_{33} 测量数据及其方差和权重分布，由表可知，数据点的残差越大，权重就越小，相反其残差越小，权重就越大，运用该方法，依据式（9-60）、式（9-61）得到新的估计量及其标准差，拟合优度等相关参数如表 9-4 所示，由表可知，该方法拟合优度 R^2 更好，估计量的标准差 $\mathrm{SE}(\alpha)$、$\mathrm{SE}(\beta)$ 更小，实现了对测量方法的优化。

在测量数据点波动相对较大时，有一些偏离拟合线的数据点应剔除或赋予较小的权重，但在实际的测量中，由于数据处理量巨大，很难逐一剔除异常点，故赋予各测量点权重以表征各点的重要程度是较为可行的办法，但 WLS 在计量经济学[146] 中是一种消除模型异方差的方法，该方法在模型不存在异方差时拟合结果等同于 OLS，对比表 9-4 中的数据可知，WLS 方法的拟合精度会更高于 OLS，斜率和截距的标准差也较小。

表 9-4 最小二乘法及加权最小二乘法拟合结果对比

测量点	拟合方法	α	SE(α)	β	SE(β)	R^2
2 号件	OLS	0.000146	0.017036	2.164697	0.096034	0.982595
	WLS	0.001768	0.003170	2.128552	0.010312	0.999789
10 号件	OLS	-7.39×10^{-6}	0.026089	3.726752	0.150966	0.985446
	WLS	0.004881	0.004190	3.692620	0.051775	0.998234

9.4.3 高温合金冷旋成形筒形件残余应力测量结果分析

实验所用测量设备为加拿大 Proto 公司生产的 iXRD 便携式残余应力测量仪，如图 9-23 所示，该仪器主要由 X 射线管高压电源、内置式水冷却系统、X 射线警示灯接口、H/V 和 mA 显示、防护栏外部互锁口组成。

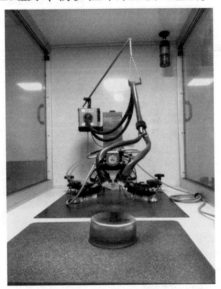

图 9-23 Proto 残余应力测量仪

由于测角仪及设备本身的局限性，对于本节研究的零件的某些部位在非切割的状态下难以测量，线切割会造成零件的残余应力释放，为此，通过图 9-24 所示的测量实验对线切割前后零件上同一测量点的残余应力进行对比，测量位置为盘形件外表面某测量点，由图可知，切割后的零件中间某点的残余应力释放值约为 6%，为此认定线切割后的零件残余应力释放较小，测量数据仍真实有效，通过线切割的方式来解决某些零件整体状态下难以测量的问题。

图 9-25 所示为实验件的测量方向和测量点分布，其中 X 方向为切向，Z 方向为轴向，P1 至 P4 点为筒形机匣外表面的测量点，P1 点为壁厚最薄的位置，

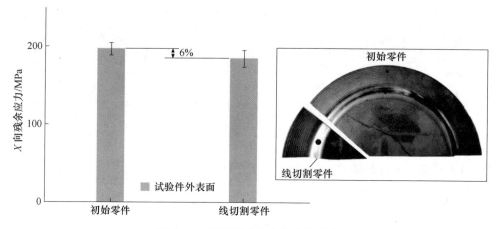

图 9-24　线切割对残余应力的影响

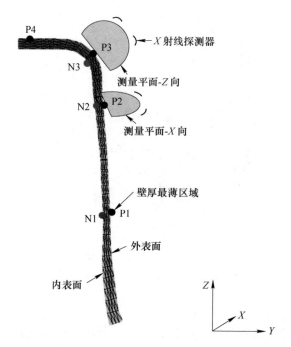

图 9-25　简形机匣的测量方向、测量点位置示意图

P3 点为机匣圆角位置，P4 点为芯模和尾顶的夹持部分，属于未变形区域。N1~
N3 点为与 P1~P3 点相对应的内表面测量点。

　　图 9-26 显示的是简形机匣 X 方向内、外表面的残余应力分析，由图 9-26a 可
知，当旋轮与简形机匣作用时，坯料接触区域的外表面受到来自旋轮的压应力，
在旋轮轨迹的作用下，圆板坯料逐渐变形成为简形机匣，对其内表面来说，直径

随着道次的增加而逐渐减小，这就相当于在内圆周受到如图 9-26a 所示的次生拉应力作用；旋轮卸载后，外表面的拉应力和内表面的次生拉应力消失，工件发生弹性回复，使得外表面产生残余拉应力，内表面产生残余压应力（见图 9-26b）。

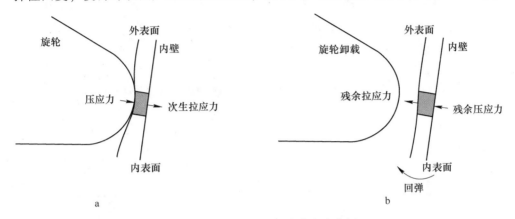

图 9-26　筒型件 X 方向残余应力分析
a—旋轮加载阶段；b—旋轮卸载阶段

　　图 9-27 显示的是筒形机匣 Z 方向内、外表面的残余应力分析，将从热和成形过程两个方面展开。旋轮在进给过程中一直与坯料外表面产生摩擦，尽管在冷旋过程中会加入润滑液，但从现场实验可知，成形完的工件温度依然很高，表面的润滑液会出现"冒烟"的现象，分析热量主要来源于两方面：一是摩擦产生的热量；二是工件发生大塑性变形，形变势能转换为内能发热。综合分析，将坯料分为内、外两层（图 9-27a），成形时，外层由于摩擦作用比内层先发热，由此发生膨胀，如图 9-27b 所示；但受到内层的约束作用，产生弹性收缩，此时坯料内、外两层的受力情况如图 9-27c 所示，外层处于压应力状态，内层处于拉应力状态；与此同时，在旋轮的多道次作用下，金属始终向翼缘方向流动，最终在翼缘外层形成特殊的"溢料"截面，如图 9-27d 及实验照片所示；当旋轮卸载后，工件进入空冷状态，由于工件内层与芯模接触，且筒形机匣内层散热慢，外层在开场下散热快，故此时工件的外层温度低于内层，外层产生收缩（见图 9-27f），但由于内层的约束作用，此时在工件外层产生残余拉应力、内层产生残余压应力，导致最终留在工件内部的 Z 向残余应力分布如图 9-27g 所示。

　　分析完筒形机匣内、外表面 X 和 Z 方向的残余应力分布后，结合实验结果做进一步分析。图 9-28 是 GH3030 筒形机匣内、外表面 X 和 Z 方向残余应力的实验和测量结果。可知，仿真与实验结果具有相同趋势，外表面 X 和 Z 方向均存在残余拉应力，内表面 X 和 Z 方向存在残余压应力，这也验证了图 9-26 和图 9-27 的分析结果。内、外表面残余应力最大值均位于 P2 点位置，分别达到 450MPa、370MPa 和 -160MPa 左右，P2 点位于筒形机匣垂直壁厚的初始阶段，距机匣圆角

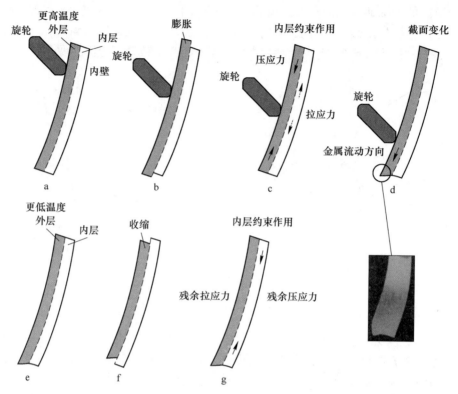

图 9-27　筒形件 Z 方向残余应力分析

a~d—成形阶段；e~g—冷却阶段

较近；P1 点位于筒形件的最薄位置，无论是外表面的残余拉应力还是内表面的残余压应力值都相对较小；P3 点具有相似的结果；P4 点作为未变形区域，在坯料的正反面本身存在不足-100MPa 左右的残余压应力。

文献表明，残余应力的大小与晶粒取向及晶粒形状均有关系。赵嫚[149] 发现在其他微观组织结构视为固定值的情况下，晶粒取向对切向残余应力的影响高达 19%，对轴向残余应力的影响高达 23%，但仅影响残余应力幅值而不改变其性质；Kreher 等[150] 通过计算发现当晶粒形状与晶粒取向高度相关时，晶粒形状为扁长形时残余拉、压应力均大于晶粒呈扁球形。以上述研究为依据，我们将本节所测量的表面残余应力与筒形机匣的微观组织结构联系起来进行分析，虽然 X 射线衍射法仅能测量机匣表面的残余应力值，但旋压成形导致机匣在不同位置形成了不同的形变织构，这种变化对残余应力的影响是实际存在的，虽然实验所获得的并不是表面的微观组织，但表面残余应力值大的位置，其心部残余应力也比其他区域相对较大，通过对不同区域表面残余应力值大小和微观组织的对比，可以发现其中的规律。

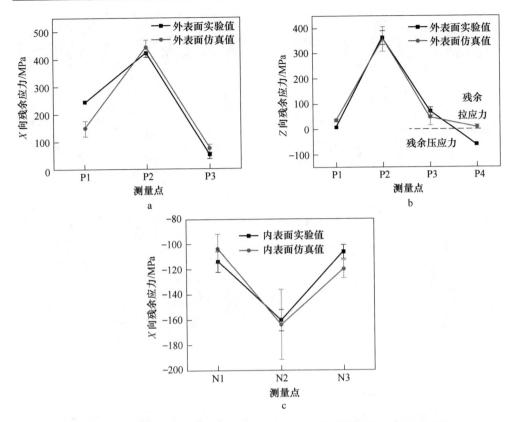

图 9-28 GH3030 筒形机匣外、内表面残余应力分布实验与仿真结果对比

a—外表面 X 方向；b—外表面 Z 方向；c—内表面 X 方向

下面结合图 9-29 对 P1~P4 点处的残余应力分布展开分析，图 9-29 显示的是铁基高温合金 GH940 和镍基高温合金 GH3030 在 P1~P4 位置的微观分布。由 6.3.2 节分析可知，P4 处作为未变形区域，晶粒呈等轴晶状态，此时坯料表面呈现数值不超过 -100MPa 左右的残余压应力；P3 点虽然位于筒形机匣的圆角位置，宏观上，此区域折弯明显，但从微观组织上来看，晶粒仅发生了轻微的结构变形，晶界清晰，对 GH940 材料来说，碳化物析出仍较少，分析主要是因为此区域的变形为非旋轮接触式变形，旋轮在多道次的成形过程中与 P3 位置的接触很少，故 P3 位置属于"被动变形区"，残余应力值也相对较小；P2 位置在测量实验中无论何种材料的工件都处于高残余应力状态，结合图 9-29 可知，此区域的晶粒结构发生较大变化，晶粒被严重拉长，GH940 中晶界的碳化物析出大量增加，但仍有部分未严重拉长的晶粒掺杂其中，故此区域的晶粒处于"混合"状态，既存在严重拉长变形的非等轴晶粒，也存在小部分未发生严重变形的等轴晶粒，两种晶粒的混合作用造成此区域的晶粒取向差较大，微观组织不均匀，残余

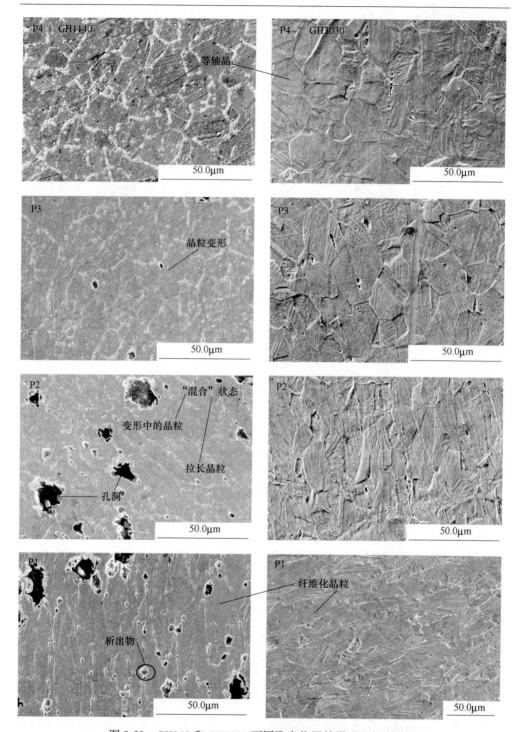

图 9-29　GH940 和 GH3030 不同取点位置的微观组织对比

应力大；P1 处的晶粒几乎全部呈纤维状，且晶界已经非常模糊，GH940 在晶界有大量的碳化物析出，虽然此处的壁厚最薄，但残余应力却较小，这主要是由于此处的晶粒几乎全部为非等轴晶，且超旋轮进给方向均匀排列，故该区域的微观组织均匀性较好，残余应力小。

图 9-30 显示的是在靠模量为 6mm、8mm、14mm 时折弯处（区域 2）外表面在 X 方向的残余应力值，由图可知，随着靠模量的增加，零件的变形量也逐渐增大，此处的晶粒也被逐渐拉长呈纤维状，晶界模糊，而残余拉应力也明显增加接近 3 倍。由前述可知，14mm 靠模量的工件在折弯处存在与旋轮的直接接触，且变形量较大，此处存在被明显拉长的非等轴晶，处于"混合"状态，故残余应力值明显大于 6mm 和 8mm 靠模量的工件。残余拉应力的值越大，越会阻碍成形时的金属流动，从而更易发生破裂，靠模量越大，残余拉应力的值越大。实验也表明，当靠模量达到一定程度时，该区域会发生破裂。

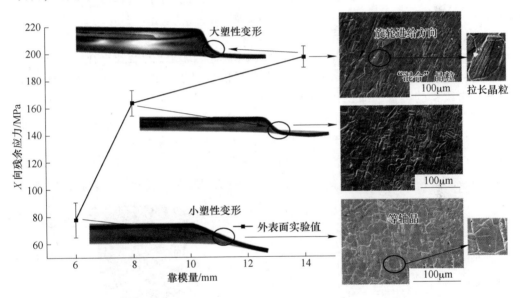

图 9-30 不同靠模量下区域 2 的残余应力对比

图 9-31 为 8 号件外表面 X 方向的残余应力测量结果，由图中实验件可以看出，1~3 点为强旋部分的测量点，残余拉应力相对于普旋部分的 4~6 点大很多，2 点为峰值点，残余拉应力接近 900MPa。由此可见，强力旋压对零件进行减薄的同时残余应力也大大增加，这主要是由于强力旋压对工件壁厚进行减薄，更薄的壁厚使得热扩散更快，产生的残余应力值更大。但对比图 9-28a 中的测量结果，零件在未进行强旋工艺时在 2 点左右的位置，残余应力值也非常大；而 4~6 三点处的残余应力值波动较小。

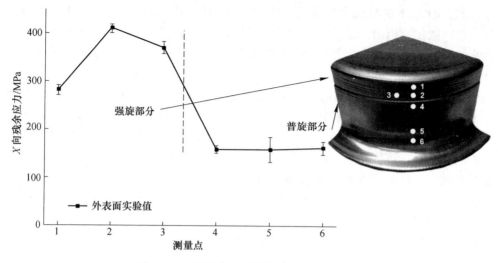

图 9-31　8 号件普、强旋部分残余应力对比

　　图 9-32 显示的是 10 号件和 11 号件（GH940）测量了开裂及存在潜在开裂缺陷的零件内、外表面的 X 方向残余应力测量值，对于零件内表面，已出现褶皱（潜在裂纹）的位置，即 2 和 3 点处，外表面的残余拉应力较大，其中 2 号点达到 587.29MPa，与之对应，内表面的残余压应力值非常小，仅为 38.75MPa。11 号件为已开裂实验件，残余应力已释放，测量了断裂件的 2 号点，得到结果如图 9-32 所示，关于开裂件的残余应力测量可知，存在潜在裂纹的零件，其内表面的残余应力值远小于周围测量点，开裂区域所测量的外表面残余拉应力较正常区域

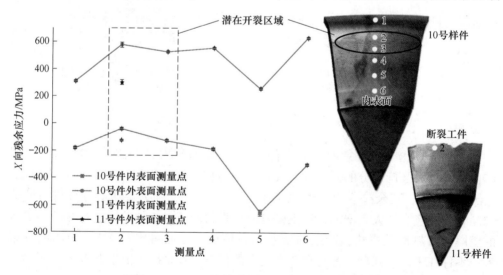

图 9-32　10、11 号件潜在裂纹下的残余应力分布

大近 200MPa，内表面的残余压应力近乎为 0，比正常区域小近 200MPa。此测量结果可作为判断零件是否存在潜在开裂的评判机制。

图 9-33 是针对其零件起皱缺陷的测量结果，测量点如实验件标示，对于 2 号件（GH3030），起皱凸点 1 和起皱凸点 3 的残余应力相差较大，作为对比，3 号件（GH940）的测量结果再次印证，在起皱区域，测量平面点、起皱凸点、起皱凹点在不同的测量路径下测量结果相差非常大，即该环形区域内，各点的残余应力值波动非常大，这一点在前述仿真中也得到了印证。

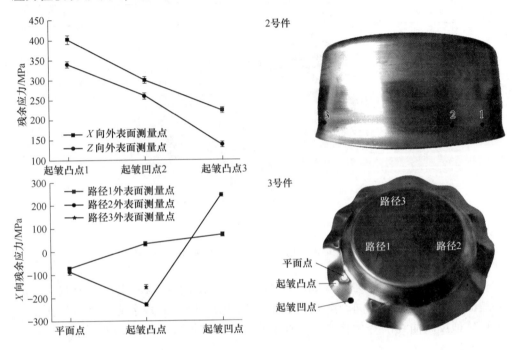

图 9-33　2、3 号件起皱缺陷残余应力分布

对于锥形件，在表面均匀取三个截面，截面与锥形件表面形成三条交线，交线位置以点标示，样点位置如图 9-34 所示。测得的残余应力数值如表 9-5 所示。

表 9-5　试验测量残余应力结果

样点序号	X 方向残余应力/MPa		
	样条 1	样条 2	样条 3
1	−21.1±4.50	9.32±4.75	−5.37±3.66
2	145.69±27.86	17.84±35.29	−28.15±30.59
3	623.58±46.64	649.43±64.97	600±52.51
4	104.25±25.78	42.4±39.49	10±26.09

样点序号	X 方向残余应力/MPa		
	样条 1	样条 2	样条 3
5	427.79±16.99	351.32±16.92	455.87±18.04
6	96.95±9.95	148.36±16.52	87.97±13.76
7	−105.68±9.24	−99.24±10.76	−129.94±7.63
8	13.86±5.65	−125.68±4.0	−97.89±4.72
9	−50.99±6.37	−78.9±4.79	10.68±5.53

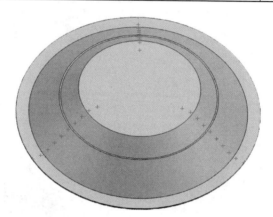

图 9-34　残余应力检测样点标识图

　　试验测得的残余应力曲线如图 9-35 所示，从图中可以看出，三个截面上的外表面残余应力趋势相同。选取其中样条 1 和仿真输出的残余应力进行对比，为了更好地反映曲线的变化趋势，仿真中残余应力的提取选择 18 个样本点。

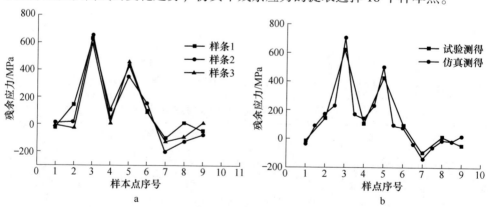

图 9-35　试验与仿真测得的残余应力对比
a—不同路径试验结果；b—仿真与试验对比结果

参 考 文 献

［ 1 ］ Lu K. Making strong nanomaterials ductile with gradients ［J］. Science, 2014, 345 (6203): 1455-1456.

［ 2 ］ 卢柯. 梯度纳米结构材料 ［J］. 金属学报, 2015, 51 (1): 1-10.

［ 3 ］ 郭建亭. 高温合金材料学 (中册) 制备工艺 ［M］. 北京: 科学出版社, 2018.

［ 4 ］ 高钰璧. GH3625 合金管材冷变形行为研究 ［D］. 兰州: 兰州理工大学, 2017.

［ 5 ］ Akca E, Gursel A. A review on superalloys and IN718 nickel-based inconel superalloy ［J］. Periodicals of Engineering and Natural Sciences, 2015, 1 (3): 15-27.

［ 6 ］ Long H, Mao S, Liu Y, et al. Microstructural and compositional design of Ni-based single crystalline superalloys-A review ［J］. Journal of Alloys and Compounds, 2018, 743: 203-220.

［ 7 ］ Roger C R. The superalloys fundamentals and applications ［M］. Cambridge University Press, 2006.

［ 8 ］ Music O, Allwood J M, Kawai K. A review of the mechanics of metal spinning ［J］. Journal of Materials Processing Technology, 2010, 210: 3-23.

［ 9 ］ Kalpakcioglu S. On the mechanics of shear spinning ［J］. Transactions of the ASME-Journal of Engineering for Industry, 1961, 5: 125-130.

［10］ Kobayashi S. Instability in conventional spinning of cones ［J］. Transactions of the ASME-Journal of Engineering for Industry, 1963, 2: 44-48.

［11］ Sortais H C, Kobayashi S, Thomsen E G. Mechanics of conventional spinning ［J］. Transactions of the ASME-Journal of Engineering for Industry, 1963, 11: 346-350.

［12］ Hayama M, Murota T. Study of metal spinning (1st Report)-Cylindrical shapes ［J］. Journal of the Japan Society of Precision Engineering, 1963, 29 (5): 369-376.

［13］ Hayama M, Murota T. Study of metal spinning (2nd Report)-Analysis of conventional simple spinning I ［J］. Journal of the Japan Society of Precision Engineering, 1963, 29 (6): 427-435.

［14］ Hayama M, Murota T. Study of metal spinning (3rd Report)-Analysis of conventional simple spinning II ［J］. Journal of the Japan Society of Precision Engineering, 1963, 29 (8): 580-586.

［15］ Wang Z R, Liu G. A suggestion on the standardization of English technical terminology used in rotary forming ［C］∥. In: Proceedings of the Fourth International Conference of Rotary Forming, 1989 (10): 38-41.

［16］ Avitzur B, Yang C T. Analysis of power spinning of cones ［J］. Transactions of the ASME-Journal of Engineering for Industry, 1960, 8: 231-244.

［17］ Kim C, Jung S Y, Choi J C. A lower upper-bound solution for shear spinning of cones ［J］. International Journal of Mechanical Sciences, 2003, 45: 1893-1911.

［18］ Kim J H, Park J H, Kim C. A study on the mechanics of shear spinning of cones ［J］. Journal of Mechanical Science & Technology, 2006, 20 (6): 806-818.

［19］ Kawai N. Critical conditions of wrinkling in deep drawing of sheet metals ［J］. Bulletin of JSME,

1961, 4 (13): 169-175.

[20] Nagarajan H N, Kotrappa H, Mallanna C. Mechanics of flow forming [J]. Annals of the CIRP, 1981, 30 (1): 159-162.

[21] Jacob H, Garries F. Force calculation for spin forging of hollow cylinder [J]. 1964, 14 (8): 93-97. (In German)

[22] Quigley E, Monaghan J. Metal forming: an analysis of spinning processes [J]. Journal of Materials Processing Technology, 2000, 103: 114-119.

[23] Xia Q X, Xiao G F, Long H, et al. A review of process advancement of novel metal spinning [J]. International Journal of Machine Tools & Manufacture, 2014, 85: 100-121.

[24] Hayama M, Kudo H, Shinokura T. Study of the pass schedule in conventional simple spinning [J]. Bulletin of the JSME, 1970, 13 (65): 1358-1365.

[25] Kawai K I, Hayama M. Roller pass programming in conventional spinning by NC spinning machine [J]. Advanced Technology of Plasticity, 1987, 2: 711-718.

[26] Hayama M. Roller pass programming and selection of working conditions in conventional spinning [J]. Journal of the Japanese Society for Technology of Plasticity, 1989, 30 (345): 1403-1410.

[27] Kang D C, Gao X C, Meng X F, et al. Study on the deformation mode of conventional spinning of plates [J]. Journal of Materials Processing Technology, 1999, 91: 226-230.

[28] Liu J H, Yang H, Li Y Q. A study of the stress and strain distributions of first-pass conventional spinning under different roller-traces [J]. Journal of Materials Processing Technology, 2002, 129: 326-329.

[29] James A P, Julian M A. Parametric toolpath design in metal spinning [J], CIRP Annals-Manufacturing Technology, 2015, 64: 301-304.

[30] Gan T, Yu Z Q, Zhao Y X, et al. Effects of backward path parameters on formability in conventional spinning of aluminum hemispherical parts [J]. Transactions of Nonferrous Metal Society of China, 2018, 28: 328-339.

[31] Gan T, Kong Q, Yu Z, et al. A numerical study of multi-pass design based on Bezier curve in conventional spinning of spherical components [C]//MATEC Web of Conferences, 2016, 80: 1-7.

[32] Li Y, Wang J, Lu G D, et al. A numerical study of the effects of roller paths on dimensional precision in die-less spinning of sheet metal [J]. Journal of Zhejiang University-Science A (Applied Physics & Engineering), 2014, 15 (6): 432-446.

[33] Wang L, Long H. Investigation of material deformation in multi-pass conventional metal spinning [J]. Materials & Design, 2011, 32: 2891-2899.

[34] Wang L, Long H. Roller path design by tool compensation in multi-pass conventional spinning [J]. Materials & Design, 2013, 46: 645-653.

[35] Wang L, Long H. A study of effects of roller path profiles on tool forces and part wall thickness variation in conventional metal spinning [J]. Journal of Materials Processing Technology, 2011, 211: 2140-2151.

［36］ Chen J, Wan M, Li W D, et al. Design of the involute trace of multi-pass conventional spinning and application in numerical simulation ［J］. Journal of Plasticity Engineering, 2008, 15 (6)：53-57.

［37］ Sugita Y, Arai H. Formability in synchronous multipass spinning using simple pass set ［J］. Journal of Materials Processing Technology, 2015, 217：336-344.

［38］ Wong C C, Lin J, Dean T A. Effects of roller path and geometry on the flow forming of solid cylindrical components ［J］. Journal of Materials Processing Technology, 2005, 167：344-353.

［39］ Russo I M, Loukaides E G. Toolpath generation for asymmetric mandrel-free spinning ［C］// Procedia Engineering, 2017, 207：1707-1712.

［40］ Su P, Wei Z C. Roller trace design and impact on outcome of spin forming molding ［J］. Ordnance Industry Automation, 2014, 33 (8)：31-38.

［41］ Zhan M, Li H, Yang H, et al. Wall thickness variation during multi-pass spinning of large complicated shell ［J］. Journal of Plasticity Engineering, 2008, 15 (2)：115-121.

［42］ 李新标, 韩志仁, 高铁军, 等. 大型复杂薄壁筒形件多道次旋压成形有限元模拟 ［J］. 沈阳航空航天大学学报, 2016, 33 (1)：32-37.

［43］ 马振平, 李宇, 孙昌国, 等. 普旋道次曲线轨迹对成形影响分析 ［J］. 锻压技术, 1999 (1)：21-24.

［44］ 魏战冲, 李卫东, 万敏, 等. 旋轮加载轨迹与方式对多道次普通旋压成形的影响 ［J］. 塑性工程学报, 2010, 17 (3)：108-112.

［45］ 杨坤, 李健. 基于有限元方法的 TA2 筒形件多道次旋压成形过程 ［J］. 塑性工程学报, 2010, 17 (2)：39-44.

［46］ 夏琴香, 陈适先, 曹庚顺, 等. 采用渐开线仿形模板进行锥状预制坯的普旋 ［J］. 锻压技术, 1993 (3)：22-24, 46.

［47］ Abd-Alrazzag M, Ahmed M, Younes M. Experimental investigation on the geometrical accuracy of the CNC multi-pass sheet metal spinning process ［J］. Journal of Manufacturing and Materials Processing, 2018, 2 (3)：59.

［48］ Filip A C, Neagoe I. Simulation of the metal spinning process by multi-pass path using AutoCAD/VisualLISP ［C］//Latest Trends on Engineering Mechanics, Structures, Engineering Geology, 2010：161-165.

［49］ 潘国军, 李勇, 王进, 等. 普通旋压工艺及旋轮轨迹研究现状与发展 ［J］. 浙江大学学报 (工学版), 2015, 49 (4)：644-653.

［50］ Senior B W. Flange wrinkling in deep-drawing operations ［J］. Journal of the Mechanics and Physics of Solids, 1956 (4)：235-246.

［51］ Kleiner M, Gobel R, Kantz H, et al. Combined methods for the prediction of dynamic instabilities in sheet metal spinning ［J］. CIRP Annals-Manufacturing Technolog, 2002, 51 (1)：209-214.

［52］ Xia Q X, Shima S, Kotera H, et al. A study of the one-path deep drawing spinning of cups ［J］. Journal of Materials Processing Technology, 2005, 159：397-400.

［53］Wang L, Long H, Ashley D, et al. Effects of the roller feed ratio on wrinkling failure in conventional spinning of a cylindrical cup ［J］. Proceedings of the Institution of Mechanical Engineers, Part B: Journal of Engineering Manufacture, 2011, 225 (11): 1991-2006.

［54］Sebastani G, Brosius A, Homberg W, et al. Process characterization of sheet metal spinning by means of finite elements ［J］. Key Engineering Materials, 2007, 344: 637-644.

［55］Music O, Allwood J M. Tool-path design for metal spinning ［C］//ICTP Special Issue Sheet Metal Forming, 2011.

［56］Wang L. Analysis of material deformation and wrinkling failure in conventional metal spinning process ［D］. Durham University, 2012.

［57］Waston M, Long H. Wrinkling failure mechanics in metal spinning ［J］. Procedia Engineering, 2014, 81: 2391-2396.

［58］Waston M, Long H, Lu B. Investigation of wrinkling failure mechanics in metal spinning by Box-Behnken design of experiments using finite element method ［J］. International Journal of Advanced Manufacture Technology, 2015, 78: 981-995.

［59］孔庆帅. 高径厚比球面铝合金构件旋压变形机理与起皱预测研究 ［D］. 上海: 上海交通大学, 2017.

［60］胡莉巾, 詹梅, 黄亮, 等. 韧性断裂准则与数值模拟相结合预测旋压破裂的方法 ［J］. 结构强度研究, 2008: 534-538.

［61］王志英. 镍基合金管加工破裂分析研究 ［J］. 稀有金属, 1994 (11): 474-476.

［62］过海, 王进, 陆国栋. 金属板坯道次间变进给率普通旋压方法 ［J］. 浙江大学学报 (工学版), 2016, 50 (9): 1646-1653.

［63］过海. 基于环向应变量优化的无芯模旋压变参数成形方法研究 ［D］. 杭州: 浙江大学, 2017.

［64］范淑琴, 王琪, 华毅, 等. 双金属复合管直角法兰双辊夹持旋压起皱分析 ［J］. 西安交通大学学报, 2018, 52 (9): 1-9.

［65］彭加耕. 薄壁锥形件一次拉深成形极限条件研究 ［D］. 秦皇岛: 燕山大学, 2005.

［66］袁玉军. 薄壁件精密旋压成形方法及缺陷控制研究 ［D］. 广州: 华南理工大学, 2013.

［67］周立奎. 高强钢板剪切旋压成形韧性断裂准则及可旋性研究 ［D］. 广州: 华南理工大学, 2017.

［68］郑岩冰. 钣金件普旋过程中旋压路径与失稳起皱研究 ［D］. 沈阳: 沈阳航空航天大学, 2017.

［69］Wu H, Xu W, Shan D, et al. Mechanism of increasing spinnability by multi-pass spinning forming-Analysis of damage evolution using a modified GTN model ［J］. International Journal of Mechanical Sciences, 2019, 159: 1-19.

［70］Nadine H, Roland G, Matthias K., et al. An adaptive sequential procedure for efficient optimization of the sheet metal spinning process ［J］. Quality and Reliability Engineering International, 2005, 21: 439-455.

［71］Kunert J, Ewers R, Kleiner M, et al. Optimisation of the shear forming process by means of multivariate statistical methods ［R］. Technical Report/University Dortmund, 2005.

［72］ Chen M D, Hsu R Q, Fuh K H. Forecast of shear spinning force and surface roughness of spun cones by employing regression analysis ［J］. International Journal of Machine Tools & Manufacture, 2001, 41: 1721-1734.

［73］ Chen M D, Hsu R Q, Fuh K H. Effects of over-roll thickness on cone surface roughness in shear spinning ［J］. Journal of Materials Processing Technology, 2005, 159: 1-8.

［74］ Hagan M, Demuth H B, Beale M. 神经网络设计 ［M］. 北京: 机械工业出版社, 2003.

［75］ 赵俊生. 强力旋压连杆衬套分析与试验 ［M］. 北京: 科学出版社, 2014.

［76］ 翟福宝, 张志良, 夏尊辉, 等. 基于有限元模拟的筒形件错距旋压智能参数优化系统研究 ［J］. 锻压机械, 2000 (2): 44-45.

［77］ 王春晓. 基于平面压缩模型的 TA15 钛合金热旋组织性能预测 ［D］. 哈尔滨: 哈尔滨工业大学, 2011.

［78］ 董克权. 旋压工艺参数选择专家系统 ［J］. 锻压装备与制造技术, 2004 (6): 105-106.

［79］ LeCun Y, Bengio Y, Hinton G. Deep learning ［J］. Nature, 2015, 521: 436-444.

［80］ Gondo S, Arai H. Data-driven metal spinning using neural network for obtaining desired dimensions of formed cup ［J］. CIRP Annals-Manufacturing Technology, 2022, 71 (1): 229-232.

［81］ 徐文臣, 杨国平, 陈宇, 等. BT20 钛合金旋压件热旋缺陷形成机理及对策 ［J］. 航空制造技术, 2007, 21: 466-469.

［82］ 孙琳琳, 寇宏超, 胡锐, 等. Ni-Cr-W-Mo 合金曲母线异形件第一道次热旋成形有限元模拟 ［J］. 塑性工程学报, 2010, 17 (2): 33-38.

［83］ 安震, 李金山, 胡锐, 等. Ni-Cr-W-Mo 合金异形件的热旋成形规律有限元分析 ［J］. 稀有金属材料与工程, 2013, (1): 70-74.

［84］ Chen Y, Xu W C, Shan D B, et al. Microstructure evolution of TA15 titanium alloy during hot power spinning ［J］. Transactions of Nonferrous Metals Society of China, 2011, 21: 323-328.

［85］ Shan D B, Yang G, Xu W. Deformation history and the resultant microstructure and texture in backward tube spinning of Ti-6Al-2Zr-1Mo-1V ［J］. Journal of Materials Processing Technology, 2009, 17: 5713-5719.

［86］ 缪伟亮. 工艺参数对薄壁件多道次旋压变形均匀性的影响 ［J］. 精密成形工程, 2014, 6 (2): 18-23.

［87］ 朱宁远. 难变形金属筒形件热强旋过程形/性一体化控制研究 ［D］. 广州: 华南理工大学, 2017.

［88］ 王兴坤. 难变形金属筒形件热强旋成形机理及工艺参数优化 ［D］. 广州: 华南理工大学, 2018.

［89］ Xiao G, Zhu N, Long J, et al. Research on precise control of microstructure and mechanical properties of Ni-based superalloy cylindrical sheet metal casings during hot backward flow spinning ［J］. Journal of Manufacturing Processes, 2018, 34: 140-147.

［90］ Niklasson F. Shear spinning of nickelbased super-alloy 718 ［C］//Minerals, Metal and Materials Series, 2018: 769-778.

［91］ 邵光大, 李智军, 李宏伟, 等. 高温合金 Ω 截面密封环旋压成形规律研究 ［J］. 精密成形工程, 2019, 11 (5): 37-42.

[92] 凌泽宇，肖刚锋，夏琴香，等．镍基高温合金锥筒形件拉深旋压成形机理研究［J］．锻压技术，2020，45（2）：100-105，112．

[93] 王大力，郭亚明，王宇，等．镍基高温合金筒形件毛坯错距旋压工艺研究［J］．新技术新工艺，2016（2）：12-15．

[94] 肖刚锋，张义龙，夏琴香，等．镍基高温合金锥筒形件拉深旋压时成形质量及组织性能研究［J］．锻压技术，2021，46（9）：190-196．

[95] 郭建亭．高温合金材料学（上册）应用基础理论［M］．北京：科学出版社，2018．

[96] 国家自然科学基金委员会工程与材料科学部．机械工程学科发展战略报告（2011—2020）［M］．北京：科学出版社，2010．

[97] 中华人民共和国科学技术部．国家中长期科技发展规划纲要（2006—2020）［R］. 2006．

[98] Shu X, Zhu Y, Wang Y, et al. Effect of process parameters on the roundness of GH3030 continuously variable wall conical rotatory part formed by power spinning［J］. International Journal of Material Forming, 2019（13）：257-268.

[99] Li Z X, Shu X D. Residual stress analysis of multi-pass cold spinning process［J］. Chinese Journal of Aeronautics, 2022, 35（3）：259-271.

[100] Li Z X, Shu X D. Roller design and optimization based on RSM with categoric factors in power spinning of Ni-based superalloy［J］. International Journal of Advanced Manufacturing Technology, 2022, 120：447-469.

[101] Li Z X, Shu X D. Involute curve roller trace design and optimization in multi-pass conventional spinning based on the forming clearance compensation［J］. Journal of Manufacturing Science and Engineering-Transaction of the ASME, 2019, 141：1-14.

[102] Li Z X, Shu X D. Numerical and experimental analysis on multi-pass conventional spinning of the cylindrical part with GH3030［J］. International Journal of Advanced Manufacturing Technology, 2019, 103：2893-2901.

[103] 束学道，岑泽伟，王雨，等．GH3030 高温合金壁厚渐变锥形回转件强力旋压成形仿真及机理分析［J］．西北工业大学学报，2019，37（4）：785-793．

[104] 王雨，束学道，田端阳，等．工艺参数对薄壁锥形旋压件凸缘平直度的影响［J］．机械科学与技术，2017，36（7）：1068-1072．

[105] 朱颖．变截面锥形薄壁机匣旋压成形关键技术研究［D］．宁波：宁波大学，2019．

[106] 岑泽伟．航空发动机钣金机匣热旋形性机理研究［D］．宁波：宁波大学，2020．

[107] 王平，崔建忠．金属塑性成形力学［M］．北京：冶金工业出版社，2006．

[108] 邱晓刚，张晓华，唐静．影响冷轧薄板力学性能测试结果的试验研究［J］．理化检验-物理分册，2003（7）：333-337．

[109] 李达．2024 铝合金板材弯曲镦厚热冲锻过程残余应力的研究［D］．武汉：华中科技大学，2013．

[110] 薛钢．采用奥氏体型焊材焊接的 10Ni5CrMoV 钢接头疲劳特性研究［D］．哈尔滨：哈尔滨工业大学，2015．

[111] Hollomon J H. Trans［J］. AIME, 1945, 162：268-290.

[112] Ludwigson D C. Modified stress-strain relation for FCC metals and alloys［J］. Metallurgical

Transactions，1971，10（2）：2825-2828.

［113］ Ludwik P. Elemente der Technologischen Mechanik ［M］. Berlin：Springer，1909.

［114］ Voce E J. Inst. Met. 1948，74：537-562.

［115］ 王珏，董建新，张麦仓，等. GH4169 合金管材正挤压工艺优化的数值模拟 ［J］. 北京科技大学，2010，32（1）：83-88.

［116］ Na Y S，Yeom J T，Park N K. Simulation of microstrucutures for alloy 718 blade forging using 3D FEM simulator ［J］. Journal of Materials Processing Technology，2003，141：337-342.

［117］ 杨国平，徐文臣，陈宇，等. 筒形件强旋变形流动规律研究 ［J］. 塑性工程学报，2008，15（6）：48-52.

［118］ Russo I M，Cleaver C J，Allwood J M，et al. The influence of part asymmetry on the achievable forming height in multi-pass spinning ［J］. Journal of Materials Processing Technology，2020，275：116350.

［119］ 王成和，刘克璋，周路. 旋压技术 ［M］. 福州：福建科学技术出版社. 2017.

［120］ 罗梦文. 平面度误差测量及数据处理研究 ［J］. 装备制造技术，2011（1）：95-97.

［121］ 黄富贵. 平面度误差各种评定方法的比较 ［J］. 工具技术，2007，41（8）：107-109.

［122］ 费业泰. 误差理论与数据处理 ［M］. 北京：机械工业出版社，2004.

［123］ 中国标准出版社. 形状和位置公差标准手册 ［M］. 北京：中国标准出版社，1995.

［124］ 林志熙，周景亮. 基于 MATLAB 的圆度误差数据处理 ［J］. 计算机技术应用，2006（4）：12-13.

［125］ Box G E P，Behnken D W. Some new three designs for the study of quantitative variables ［J］. Technometrics，1960，2（4）：455-475.

［126］ 李莉，张赛，何强，等. 响应面法在试验设计与优化中的应用 ［J］. 实验室研究与探索，2015，34（8）：41-45.

［127］ Brenneman W A，Myers W R. Robust parameter design with categoricalal noise variables ［J］. Journal of Quality Technology，2003，35（4）：335-341.

［128］ Stat-Ease Company. RSM with categorical factors ［K］. Design-expert tutorials，2011.

［129］ 米谷茂. 残余应力的产生和对策 ［M］. 北京：机械工业出版社，1983.

［130］ Donna W. Residual stress measurement techniquesidual ［J］. Advanced Materials & Process，2001：30-33.

［131］ Chang K，Lee C，Park K，et al. Experimental and numerical investigations on residual stresses in a multi-pass butt-welded high strength SM570-TMCP steel plate ［J］. International Journal of Steel Structures，2011，11（3）：315-324.

［132］ Mura T. Micromechanics of defects in solids ［M］. Martinus Nijhoff Publishers，1982.

［133］ Noyan I C，Cohen J B. Residual stress-measurement by diffraction and interpretation ［M］. Springer-Verlag New York Inc，1987.

［134］ Withers P J，Bhadeshia H K D H. Residual stress. Part 2-Nature and origins ［J］. Materials Science & Technology，2015，17（4）：366-375.

［135］ 葛文翰. 旋压筒件的残余应力的分析研究 ［J］. 锻压机械，1985（3）：2-7.

［136］ 全国无损检测标准化技术委员会. 无损检测 X 射线应力测定方法 GB/T 7704—2017

[S]. 北京：中国标准出版社，2018：4.

[137] Dölle H, Hauk V, Kockelmann H. X-Ray stress measurement on steels having preferred-orientation [J]. The Journal of Strain Analysis for Engineering Design, 1977, 12 (1)：62-65.

[138] Hauk V, Oudelhoven R W M, Vaessen G H J. State of residual stress in the near surface region of homogeneous and heterogeneous materials after grinding [J]. Metallurgical transactions. A, Physical metallurgy and materials science, 1982, 13 (7)：1239-1244.

[139] Fitzpatrick M E, Fry A T, Holdway P, et al. Measurement good practice guide No. 52：Determination of residual stresses by X-ray diffraction-Issue 2 [S]. 2005.

[140] Moore M G, Evans W P. Mathematical correction for stress in removed layers in X-ray diffraction residual stress analysis [J]. SAE Transactions, 1958, 66：340-345.

[141] Tsivoulas D, Fonseca J, Tuffs M, et al. Effects of flow forming parameters on the development of residual stresses in Cr-Mo-V steel tubes [J]. Materials Science and Engineering A, 2015, 624：193-202.

[142] Prevéy P S. X-ray diffraction residual stress techniques [J]. Metals Handbook. 10. Metals Park：American Society for Metals, 1986：380-392.

[143] Prevéy P S. Use of pearson Ⅶ distribution functions in X-Ray diffraction residual stress measurement [J]. Advances in X-Ray analysis, 1986, 29：103-111.

[144] Ranganathan B N, Wert J J, Clotfelter W N. X-Ray residual stress calibration data of certain ferrous and nonferrous alloys [J]. Journal of Testing and Evaluation, 1976, 4 (3)：218-219.

[145] Greene W H. Econometric analysis [M]. Pearson education, Inc, 2002.

[146] 李子奈，潘文卿. 计量经济学 [M]. 北京：高等教育出版社，2010.

[147] 王毅敏，马丽英. 传统最小二乘法曲线拟合的缺陷及其改进 [J]. 电力学报，1997, 12 (38)：51-54.

[148] Cleve B M. Matlab 数值计算 [M]. 北京：北京航空航天大学出版社，2013.

[149] 赵嫚. 晶粒取向对微磨削表面残余应力的作用机理及其预测建模研究 [D]. 上海：东华大学，2019.

[150] Kreher W, Molinari A. Residual stress in polycrystals as influenced by grain shape and texture [J]. Journal of Mechanics and Physics of Solids, 1993, 41 (12)：1955-1977.